Experimente

Den Naturwissenschaften auf der Spur

DER KINDER BROCKHAUS

Experimente

Den Naturwissenschaften auf der Spur

Von Joachim Hecker

Mit Illustrationen von
Axel Weigend, Andreas Rzadkowsky
und Stefanie Scharnberg

Bibliografische Information der Deutschen Bibliothek
Die Deutsche Bibliothek verzeichnet diese Publikation in der Deutschen Nationalbibliografie; detaillierte bibliografische Daten sind im Internet über http://dnb.ddb.de abrufbar.

Redaktionelle Leitung Nina Schiefelbein
Redaktion Dr. Barbara Welzel
Bildredaktion Kristina Petersen
Fachlektorat Prof. Dr. Andreas Wieck
Autor Joachim Hecker
Die vorgestellten Experimente basieren auf einer Sendereihe des WDR Kinderprogramms „Lilipuz".
Herstellerische Leitung Annette Aatz
Layout Horst Bachmann
Illustration Andreas Rzadkowsky, Stefanie Scharnberg, Axel Weigend
Umschlaggestaltung die grafiker, Heidelberg
Umschlagabbildungen Andreas Rzadkowsky, Axel Weigend (Versuchsillustration); picture-alliance/dpa, Frankfurt am Main (Raumfähre Atlantis)
Satz Katrin Kleinschrot, Stuttgart
Druck und Bindung Firmengruppe APPL, Wemding
Printed in Germany

ISBN-10: 3-7653-2401-9
ISBN-13: 978-3-7653-2401-7

Die in diesem Buch dargestellten Experimente wurden sorgfältig vom Autor ausgesucht und geprüft. Autor und Verlag können jedoch nicht ausschließen, dass einzelne Experimente nicht in der dargestellten Weise gelingen. Die Haftung für das Gelingen der Experimente und mögliche Schäden bei ihrem Fehlschlagen werden, soweit gesetzlich zulässig, ausgeschlossen.

Vorwort

Liebe Leserinnen und Leser,

was passiert mit einem Ei, wenn man es kocht? Ist eine leere Flasche wirklich leer? Wie hilft Spülmittel beim Abwasch? Wieso lässt Backpulver den Kuchen aufgehen? Fragen über Fragen und ein Buch voller Antworten! Experimente machen im Handumdrehen Naturgesetze verständlich, die das Universum bestimmen und damit auch unsere Welt und unser Leben. Und dafür braucht man nichts weiter als ein paar Dinge, die in jedem Haushalt vorhanden sind.

Seinen Ursprung hat dieses Buch beim Radio, beim Westdeutschen Rundfunk (WDR). Dort gibt es eine Sendereihe im Kinderprogramm „Lilipuz“, die „Heckers Hexenküche“ heißt. Hier stelle ich Experimente vor, die Kinder zu Hause gleichzeitig mitmachen können, um dann per Telefon in der Sendung zu erzählen, wie sich ein „nacktes“ Ei anfühlt, oder um mit mir gemeinsam zu überlegen, warum es blubbert, wenn man eine Flasche Wasser ausschüttet. Daraus ist nun ein Buch geworden. Alle Experimente habe ich selbst ausprobiert und viele Kinder haben sie nachgemacht, deshalb sind jede Menge praktische Tipps enthalten, damit auch wirklich alles funktioniert.

Aber beim Experimentieren lassen wir es nicht bewenden. Jeder Versuch hat einen Bezug zu unserem Alltag und kommt so oder ähnlich irgendwo in unserem Leben vor. Der gleiche Effekt, der ein Ei auf drei Salzkörnern stehen lässt, sorgt auch dafür, dass ein Stativ nicht wackelt, und durch das gleiche Phänomen, durch das eine CD mit Wasser an der Tischplatte kleben bleibt, haftet auch eine Kontaktlinse am Auge.

Das alles macht viel Spaß, und das soll es auch! Naturwissenschaften können nämlich unglaublich spannend sein, wenn man sie richtig betreibt. Dazu soll dieses Buch viele, viele Anregungen geben.

Tolle, aufregende Stunden wünscht

(Joachim Hecker)

Inhalt

So benutzt du dieses Buch **8**

Gefrieren, schmelzen, kochen

Klimakatastrophe im Glas **10**
Ein Bindfaden als Messer **12**
Ein Eiswürfel an der Angel **14**
Eine Eismaschine ohne Strom **16**
Ein Kochtopf aus Papier **18**
Energiesparend Eier kochen **20**
Ein Ei halb kochen **22**
■ Ich wollt', ich wär' ein Huhn **24**
Schwimmt eine Büroklammer? **26**

Halten, haften, kleben

Mit einem Sieb Wasser schöpfen **28**
Ein Handtuch hält dicht **30**
Wasser steht Kopf **32**
Wasser hält fest **34**
Wasser klebt **36**
Die Reisklammer **38**
Ein Luftballon zieht magisch an **40**
Das „Ei des Kolumbus" **42**
Eine Brücke aus Papier **44**
■ Unbekannte Flugobjekte **46**
Ein Kugelschreiber hält Balance **48**
Kleben mit Luft **50**

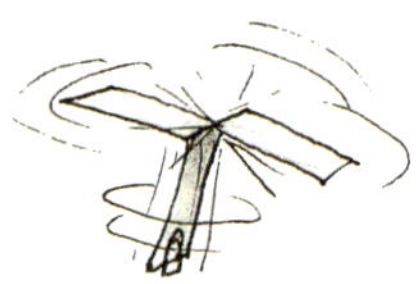

Fließen und strömen

Warum fliegt ein Flugzeug? **52**
Widerspenstiges Kügelchen **54**
Eine Kerze im Windschatten **56**
Nebelmacher **58**
Der „Becher des Pythagoras" **60**
Die Vogeltränke **62**
Wie weiße Blumen farbig werden **64**
Tornado in der Flasche **66**

Fallen, fliegen, rotieren

Auf der Erde schwerelos **68**
■ Schwierige Schwerelosigkeit **70**
Streichholz-Raketen **72**
Die Luftballon-Rakete **74**
Ein singender Luftballon **76**
Das Drehpendel **78**

Zusammendrücken und ausdehnen

Monster-Seifenblasen **80**
Die Puste des Backpulvers **82**
Der Luftballon in der Mikrowelle **84**
Die Kraft des Eises **86**
Die unsichtbare Hand greift zu **88**
Ein Brotstück taucht ab **90**

Verbinden, lösen, mischen

Der Vulkan aus der Flasche **92**
Aus Milch wird Plastik **94**
Das nackte Ei **96**
Gurken-Batterie **98**
Zungen-Batterie **100**
Silber putzen **102**
Ein Ei kann schwimmen **104**
Salzwasser läuft nicht über **106**
Wasser-Misch-Maschine **108**
■ Rechentricks mit Köpfchen **110**

Brennen und löschen

Der brennende Geldschein **112**
Die „Schlangen des Pharao" **114**
Und Zucker brennt doch **116**
Der Flammentest **118**
Eine Kerze doppelt anzünden **120**
Unsichtbare Zündschnur **122**
Stichflamme aus der Orange **124**
Eine Kerze als Wasserpumpe **126**
Feuerlöscher mit Backpulver-Antrieb **128**
Feuerlöscher für Kerzen **130**

Fühlen, sehen, riechen, hören

Was ist „warm"? **132**
■ Außergewöhnliche Sinne **134**
Ein Loch als Lupe **136**
Wasserlupe **138**
Wie schnell ist das Licht? **140**
Ein silbernes Ei **142**
Was ist was? **144**
Die Schallgeschwindigkeit messen **146**
Schnee hörbar machen **148**
■ Ohne Schall kein Hören **150**

Messen

Wasserthermometer **152**
Wasserbarometer **154**
Luftballon als Wetterfühler **156**
Ein Haar misst Luftfeuchtigkeit **158**
Wie viel Wasser ist in der Luft? **160**
Regen messen **162**
Rotkohlsaft als Indikator **164**

Staunen

So kommt ein Ei in die Flasche **166**
Was ist „leer"? **168**
Durch eine Postkarte klettern **170**
Unsichtbare Nachrichten **172**
■ Information auf den zweiten Blick **174**
Schwebender Luftballon **176**
„Duftballon" **178**
„Unkaputtbarer" Luftballon **180**
Murmel durchdringt Münze **182**
Durch Schütteln beim Transport **184**

Glossar **186**
Register **188**
Bildquellenverzeichnis **191**
Dank **191**

■ Themen-Sonderseite

So benutzt du dieses Buch

Jedes Experiment in diesem Buch wird zusammen mit einer naturwissenschaftlichen Erklärung und Beispielen aus dem Alltag auf einer Doppelseite dargestellt. Wo was auf der Seite steht, wird dir unten genau gezeigt. Über das Buch verstreut findest du außerdem große Sonderseiten, auf denen dir Kalle Clever und seine Freundin Maja erstaunliche Informationen und witzige Anekdoten zu bestimmten Themen präsentieren.

Wenn du einen Begriff nicht kennst, sieh im Glossar auf den Seiten 186–187 nach. Dort werden schwierige Wörter erklärt. Kommen im Text chemische Elemente vor, sind in Klammern die Elementsymbole angegeben, wie sie auch im Periodensystem stehen. Am Ende des Buches gibt es ein Register, in dem du nachschlagen kannst, wenn du im Buch nach einem speziellen Thema, einem Begriff oder einem Experiment suchst.

❶ Schwierigkeitsgrad

Auf dem Stempel ist der Schwierigkeitsgrad des Experiments angegeben. Ist er gelb markiert, bedeutet das, dass du einen Erwachsenen dazuholen solltest, z. B. wenn mit Feuer oder scharfen Gegenständen hantiert wird.

❷ Zeitangabe

Diese Angabe sagt dir, wie lange das Experiment ungefähr dauert.

❸ Zutatenliste

Diese Liste gibt an, welche Dinge du zum Experimentieren benötigst.

❹ Experiment

Schritt für Schritt wird hier erklärt, wie du bei dem Experiment vorgehen musst, damit alles gut klappt. Die roten Zahlen zeigen an, in welcher Illustration der beschriebene Arbeitsschritt dargestellt ist.

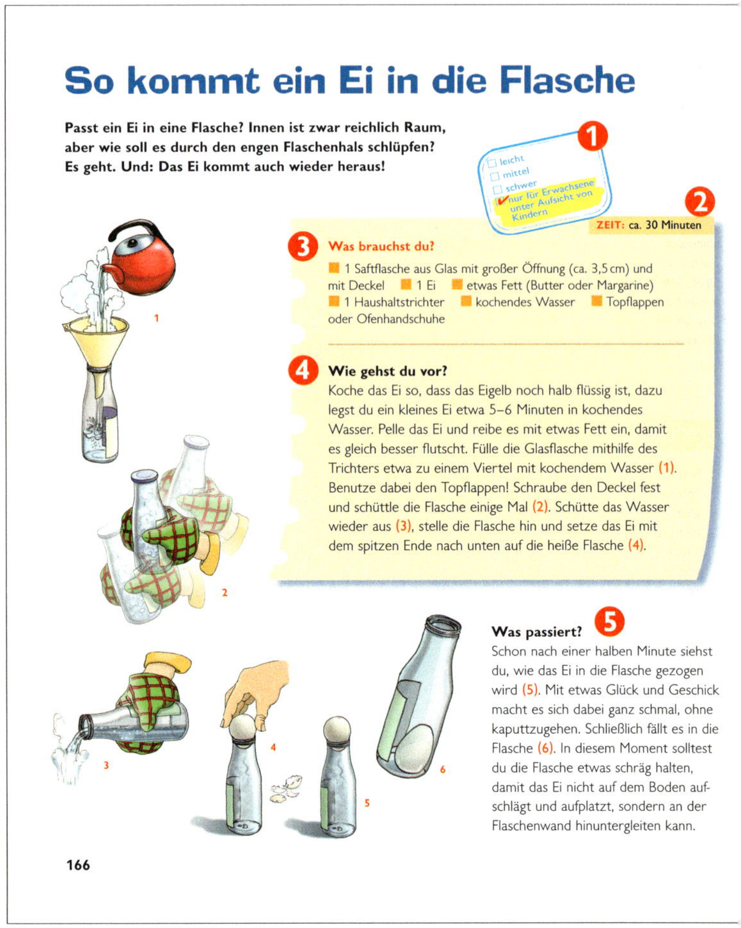
So kommt ein Ei in die Flasche

Passt ein Ei in eine Flasche? Innen ist zwar reichlich Raum, aber wie soll es durch den engen Flaschenhals schlüpfen? Es geht. Und: Das Ei kommt auch wieder heraus!

❶ leicht / mittel / schwer / ✔ nur für Erwachsene unter Aufsicht von Kindern

❷ ZEIT: ca. 30 Minuten

❸ Was brauchst du?

1 Saftflasche aus Glas mit großer Öffnung (ca. 3,5 cm) und mit Deckel ■ 1 Ei ■ etwas Fett (Butter oder Margarine) ■ 1 Haushaltstrichter ■ kochendes Wasser ■ Topflappen oder Ofenhandschuhe

❹ Wie gehst du vor?

Koche das Ei so, dass das Eigelb noch halb flüssig ist, dazu legst du ein kleines Ei etwa 5–6 Minuten in kochendes Wasser. Pelle das Ei und reibe es mit etwas Fett ein, damit es gleich besser flutscht. Fülle die Glasflasche mithilfe des Trichters etwa zu einem Viertel mit kochendem Wasser (1). Benutze dabei den Topflappen! Schraube den Deckel fest und schüttle die Flasche einige Mal (2). Schütte das Wasser wieder aus (3), stelle die Flasche hin und setze das Ei mit dem spitzen Ende nach unten auf die heiße Flasche (4).

Was passiert? ❺

Schon nach einer halben Minute siehst du, wie das Ei in die Flasche gezogen wird (5). Mit etwas Glück und Geschick macht es sich dabei ganz schmal, ohne kaputtzugehen. Schließlich fällt es in die Flasche (6). In diesem Moment solltest du die Flasche etwas schräg halten, damit das Ei nicht auf dem Boden aufschlägt und aufplatzt, sondern an der Flaschenwand hinuntergleiten kann.

166

Laborregeln für Profis

Wenn du zu Hause experimentierst, wird aus eurer Küche oder dem Badezimmer ein kleines „Labor". So nennt man den Arbeitsraum eines Naturwissenschaftlers. Deshalb solltest du dich dort – wie die Profis auch – an ein paar Regeln halten:

- Essen und trinken sind im Labor tabu – es sei denn, das Experiment sieht es ausdrücklich vor. Denn beim Experimentieren gilt deine ganze Aufmerksamkeit dem Versuchsablauf.
- Versuchsabfälle gehören in den Müll: Was beim Experimentieren übrig bleibt, und sei es eine Gurkenscheibe oder etwas Zucker, kommt in den Abfalleimer.
- Nach dem Experimentieren sollten alle Versuchsspuren beseitigt werden, damit das Labor wieder zur Küche werden kann; das heißt aufräumen und danach gründlich die Hände waschen.

Warum ist das so? 6

Genauso wie bei dem Experiment auf Seite 88, bei dem eine Plastikflasche zerdrückt wird, zieht sich auch hier die erhitzte Luft in der Flasche beim Abkühlen zusammen. Da diese durch das Ei verschlossen ist, entsteht innen ein Unterdruck. Weil du dieses Mal eine Glasflasche verwendet hast, wird sie nicht zerdrückt, stattdessen rutscht das Ei hinein. Es ist allerdings nicht der Unterdruck in der Flasche, der das Ei hineinzieht, sondern der Luftdruck außerhalb der Flasche, der das Ei hineindrückt. Es herrscht also ein Druckunterschied zwischen innen und außen, der sich ausgleichen will. Dabei versperrt das Ei den Weg und bewegt sich nun entsprechend den veränderten Druckverhältnissen in die Flasche hinein.

8 **■ So kommt das Ei wieder aus der Flasche heraus**

Wenn du das Ei aus der Flasche herausholen möchtest, kannst du das gleiche Prinzip anwenden: Setze die Flasche an den Mund und halte die Öffnung nach unten. Das Ei rutscht automatisch vor die Öffnung. Puste nun in die Flasche. Das Ei hebt sich etwas, und lässt deine Luft vorbei. Jetzt hast du in der Flasche einen Überdruck erzeugt und das Ei wird durch ihn herausgedrückt. Nun musst du es nur schnell mit deiner Hand auffangen. ■

Staunen 9

Wo kommt das vor? 7

Seit 1853 in London die erste Rohrpostanlage gebaut wurde, macht man sich auch hier das gleiche Prinzip zunutze wie bei diesem Experiment. Befüllbare Kapseln werden durch die Rohrleitung gesaugt, und das mit Geschwindigkeiten von bis zu 54 km/h. Wie bei deinem Versuch wird der Luftdruck auf einer Seite künstlich verringert und der äußere Luftdruck drückt die Rohrpost durch die Leitung. So können Schriftstücke, Medikamente oder andere Kleinteile innerhalb einer Klinik oder Firma rasch transportiert werden. Es gibt richtige Rohrpostzentralen, wie auf dem Bild, von denen aus „die Post abgeht".
Der Staubsauger funktioniert übrigens ähnlich: Der Luftdruck im Inneren wird künstlich erniedrigt und der äußere Luftdruck drückt Luft hinein. Der entstehende Luftzug reißt Staub und kleine Gegenstände mit sich.

Ähnlich wie das Herausholen des Eies funktioniert das Reifenventil an deinem Fahrrad: Eine kleine Kugel im Ventil wird beim Aufpumpen vom Lufteinlass weggedrückt, sodass Luft von außen in den Reifen strömen kann. Sobald du aufhörst zu pumpen, wird die Ventilkugel vom höheren Luftdruck im Reifen wieder auf den Lufteinlass gedrückt, sodass sie der Luft den Weg nach draußen versperrt. Im Gegensatz zum Ei wird sie aber nicht durchgedrückt, da sie aus hartem Metall besteht.

167

5 Ergebnis

Mal völlig unerwartet, mal verblüffend einfach: Hier wird das Versuchsergebnis beschrieben.

6 Erklärung

In einfachen Worten wird hier erklärt, welches naturwissenschaftliche Phänomen hinter diesem Experiment steckt und wie es funktioniert.

7 Beispiel aus dem Alltag

Der Kasten enthält alltägliche und überraschende Beispiele, wo uns das Prinzip, das dem Experiment zugrunde liegt, in unserer Umwelt begegnet.

8 Sonderinfo

Hier präsentieren Kalle und Maja spannende Zusatzinformationen.

9 Kapitel

Der farbige Balken zeigt an, in welchem Kapitel du dich befindest.

Klimakatastrophe im Glas

Die Wissenschaft hat festgestellt, dass die Erde immer wärmer wird. Das Eis der Gletscher und Pole schmilzt, Eisberge brechen ab und schmelzen dann ebenfalls. Steigt dadurch der Meeresspiegel? Drohen Überschwemmungen?

- [x] leicht
- [ ] mittel
- [ ] schwer
- [ ] nur für Erwachsene unter Aufsicht von Kindern

ZEIT: ca. 1 Stunde

Was brauchst du?

- 1 Trinkglas
- 1 Teller
- Eiswürfel
- 1 Kanne mit Wasser

Wie gehst du vor?

Stelle das Trinkglas auf den Teller, gib bis zur halben Höhe Eiswürfel hinein (1) und fülle es dann ganz bis zum Rand mit Wasser auf, sodass alle Eiswürfel schwimmen (2). Stelle das Ganze an einen warmen Ort und lass die Eiswürfel schmelzen (3). Sollte das Glas überlaufen, steht ja noch der Teller drunter.

1

2

Was passiert?

Es läuft nichts über. Während die Eiswürfel schmelzen, bleibt der Wasserstand immer exakt gleich, es läuft kein einziger Tropfen über den Rand (4).

3

4

Warum ist das so?

Wenn Wasser gefriert, also vom flüssigen in den festen Zustand übergeht, dehnt es sich aus. Es wird dabei aber nicht leichter, nur sein „Volumen", sein Platzbedarf, wird größer. Die so genannte „Masse" – du kennst das unter der Bezeichnung „Gewicht" – bleibt gleich, verteilt sich jetzt aber auf ein größeres Volumen. Deshalb sind Eiswürfel weniger dicht als flüssiges Wasser und schwimmen somit obenauf. Wasser dehnt sich um etwa ein Zehntel aus, wenn es gefriert. Das heißt, 10 Liter Wasser ergeben 11 Liter Eis. Diese 11 Liter Eis sind nach wie vor so schwer wie 10 Liter Wasser und verdrängen deshalb auch 10 Liter, wenn sie in Wasser schwimmen. Schmelzen sie, nehmen sie dann einfach den Platz ein, den sie vorher verdrängt haben.

■ **Der Untergang der „Titanic"**

Eisberge im Meer ragen höchstens zu einem Fünftel aus dem Wasser. Ihre Größe ist deshalb oft schwer einzuschätzen, da sich ihr größter Teil unter der Wasseroberfläche befindet und die verschiedensten Formen annehmen kann. Deshalb werden Eisberge oft unterschätzt.

So sank am 15. April 1912 das damals größte Schiff der Welt, die „Titanic", auf seiner Jungfernfahrt von Southampton in England nach New York in den USA. Es war auf einen Eisberg gelaufen, der nicht rechtzeitig gesehen wurde. 1503 Menschen kamen bei dem Unglück ums Leben, nur 703 konnten gerettet werden. ■

Wo kommt das vor?

Eisberge entstehen, wenn an den Polen Eismassen etwa von Gletschern abbrechen und ins Meer fließen – das heißt dann „kalben" – oder wenn Eisschollen auf dem Meer zu Eistürmen zusammengeschoben werden. „Tafeleisberge", die von weit ins Meer ragenden Eismassen abbrechen, können gewaltige Flächen erreichen. 1986 bildete sich im Weddellmeer in der Antarktis (am Südpol) ein Tafeleisberg, dessen Fläche halb so groß war wie die Schweiz.

Im Rahmen der weltweiten Klimaerwärmung wird viel über das Schmelzen der Polkappen an Nord- und Südpol gesprochen. Im Antarktiseis (am Südpol) sind vier Fünftel der Süßwasservorräte auf der Erde gespeichert. Würde es schmelzen, könnte der Meeresspiegel um 100 Meter ansteigen, haben Wissenschaftler ausgerechnet. Steht das im Widerspruch zu deinem Versuch? Nein, denn dein Versuch ist nicht mit der Antarktis zu vergleichen, sondern mit der Arktis (am Nordpol), die aus schwimmenden Eismassen besteht. Doch das meiste Eis auf der Welt befindet sich nicht im Meer, sondern auf Festlandmassen (auf Grönland und auf dem antarktischen Kontinent), und sollte es dort abschmelzen, würde das Wasser ins Meer laufen und tatsächlich den Meeresspiegel ansteigen lassen.

Ein Bindfaden als Messer

Das einfachste Messer der Welt ist ein schlichter Bindfaden. Er kann hartes Eis durchschneiden, ohne sich dabei hin und her zu bewegen. Dafür braucht er allerdings etwas mehr Zeit.

- [ ] leicht
- [x] mittel
- [ ] schwer
- [ ] nur für Erwachsene unter Aufsicht von Kindern

ZEIT: ca. 3 Stunden

Was brauchst du?

■ 1 Jogurtglas oder Trinkglas ■ 1 Eiswürfel ■ dünner Faden (Zwirn oder Garn) ■ 2 Gewichte, z. B. Besteck

1

Wie gehst du vor?

Lege den Eiswürfel auf das verschlossene Jogurtglas. Du kannst ihn auch auf ein umgedrehtes Trinkglas legen. Von dem Bindfaden schneidest du ein Stück ab und knotest an beiden Enden jeweils ein Gewicht fest, etwa eine Gabel oder einen Löffel. Stelle das Glas mit dem Eiswürfel in den Kühlschrank oder ins Eisfach und lege den Faden so darüber, dass die beiden Gewichte an der Seite lose herunterhängen (1). Jetzt schließe die Kühlschranktür und warte einige Stunden.

2

Was passiert?

Wenn du wieder nach dem Eiswürfel schaust, kannst du feststellen, dass der Bindfaden in ihn hineingewandert ist (2). Nach einiger Zeit hat er die Mitte erreicht, und wenn du noch länger wartest, wird der Bindfaden komplett durch den Eiswürfel gewandert sein. Er hat den Eiswürfel durchgeschnitten, ohne ihn zerteilt zu haben.

Warum ist das so?

Eis schmilzt unter Druck, also wenn es zusammengepresst wird. Würde man einen Eiswürfel in einen Schraubstock einspannen, so würde er unter großem Druck regelrecht zerfließen. Dieses Verhalten von Wassereis ist außergewöhnlich, denn die meisten anderen Stoffe werden fester, wenn man sie unter Druck setzt. Wieso Wasser sich so verhält, hat mit der so genannten Anomalie des Wassers zu tun (siehe S. 87).

Durch die beiden Gewichte wird der Faden nach unten gezogen und auf den Eiswürfel gedrückt. Dieser Druck reicht aus, um das Eis darunter zu schmelzen. Weil der Eiswürfel aber sehr kalt ist, gefriert das geschmolzene Eis über dem Bindfaden erneut, da es ja jetzt keinem Druck mehr ausgesetzt ist. Da unter dem Bindfaden ständig neues Eis schmilzt und das entstandene Wasser über dem Eiswürfel wieder friert, gleitet der Faden allmählich durch den Eiswürfel.

■ Wie Gletscher entstehen

Überall dort, wo mehr Schnee fällt als wieder taut, bilden sich mit der Zeit Gletscher. Sie sind große Ansammlungen von Schnee, der sich im Inneren durch den Druck der oberen Schneemassen zu Eis verdichtet. Gletscher können ungefähr 1000 m dick sein und sich bis zu sechs Kilometer im Jahr hangabwärts bewegen. Dabei können sie an dem felsigen Untergrund oder an scharfen Geländekanten hängen bleiben und aufreißen – so bilden sich die bekannten Gletscherspalten.

Gletscher speichern viel Wasser und ihre weiße Oberfläche reflektiert viel Sonnenlicht und damit Wärme, was unser Klima erheblich beeinflusst: Schmelzen die Gletscher, wird weniger Licht reflektiert, es wird auf der Erde wärmer und die Gletscher schmelzen weiter – ein Teufelskreis. ■

Wo kommt das vor?

Auch beim Schlittschuhlaufen schmilzt das Eis durch das Gewicht der Schlittschuhläufer kurzzeitig unter den Kufen und bildet einen Wasserfilm, auf dem es sich wunderbar gleiten lässt. Besonders elegant sieht das beim Eiskunstlauf aus, rasant wird es hingegen beim Eisschnelllauf, wo spezielle Klapp-Schlittschuhe verwendet werden, um besonders guten Kontakt zur Eisbahn zu haben. Die beste Zeit eines deutschen Eisschnellläufers beträgt 9,69 Sekunden über 100 m. Bobfahrer tragen sogar schwere Bleiwesten, um das Gewicht des Fahrzeuges zu erhöhen und etwas schneller zu sein.

Sogar Gletscher gleiten wie auf Kufen. Durch den enormen Druck der Eismassen schmilzt am Boden das Eis und der gesamte Gletscher „fließt“ langsam auf einem Wasserfilm den Berg hinunter.

Wissenschaftler des Max-Planck-Institutes für Strömungsforschung in Göttingen haben 1998 die Oberfläche von Eis untersucht und herausgefunden, dass sie überraschend beweglich, also fast flüssig ist. Eine Erklärung dafür wäre der uns umgebende Luftdruck, der auch auf Eis drückt und es ein klein wenig anschmilzt.

Ein Eiswürfel an der Angel

Wer Fische angeln will, setzt sich an einen Fluss oder See. Wer Eiswürfel braucht, sieht im Eisfach nach. Doch du kannst dir auch einen Eiswürfel „angeln“. Als Köder dienen einige Salzkörner.

- ☐ leicht
- ☐ mittel
- ☑ schwer
- ☐ nur für Erwachsene unter Aufsicht von Kindern

ZEIT: ca. 10 Minuten

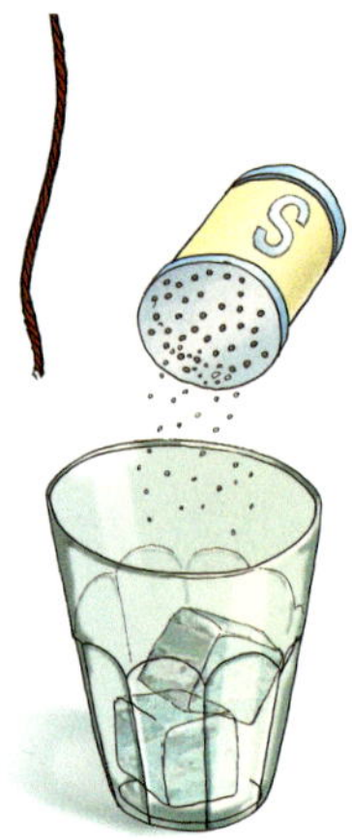

1

Was brauchst du?

■ 1 Trinkglas oder 1 tiefer Teller ■ Eiswürfel ■ 1 Bindfaden (z. B. Zwirn) ■ Salz

Wie gehst du vor?

Lege dir einen Eiswürfel in einem Glas oder auf einem Teller zurecht und halte ein etwa 20 cm langes Stück Bindfaden bereit. Streue etwas Salz auf den Eiswürfel, einige Körner genügen (1). Unter den Salzkörnern beginnt das Eis zu tauen. Halte hier ein Ende des Bindfadens hinein (2).

2

3

Was passiert?

Dort, wo das Salz auf dem Eis liegt, bildet sich eine Pfütze. Hier taucht dein Bindfaden ein. Doch schon nach kurzer Zeit friert die Stelle wieder zu und dein Bindfaden hängt fest, er ist eingefroren. Du kannst nun den Eiswürfel „an der Angel“ hochheben (3).

Warum ist das so?

Salz bringt Eis zum Schmelzen, weil es den „Gefrierpunkt“ herabsetzt. Das ist die Temperatur, bei der Wasser vom flüssigen in den festen Zustand übergeht, indem es gefriert. Wissenschaftler sprechen hierbei von einer „Gefrierpunkterniedrigung“.
Reines Wasser bildet beim Gefrieren Eiskristalle mit einer äußerst regelmäßigen Struktur. Salz und andere Stoffe stören diese Ordnung. Die Folge ist, dass Salzwasser erst bei tieferen Temperaturen fest wird, also gefriert.
Wenn du Salzkörner aufstreust, schmilzt das Eis darunter. Doch je mehr Eis das Salz auftaut, desto geringer wird die Salzkonzentration. Schließlich reicht die Salzmenge nicht mehr aus, um das Wasser flüssig zu halten, und der Eiswürfel friert wieder zu.

■ **Wann gefriert Meerwasser?**
Nord- und Ostsee bestehen – wie überhaupt alle Weltmeere – aus Salzwasser. In 1 l Meerwasser sind etwa 35 g Salz gelöst. Deshalb gefriert es nicht bei 0 °C, sondern erst bei – 1,9 °C. Mit einer Ausnahme: Die Ostsee gefriert schon bei – 0,53 °C, weil ihr Salzgehalt erheblich geringer ist. Im Schnitt sind dort im oberflächennahen Bereich nur 8 g Salz im Wasser gelöst, weniger als ein Viertel so viel wie in der Nordsee. Das liegt daran, dass die Ostsee ein so genanntes Binnenmeer ist. Sie wird hauptsächlich von Flüssen gespeist, die Süßwasser einbringen. Salzwasser kommt lediglich von der Nordsee meist durch die Gezeiten über eine sehr enge Verbindung in die Ostsee geströmt, über die Meerengen Skagerrak und Kattegat (siehe S. 109). ■

Wo kommt das vor?

Wenn der Winterdienst auf den Straßen Schnee und Glatteis bekämpft, wird Streusalz eingesetzt. Dann läuft alles ab wie bei deinem Eiswürfel: Das Glatteis schmilzt. Das entstehende Salzwasser ist deutlich kälter als das Eis (siehe Experiment S. 16). Doch auch der beste Winterdienst wird einmal machtlos. Wird es kälter als – 10 °C, musste unverhältnismäßig viel Salz gestreut werden, was nicht nur teuer wäre, sondern auch schädlich für die Umwelt – und für die Autos. Denn Salzwasser greift Metall an und lässt es rosten.
Wassereis entsteht – wie Packeis auf dem Meer oder Eiswürfel im Gefrierfach – in mehreren Schritten. Erst bildet sich Neueis in Form von leichten, frei im Wasser schwebenden Eiskristallen. Daraus entsteht an der Wasseroberfläche eine Eishaut, eine erste geschlossene Eisdecke. Nun kann das Wasser von oben nach unten gefrieren.

Das heißt, dass eiskaltes Wasser oben am kältesten ist. Dies ist auch der Grund, warum Gewässer im Winter zuerst oben gefrieren, denn das wärmere und dichtere, also schwerere Wasser sammelt sich am Grund. Nur deshalb können etwa Fische in Seen und Teichen den Winter überleben. In unseren Breiten wird die Eisschicht höchstens etwa 1 m dick.

Eine Eismaschine ohne Strom

Mit diesem Experiment kannst du im Handumdrehen – pardon, im Löffelumdrehen – leckeres Speiseeis herstellen. Dafür brauchst du nicht einmal einen Stromanschluss, denn diese „Eismaschine“ funktioniert so wie vor über 200 Jahren.

☐ leicht
☐ mittel
☐ schwer
☑ nur für Erwachsene unter Aufsicht von Kindern

ZEIT: ca. 20 Minuten

1

Was brauchst du?

■ Eiswürfel ■ 1 große Glas- oder Keramikschüssel ■ 1 kleine Schüssel, am besten aus Metall ■ 1 Teelöffel ■ 4–5 Esslöffel Salz ■ 1 Hammer ■ Saft, Kakao, Jogurt oder Speiseeismischung

Wie gehst du vor?

Zerkleinere die Eiswürfel, indem du sie in ein Geschirrhandtuch packst und vorsichtig mit einem Hammer auf einem Küchenbrett zerschlägst. Fülle die Eisstückchen nun in die große Schüssel. Auf das Eis streust du viel Salz (1), mindestens 4 Esslöffel, und vermengst beides. In diese Mischung stellst du die kleinere Schüssel, sodass sie möglichst tief im Eis sitzt. Hier kommt der Rohstoff für dein Speiseeis hinein (2 und 3) und dann heißt es Rühren, ohne dass salziges Eiswasser in die kleine Schüssel schwappt.

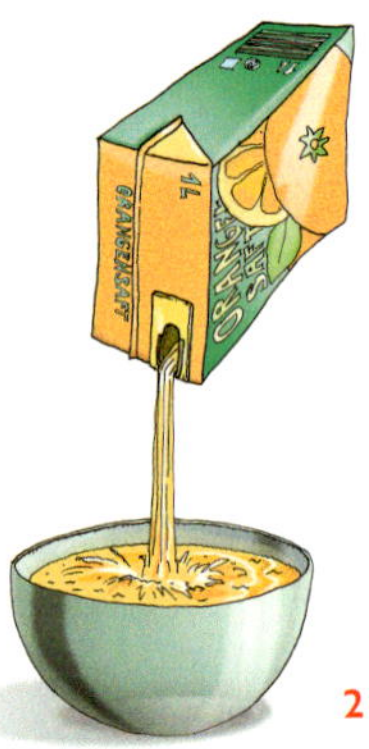

2

3

4

Was passiert?

Sobald du Salz zum Eis gibst, sinkt die Temperatur rapide. Die kleine Schüssel wird stark abgekühlt und die Masse darin beginnt zu gefrieren. Durch ständiges Rühren kannst du sie trotzdem kremig halten. Du musst so lange Geduld haben, bis alles gefroren und nichts mehr flüssig ist. Das kann gut 15 Minuten dauern, je nach Menge (4).

Warum ist das so?

Gefrorenes Wasser und Salz ergeben eine so genannte „Kältemischung". Diese wird von selbst kälter, ohne dass von außen Energie (etwa in Form von mit Strom erzeugter Kälte) zugeführt werden muss. Der Grund: Für das Auflösen des Salzes und das Schmelzen des Eises ist Energie notwendig, diese wird in Form von Wärme der Umgebung entnommen. Weniger Wärme heißt mehr Kälte. Mit anderen Worten: Damit das Eis schmelzen kann, wird das Schmelzwasser kälter. Bei der Mischung von Kochsalz mit Wasser können bis zu –21,3 °C erreicht werden! Um auf diese niedrige Temperatur zu kommen, müsstest du allerdings 33 g Salz zu 100 g Eis geben.

Wo kommt das vor?

Schon lange bevor Menschen Strom zur Verfügung hatten, konnten sie Speiseeis herstellen – mit einer Kältemischung aus Eis und Salz. Ende des 18. Jahrhunderts – etwa im Jahr 1790 – soll die US-amerikanische Hausfrau Nancy Johnson ihre Eismaschine zum Patent angemeldet haben. Sie funktioniert so einfach wie trickreich: In einen Holzkübel kommen Eisstücke und billiges Viehsalz. In diese Mischung wird eine Metallpatrone mit Rührwerk gesteckt, die die Speiseeiszutaten enthält. Diese gefrieren und unter ständigem Rühren mit der Kurbel wird das Eis schön kremig.

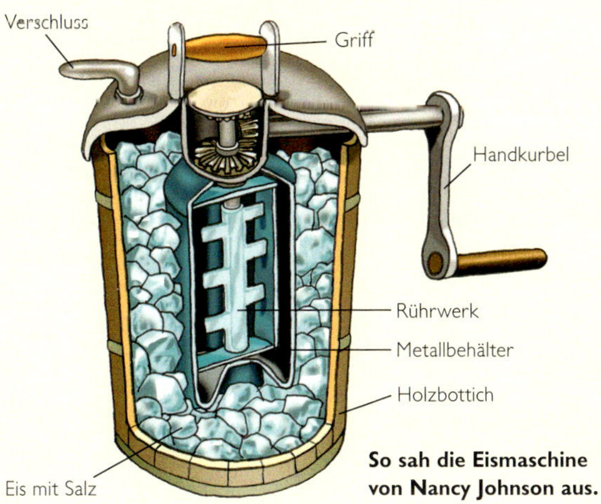

So sah die Eismaschine von Nancy Johnson aus.

Doch woher hatten die Menschen früher Wassereis? Im Winter wurden etwa im Sauerland Flusswiesen mit Wasser überschwemmt, das dann gefror und eine dicke Eisschicht bildete, die in Eisblöcke zersägt wurde. Diese Eisblöcke wurden in Kellern gelagert und hielten bis weit in den Sommer. Auch heute erzeugt man noch im Winter Wassereis, wie an diesem „Eisgalgen" einer Brauerei, um damit bis in den Sommer hinein Bier zu kühlen und somit Energie zu sparen. Hier hängen 70 t Eis, die über mehrere Tage durch langsames Dazugeben von Wasser entstanden sind.

Ein Kochtopf aus Papier

Jetzt einen leckeren Tee! Aber es ist kein Kochtopf zur Hand. Kein Problem, es geht auch mit einem Kochtopf aus Papier, einem Pappbecher oder einer Streichholzschachtel.

☐ leicht
☐ mittel
☐ schwer
☑ nur für Erwachsene unter Aufsicht von Kindern

ZEIT: ca. 30 Minuten

Was brauchst du?

- 1 Teelicht
- 2 Streichholzschachteln
- etwas Klebefilm

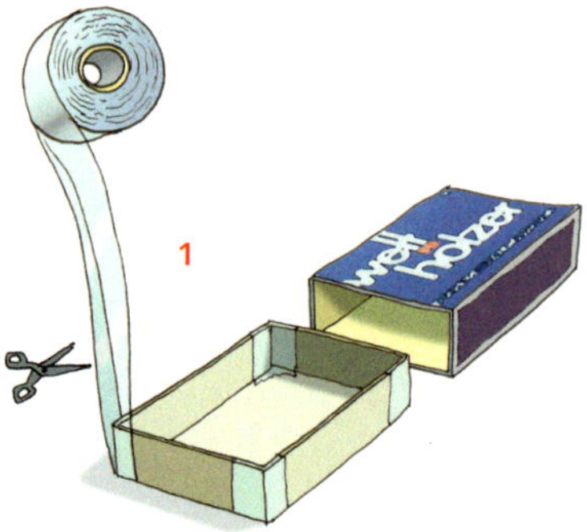

1

Wie gehst du vor?
Ziehe aus den Streichholzschachteln die Schubladen mit den Zündhölzern heraus. Entleere eine der Schubladen und klebe alle Seiten mit Klebefilm ab, damit vor allem die Ecken abgedichtet sind (1). Die beiden Außenhüllen stellst du hochkant so auf den Tisch, dass du die verklebte Schublade darauflegen kannst. Fülle die Streichholzschachtel mit Wasser (2) und stelle sie oben quer auf die Außenhüllen. Dann zünde das Teelicht an und schiebe es unter die Schublade (3).
Alternative: Du kannst auch einen mit Wasser gefüllten Pappbecher auf ein Stövchen stellen.

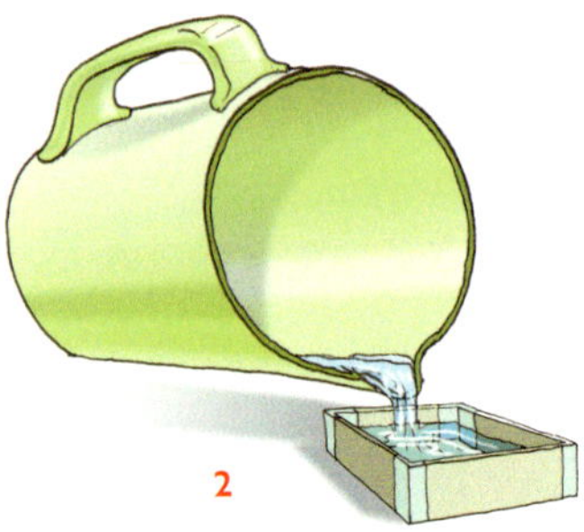

2

3

Was passiert?
Die Schublade fängt nicht an zu brennen, obwohl sie aus Pappe ist, allenfalls bildet sich unten etwas Ruß von der Kerze. Nach einigen Minuten bilden sich ein paar Dampfbläschen und mit dem Finger kannst du testen, dass das Wasser heiß wird. Der Kochtopf aus Papier funktioniert!

Warum ist das so?

Flüssiges Wasser kann höchstens 100 °C heiß werden. Solange im Papierkochtopf also noch Wasser vorhanden ist, ist auch das Papier nicht heißer als 100 °C, da es vom Wasser gekühlt wird. Weil Papier aber erst ab etwa 200 °C brennt, kann es sich nicht entzünden, solange noch Wasser vorhanden ist.

Wann brennen Stoffe?

Jeder brennbare Stoff hat eine Temperatur, ab der er anfängt zu brennen: die so genannte Zündtemperatur. Die Tabelle rechts zeigt dir die Zündtemperaturen einiger Stoffe, die du kennst. Wenn es verschiedene Sorten eines Stoffs gibt – wie zum Beispiel bei Papier – wird ein Temperaturbereich angegeben.

Stoff	Zündtemperatur
Zündholzkopf	80 °C
Kerzenwachs (Stearin)	196 °C
Papier	185 °C – 240 °C
Kunststoffe	200 °C – 300 °C
Kohle	240 °C – 280 °C
Stroh	250 °C – 300 °C
Dieselöl	250 °C – 350 °C
Autobenzin	250 °C – 460 °C
Holz	280 °C – 340 °C
Petroleum	300 °C
Baumwolle	450 °C

Wo kommt das vor?

Wie im Experiment funktionieren auch im Alltag viele Dinge nur, weil sie gekühlt werden. Im Auto sorgt der Kühler ganz vorn hinter dem Kühlergrill für eine gleichmäßige Motortemperatur. Das heiße Kühlwasser lauft hier durch viele Rippen und wird während der Fahrt durch den Fahrtwind gekühlt und bei Stillstand durch einen Ventilator. Auch die Musikanlage hat hinten Kühlrippen, um die Wärme, die durch den Strom in der Elektronik entsteht, abzuführen. In all diesen Fällen ist die Wärme ein Abfallprodukt und unerwünscht. Ähnlich ist es bei Kraftwerken, die Elektrizität und Wärme erzeugen. Ihr Kühlwasser muss ständig wieder herabgekühlt werden. Das geschieht in den riesigen Kühltürmen, die bis 300 m hoch und breit sein können. In vielen wird das Kühlwasser versprüht. Dabei verdunstet ein kleiner Teil, was als Dampfschwaden zu sehen ist. Durch die Verdunstungskälte wird dem Wasser viel Wärme entzogen und die Luft mehr als 10 °C erwärmt. Automotor und Kraftwerk funktionieren besser, wenn der Temperaturunterschied in ihnen groß ist. Erwünscht sind deshalb möglichst hohe Brenntemperaturen und niedrige Kühltemperaturen.

Energie sparend Eier kochen

Isst du auch so gerne ein Frühstücksei? Damit ein Ei zum Frühstücksei wird, muss man es kochen. Wenn du schlau bist, kannst du beim Eierkochen Energie sparen.

- ☐ leicht
- ☐ mittel
- ☐ schwer
- ☑ nur für Erwachsene unter Aufsicht von Kindern

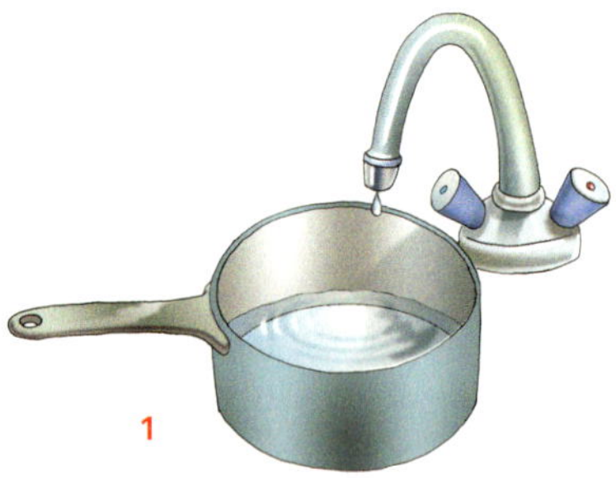

1

2

ZEIT: ca. 10 Minuten

Was brauchst du?

- 1 angepiekstes rohes Hühnerei
- 1 kleinen Kochtopf
- 1 Esslöffel
- Herdplatte
- Wasser
- 1 Uhr

Wie gehst du vor?

Normalerweise gibt man die Eier in kochendes, sprudelndes Wasser. Fülle den Topf dieses Mal nur einen Fingerbreit mit Wasser (1) und setze den Deckel drauf. Stelle die Herdplatte auf die höchste Stufe und warte, bis das Wasser kocht. Stelle den Herd dann auf die niedrigste Stufe und gib mit dem Löffel das angepiekste Ei hinein (2). Warte sechs bis sieben Minuten (3), stelle dann die Herdplatte ganz aus und hole das Ei mit dem Löffel aus dem Topf. Du kannst es nun auch unter kaltem Wasser abschrecken, wenn du möchtest (4).

3

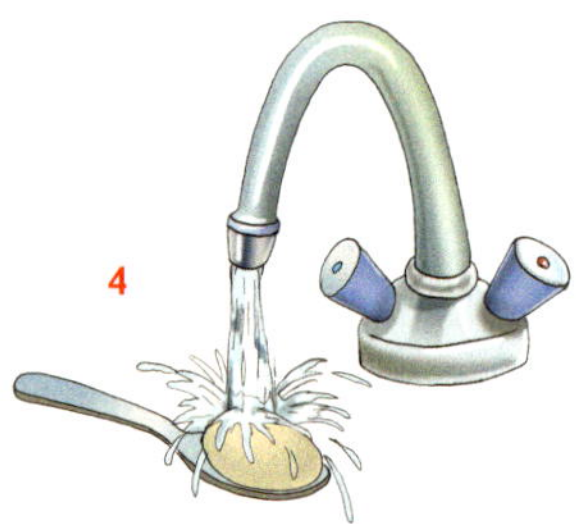

4

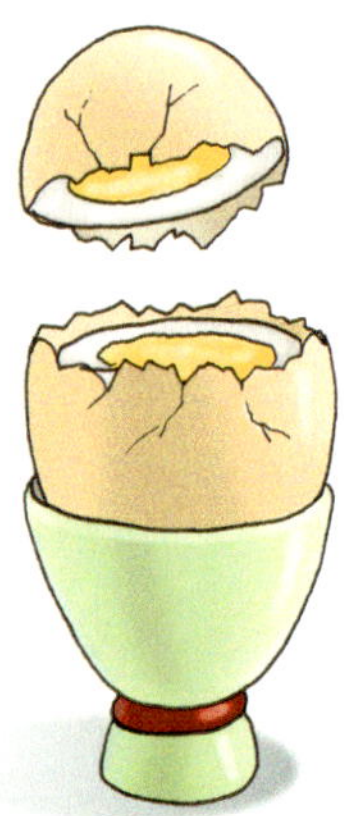

5

Was passiert?

Wenn du das Ei nun pellst und mit dem Löffel etwas wegnimmst, wirst du sehen, dass es durch und durch gekocht ist (5).

Warum ist das so?

Weil du viel weniger Wasser heiß machst, brauchst du auch viel weniger Zeit und Energie, bis es kocht. Das Ei wird nur zu einem geringen Teil von Wasser berührt und hauptsächlich vom Wasserdampf erhitzt und gegart. Während beim herkömmlichen Eierkochen die Eier ganz im Wasser liegen und der Dampf nicht genutzt wird, ist es hier anders. Deshalb ist es besonders wichtig, dass der Deckel auf dem Topf ist, weil der Dampf sonst entweicht. Solange noch Wasser im Topf siedet, sind Wasser und Dampf genau 100 °C heiß. Erst wenn der letzte Tropfen Wasser verdampft, kann der Dampf heißer werden als das Wasser, also über 100 °C .

Wo kommt das vor?

Auch in einem Schnellkochtopf reicht sehr wenig Wasser aus, um z. B. viel Gemüse zu garen. Schnellkochtöpfe sind schwer, stabil und haben einen Deckel, der festgedreht wird. Auf diese Weise kann der Wasserdampf nicht entweichen und keine Energie verloren gehen. Zudem bildet sich im Topf ein hoher Dampfdruck, durch den das Garen beschleunigt wird, weil der Wasserdampf so über 100 °C heiß werden kann. Ein Ventil regelt den Druck und pfeift, wenn er zu hoch wird. In Kraftwerken werden die Turbinen, die einen Generator zur Stromerzeugung drehen, mit über 500 °C heißem Wasserdampf angetrieben, der unter großem Druck steht. In den Turbinen sind Turbinenschaufeln, die der Dampf beim Durchströmen dreht wie die Luft ein Windrad. Wasserdampf kann sehr viel Wärme aufnehmen, und je heißer er ist, desto höher ist der Wirkungsgrad, der besagt, wie gut der Brennstoff (z. B. Kohle), mit dem der Wasserdampf erzeugt wird, in Strom umgesetzt wird. Er kann höchstens 100 % betragen. Ein Kohlekraftwerk erreicht etwa 33 %. Übrigens: Genauso wie Wasser bei hohem Druck nicht bei 100 °C, sondern erst darüber siedet, kocht es bei geringerem Druck schon früher. Auf dem Gipfel des Mount Everest (8850 m) beträgt der Luftdruck nur noch ein Drittel des Luftdrucks in Meereshöhe und Wasser siedet schon bei 70 °C. Bei dieser Temperatur wird ein Ei aber nicht mehr richtig hart.

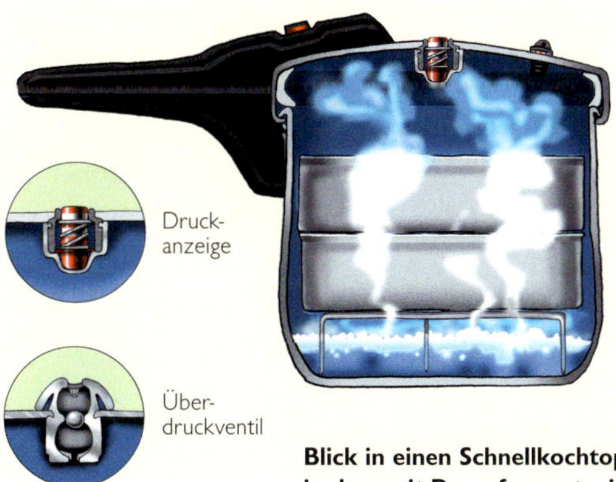

Blick in einen Schnellkochtopf, in dem mit Dampf gegart wird

Ein Ei halb kochen

5 bis 7 Minuten braucht ein Frühstücksei, dann ist es fertig. In der Pfanne werden Eier als Spiegel- oder Rührei gebraten, dabei kann man zusehen, wie die Eier sich verändern. Dass das auch geht, wenn man ein Ei kocht, weiß kaum jemand …

- ☐ leicht
- ☐ mittel
- ☐ schwer
- ☑ nur für Erwachsene unter Aufsicht von Kindern

ZEIT: ca. 10 Minuten

Was brauchst du?

- 1 rohes Ei ohne Schale (aus Experiment S. 96)
- 1 Esslöffel
- Wasser
- 1 Kochtopf
- 1 Herdplatte

1

Wie gehst du vor?

Bringe in einem Topf genügend Wasser zum Sieden, um ein Ei hineinlegen zu können. Ist das Wasser heiß, schaltest du die Platte aus oder nimmst den Topf von der Herdplatte. Für den Versuch selbst muss das Wasser nicht mehr kochen, sondern nur noch möglichst heiß sein. Nimm das „nackte Ei“ und lege es auf den Esslöffel. Halte das Ei auf dem Esslöffel vorsichtig einige Sekunden lang zur Hälfte in das heiße Wasser (1). Achte darauf, dass du dich dabei nicht verbrühst.

2

Was passiert?

Dort, wo das Ei im heißen Wasser liegt, wird es weiß und sieht bald so aus wie ein Frühstücksei (2). Die obere Hälfte, die nicht im Wasser ist, bleibt klar. Du hast einem Ei beim Garwerden zugesehen!

Warum ist das so?

Eier werden beim Kochen oder Braten (Spiegelei, Rührei) fest. Das liegt an den wichtigsten Inhaltsstoffen des Eies: den „Proteinen", den Eiweißmolekülen. Du kannst sie dir im rohen Ei als vielfach gewundene Ketten vorstellen. Durch die Hitze beim Kochen entfalten sich diese Ketten, was auch farblich zu sehen ist: Das Ei wird weiß und undurchsichtig, es „gerinnt". Das durchsichtige Eiklar beginnt sich ab 62 °C zu verändern, das Eigelb in der Mitte erst zwischen 65 °C und 70 °C. Dieser Prozess ist unumkehrbar. Sind die Proteine einmal durch Hitze verändert, bleiben sie so. Dadurch, dass das Ei bei dem Experiment nicht komplett von Hitze umschlossen ist, wird es nicht rundum gar und man kann der Veränderung der Proteine gut zusehen.

Erste Hilfe bei Verletzungen

Auch Blut gerinnt – wenn du dich verletzt hast, bildet sich an der offenen Wunde eine Schorfschicht. Sie dichtet die offene Stelle ab und verhindert, dass weiter Blut austritt und Schmutz in die Wunde gelangt. An diesem Erste-Hilfe-Mechanismus sind die winzigen Blutplättchen (Thrombozyten) entscheidend beteiligt. Sie bestehen aus Eiweißstoffen (Proteinen) und gerinnen unter Einwirkung von Luft. Dabei hängen sich die Blutplättchen aneinander und bilden eine feste Masse. Der Körper bildet sie ständig neu, denn sie leben nur zehn Tage. ■

Wo kommt das vor?

Proteine brauchen wir für alle wichtigen Vorgänge in unserem Körper, vom Wachstum bis zur Bekämpfung von Krankheiten. Eier enthalten – neben Wasser – vor allem Proteine und sind deshalb sehr gesund. Das gilt für viele Eier – vom winzigen Fischei, dem Kaviar, bis zum großen Straußenei (rechts). Wie das Eiklar weiß wird, also gerinnt, kann man auch bei Spiegeleiern gut sehen. Wie die Eier können wir generell Nahrung nach dem Kochen besser verwerten, weil die Inhaltsstoffe beim Garen „aufgeschlossen", also verändert und leichter verdaulich werden.

Den Effekt, dass Proteine bei Hitze aneinander kleben, macht sich auch die moderne Chirurgie zunutze. Statt eines normalen Skalpells – einem sehr scharfen Messer – operieren Chirurgen heute gerne mit dem „Elektroskalpell". Es besteht aus einer feinen Drahtschlaufe, durch die viel Strom fließt, der das Skalpell erhitzt. Sobald das heiße Elektroskalpell mit dem Gewebe in Berührung kommt, zerplatzt das Gewebe – das „Strommesser" schneidet also. Gleichzeitig gerinnt das körpereigene Eiweiß durch die Wärme, sodass die Wunde kaum blutet, weil sie sofort durch die gerinnenden Proteine verschlossen wird.

Ich wollt', ich wär' ein Huhn

Welches Huhn legt welche Eier?

Hühner legen braune und weiße Eier. Allerdings können braune Hühner weiße Eier legen und umgekehrt. Laut dem Landwirtschaftsexperten Prof. Dr. Michael Grashorn von der Universität Hohenheim bei Stuttgart gibt es einen einfachen Weg, um herauszufinden, ob ein Huhn weiße oder braune Eier legt: Ein Blick auf die so genannte „Ohrscheibe", also den Eingang des Gehörgangs beim Huhn, hilft weiter. Die Hautfarbe der Ohrscheibe gibt Aufschluss über die Farbe der Eierschale – weiße Farbe = weißes Ei, dunkle Farbe = braunes Ei.

Die Kalkschale des Eies ist an und für sich weiß. Der braune Farbstoff sitzt nicht in der Schale, sondern auf der Schale, wie du bei dem Experiment auf S. 96 sehen kannst – die Farbe löst sich ziemlich schnell ab.

Eier abschrecken?

Fertig gekochte Eier werden gewöhnlich unter fließend kaltem Wasser „abgeschreckt", also plötzlich abgekühlt. Danach soll man sie besser pellen können. Das stimmt leider nicht.

Aber beim Abschrecken gelangen Bakterien ins Ei. Deshalb halten sie danach nicht mehr so lange: nur noch zwei Tage anstatt drei Monate, die gekochte Eier theoretisch halten könnten.

Eier kannst du übrigens etwas kürzer kochen, wenn du sie anschließend nicht abschreckst, sondern etwas ruhen lässt. Dann hat die Wärme im Inneren Zeit, sich noch etwas zu verteilen. Außerdem wird das Ei dann nicht so gummiartig und schmeckt besser.

Wie lange braucht das Huhn fürs Ei?

Im Durchschnitt legt ein Huhn alle 24 Stunden ein Ei. Dabei sind immer mehrere Eier „in Arbeit“. Im Eierstock sind mehrere Tausend Eizellen auf Vorrat. Eine nach der anderen reift in 7 bis 11 Tagen zur Dotterkugel heran und gelangt in den 60 cm langen Eileiter. Dort wird der Dotter mit Eiklar und Schale umgeben. Eier mit brauner Schale erhalten in den letzten fünf Stunden ihre braune Farbe. Nach dem Legen ist das rohe Ei mindestens 28 Tage haltbar. Pro Jahr legt ein Huhn rund 280 Eier. Und jeder Bundesbürger isst im Durchschnitt 216 Stück im Jahr, also ist für jeden von uns etwa 1 Huhn da!

Wie kommt das Ei aus dem Huhn?

Beim Eierlegen stülpt das Huhn seine Scheide durch die so genannte Kloake – den Po – nach außen und drückt das Ei heraus. Das ist praktisch, denn so kommt das Ei nicht mit dem Kot in Berührung. Lange wurde gerätselt, mit welchem Ende das Ei aus der Henne kommt. Das stumpfe Ende hätte den Vorteil, dass die Henne nur kurz drücken muss und der Rest mit dem spitzen Ende von alleine herausrutscht. Forscher haben Hühner dazu beim Eierlegen beobachtet und herausgefunden, dass es keine Regelmäßigkeit gibt. Das Ei kommt mal so, mal so heraus.

Wie hält man rohe und gekochte Eier auseinander?

Von außen kannst du nicht unterscheiden, ob ein Ei roh oder gekocht ist. Erst beim Drehen und Loslassen offenbaren sich die Eier: Ein gekochtes Ei dreht sich, ein rohes torkelt und kommt nicht in Schwung. Der Grund: Beim gekochten Ei ist alles fest miteinander verbunden und folgt der Drehung sofort. Beim rohen Ei werden Dotter und Eiklar langsamer in Drehung versetzt als die Schale. Es bilden sich auch kleine Wirbel im Eiklar, die das Ei aus dem Takt bringen.

Schwimmt eine Büroklammer?

Ein Schiff schwimmt auf dem Wasser, obwohl es aus Eisen besteht. Das geht nur, weil es mit seinem hohlen Rumpf mehr Wasser verdrängt, als es selber wiegt. Aber es gibt noch einen anderen Trick fürs Schwimmen.

- [ ] leicht
- [x] mittel
- [ ] schwer
- [ ] nur für Erwachsene unter Aufsicht von Kindern

ZEIT: ca. 5 Minuten

Was brauchst du?

- 1 Büroklammer
- 1 Trinkglas
- 1 Pinzette
- Wasser
- Spülmittel

1

Wie gehst du vor?

Fülle das Glas mit Wasser und stelle es vor dich hin. Greife mit der Pinzette die Büroklammer und lege sie vorsichtig flach auf die Wasseroberfläche (1).

Du kannst die Büroklammer auch vorher noch etwas zwischen den Fingern reiben, damit sie ein wenig Fett annimmt. Dann schwimmt sie besser.

2

3

Was passiert?

Die Büroklammer schwimmt auf der Wasseroberfläche, obwohl sie aus schwerem Metall besteht. Wenn du ganz genau hinsiehst und vielleicht noch eine Lupe zu Hilfe nimmst, kannst du erkennen, wie sich die Wasseroberfläche unter der Büroklammer etwas nach unten wölbt (2). Offensichtlich wird sie durch das Gewicht der Büroklammer leicht eingedrückt, wie eine Haut. Gib nun einen Tropfen Spülmittel in das Wasser: Die Büroklammer sinkt sofort nach unten (3).

Warum ist das so?

In der Tat besitzt Wasser eine „Haut“. Sie bildet sich automatisch an der Grenze zu anderen Stoffen. Besonders ausgeprägt ist sie an der Grenze zu Luft. Die kleinsten Wasserteilchen, die Wassermoleküle, ziehen sich gegenseitig an. Das nennt man „Kohäsion“. Während sich die Moleküle im Wasser in alle Richtungen gegenseitig anziehen können (B), ist das an der Oberfläche nicht möglich. Dort werden sie nur in

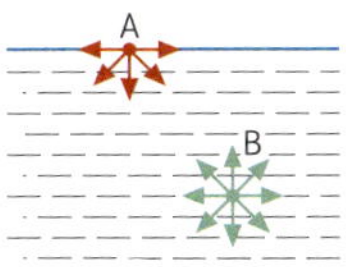

Richtung Wasser gezogen, aber nicht nach außen (A). Dadurch bildet sich eine hauchdünne, aber relativ feste Schicht um das Wasser, die sogar leichte Gegenstände tragen kann. Das Ganze nennen wir Oberflächenspannung. Hinzu kommt, dass die Büroklammer ihr Gewicht auf eine ziemlich große Fläche verteilt, weshalb das Wasser sie tragen kann. Die gleiche Menge Metall in Form einer Kugel würde sofort untergehen. Spülmittel zerstört jedoch die Oberflächenspannung und das Wasser verliert seine Tragfähigkeit. Die Büroklammer geht deshalb in Spülwasser unter.

■ **Man nehme 15 Tropfen ...**

Bei flüssigen Medikamenten wird die Menge, die man einnehmen soll, oft in „Tropfen“ angegeben. Man soll beispielsweise oft „3-mal täglich 30 Tropfen“ nehmen. Dieses Maß wird angegeben, weil aufgrund der Oberflächenspannung jeder Tropfen bei der gleichen Ausflussöffnung genau gleich groß ist. Bevor sich die Tropfen von der Öffnung lösen, sind sie ungefähr birnenförmig, danach aber kugelrund, weil die Oberflächenspannung die Oberfläche stets so klein wie möglich hält. Und die Kugel hat nunmal im Verhältnis zu ihrem Volumen die kleinste Oberfläche. ■

Wo kommt das vor?

Auch Blätter, leichte Rindenstückchen, Haare oder Papier können dank der Oberflächenspannung auf Wasser schwimmen.

Vielleicht sind dir auf einem Teich aber auch schon einmal die flinken Wasserläufer aufgefallen. Das sind Insekten (Landwanzen), die so leicht sind, dass sie auf dem Wasser laufen können. Mit ihren weit auseinander stehenden Beinen verteilen sie ihr Gewicht außerdem geschickt auf eine möglichst große Fläche, sie drücken damit aber die Wasseroberfläche auch ganz leicht ein. Dass das Wasser sie so gut trägt, verdanken diese Insekten auch ihrer Wasser abstoßenden, silbrigen Behaarung, die sie oft putzen und dabei mit Wasser abstoßendem Fett versehen. Auf Spülwasser könnten sie nicht laufen, weil hier das Spülmittel die Oberflächenspannung zerstört hat.

Mit einem Sieb Wasser schöpfen

„Das ist ja so, als wollte man mit einem Sieb Wasser schöpfen!“, heißt es, wenn jemand etwas Aussichtsloses versucht. Ganz so dumm ist die Idee allerdings nicht ...

- [ ] leicht
- [x] mittel
- [ ] schwer
- [ ] nur für Erwachsene unter Aufsicht von Kindern

ZEIT: ca. 10 Minuten

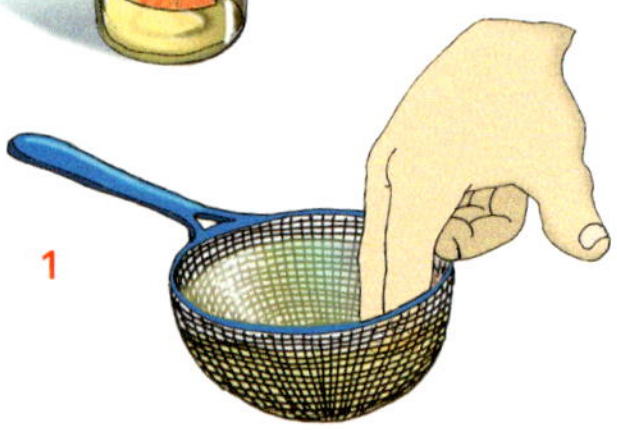

1

Was brauchst du?

- 1 kleines Küchensieb
- Speiseöl
- Wasser
- Spülmittel

Wie gehst du vor?

Gib vorsichtig etwas Öl auf das Siebnetz und verstreiche es mit einem Finger über die gesamte Fläche, bis alle Öffnungen mit Öl verschlossen sind (1). Je kleiner das Sieb ist, umso besser funktioniert das Experiment. Halte das so präparierte Sieb unter den Wasserhahn und lass ganz langsam und vorsichtig etwas kaltes Wasser hineinfließen (2).

2

3

Was passiert?

Das Sieb hält tatsächlich dicht. Wenn du vorsichtig bist, kannst du ein kleines Küchensieb fast ganz voll Wasser füllen, ohne dass etwas ausläuft. Wenn du jedoch einige Tropfen Spülmittel dazugibst, wird der Ölfilm undicht und das Wasser läuft aus dem Sieb (3).

Warum ist das so?

Das Speiseöl bildet einen geschlossenen Film über dem Siebgitter und überbrückt dabei aufgrund seiner eigenen Oberflächenspannung auch die Löcher im Sieb. Öl ist nicht wasserlöslich und stößt Wasser sogar ab. So bleibt das Wasser im Sieb liegen wie in einer Schale, ohne das Sieb selbst direkt zu berühren. Es perlt am Öl ab.
Auf diese Weise kannst du – ganz vorsichtig – mit einem Sieb Wasser schöpfen. Heißes Wasser und Spülmittel greifen den Ölfilm allerdings an und zerstören ihn. Das Sieb wird dann undicht und das Wasser kann hindurchlaufen.

■ Ölpest

Immer wieder passiert es, dass bei einem Tankerunglück große Mengen Rohöl ins Meer laufen. Eine so genannte „Ölpest“ ist die Folge. Viele Meeresvögel verenden qualvoll, weil ihr Gefieder mit Öl verklebt und sie bei dem Versuch, sich zu reinigen, das giftige Öl verschlucken.
Mit der Zeit zersetzt sich das Öl durch den Einfluss von Wind, Wetter und Sonnenlicht. Nach zwei Wochen sind die leichten Bestandteile verflogen, übrig bleibt eine zähe, braune Brühe, die absinkt und später als Teerklumpen an den Strand treibt. Es dauert Jahre, bis sich die Umwelt von einer Ölpest erholt hat, besonders in kalten Gegenden wie Alaska, wo das Öl viel langsamer abgebaut wird. ■

Wo kommt das vor?

Schuhe werden eingekremt, damit sie wasserdicht sind. Die fettige Schuhkrem verschließt die Poren im Leder und bildet damit eine geschlossene wasserundurchlässige und Wasser abweisende Schutzschicht.
Autos kann man mit Wachs – einem harten Fett – einreiben. So bildet sich auf dem Lack eine Wasser abstoßende Schicht, die Regentropfen abperlen lässt.
Auch unsere Haut besitzt einen Fettfilm, der uns etwas vor Wasser schützt. In Badewannen- oder Spülwasser quillt die Haut allerdings recht schnell auf, weil die Seife oder das Spülmittel den Fettfilm zerstört und das Wasser ungehindert in unsere Haut eindringen kann.
Wasservögel, wie zum Beispiel Enten, fetten ihr Gefieder ein, damit es wasserundurchlässig wird. Sonst könnte es sich mit Wasser vollsaugen und so schwer werden, dass es die Vögel unter Wasser ziehen würde. Nur Kormorane fetten ihr Gefieder nicht ein. So können sie besser nach Fischen tauchen, da sich das Gefieder voll Wasser saugt. Dafür müssen sie aber nach dem Tauchen immer – wie auf dem Bild – die Flügel ausbreiten, um sie zu trocknen.

Ein Handtuch hält dicht

Muss man eine Flasche immer gleich zuschrauben, damit nichts herauslaufen kann? Und was kann ein Handtuch dabei helfen? Mithilfe der Oberflächenspannung ist einiges möglich.

- [x] leicht
- [ ] mittel
- [ ] schwer
- [ ] nur für Erwachsene unter Aufsicht von Kindern

ZEIT: ca. 5 Minuten

1

Was brauchst du?

- 1 Flasche
- 1 Geschirrhandtuch oder Küchensieb
- 1 Gummiring
- Wasser

Wie gehst du vor?

Spanne das Geschirrhandtuch mit beiden Händen auf und halte es dicht vor dein Gesicht. Zwischen den Fäden kannst du durchsehen. Das Tuch hat also Lücken. Fülle die Flasche mit Wasser und spanne das Geschirrhandtuch über die Öffnung (1). Halte es gut fest oder befestige es sogar mit einem Gummiring um den Flaschenhals (2). Drehe die Flasche um (3). Du kannst statt des Geschirrtuchs auch ein Plastikküchensieb auf die Öffnung halten.

Tipp: Versuche es einmal mit einem leeren Salzstreuer. Befülle ihn mit Wasser und drehe ihn dann einfach um!

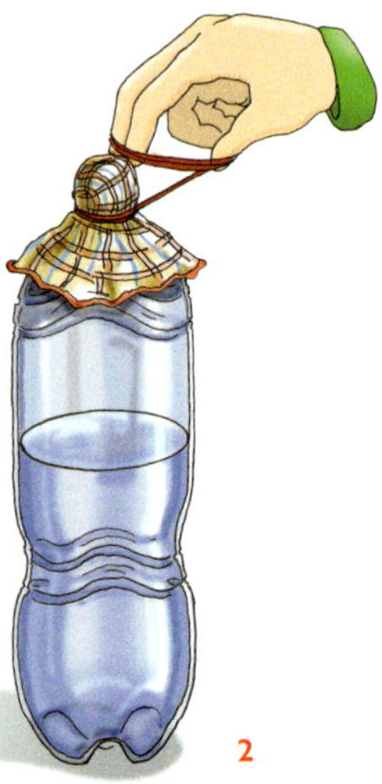

2

3

Was passiert?

Es kommt kein Wasser heraus – weder aus der Flasche noch aus dem Salzstreuer. Das Geschirrhandtuch hält offensichtlich dicht, auch das sonst so durchlässige Sieb ist plötzlich wasserundurchlässig. Auch aus dem Salzstreuer dringt kein Wasser, obwohl aus ihm sonst Salzkörner herausrieseln.

Warum ist das so?

Die Oberflächenspannung des Wassers (siehe Experiment S. 26) verschließt die Flasche und den Salzstreuer. Dabei bildet sich eine Haut, die regelrechte Brücken zwischen den Handtuchfasern oder über die Öffnungen des Salzstreuers schlägt, sodass kein Wasser herausfließen kann. Wenn du einen gläsernen Salzstreuer benutzt und durch das Wasser innen auf die Öffnungen schaust, siehst du eine Art Luftblasen über den Streulöchern. Sie entstehen dadurch, dass sich die kleinsten Wasserteilchen, die Wassermoleküle, gegenseitig anziehen. Da sie aber keine Kraft nach außen zieht, werden sie nach innen gezogen und es entstehen Wölbungen über den Löchern. Diese Kraft sorgt übrigens auch dafür, dass Wasser nicht so schnell verdunstet wie andere Flüssigkeiten – es will immer „zusammenbleiben".

■ Waschmittel gegen Oberflächenspannung

So genannte „Tenside" in Reinigungsmitteln setzen auf chemischem Weg die Oberflächenspannung herab. Die Moleküle dieser Stoffe haben zwei verschiedenartige Enden. Ein Ende setzt sich an fettige Stoffe wie Öl an, das andere an Wasserteilchen. So bildet sich ein Mantel aus Tensiden um Fett oder Öl. Dieser löst das Fett zwar nicht auf, sorgt aber dafür, dass es nicht an wasserbenetzten Oberflächen klebt, sich also besser im Wasser verteilt. So lässt sich Schmutz beispielsweise gut aus Kleidung spülen. ■

Wo kommt das vor?

Wasserläufer brauchen die Oberflächenspannung, Enten aber auch. Sie fetten ihr Gefieder ein, damit kein Wasser eindringt und sie auf dem Wasser schwimmen können. Wir Menschen machen es ähnlich, indem wir Jacken und Mäntel mit einem Spray oder einer Flüssigkeit „imprägnieren". Dabei wird eine Schutzschicht aufgetragen, die Wasser abstößt und abperlen lässt, sodass es nicht in den Stoff eindringen kann.

So wichtig und interessant die Oberflächenspannung des Wassers auch ist, wir Menschen können sie manchmal einfach nicht gebrauchen. Beim Geschirrspülen und Wäschewaschen ist sie hinderlich, weil das Wasser nicht überall hinkommt, um den Schmutz zu lösen, oder nicht genug Schmutz aufnehmen kann. Deswegen wird die Oberflächenspannung zum Waschen und Putzen herabgesetzt. Das geht schon mit heißem Wasser. Dann sind die Wassermoleküle aufgrund der Wärme nicht mehr so in Ruhe und die Oberflächenspannung nimmt ab. Viel besser geht es mit Waschmitteln, allerdings müssen deren Rückstände im Abwasser extra in Kläranlagen abgebaut werden. In den 1960er-Jahren war das noch nicht der Fall und auf den Flüssen bildeten sich manchmal große Schaumberge.

Wasser steht Kopf

Was passiert, wenn du ein volles Glas mit Wasser umdrehst? Genau, es platscht heraus! Mit einem kleinen Trick bleibt das Wasser aber auf faszinierende Weise im Glas. Es ist wieder einmal eine unsichtbare Kraft, die dir dabei hilft.

☐ leicht
☑ mittel
☐ schwer
☐ nur für Erwachsene unter Aufsicht von Kindern

ZEIT: ca. 5 Minuten

Was brauchst du?

■ 1 Trinkglas ■ Wasser ■ 1 Stück Papier, Pappe oder feste durchsichtige Folie, etwa Klarsichtfolie von einem Schnellhefter

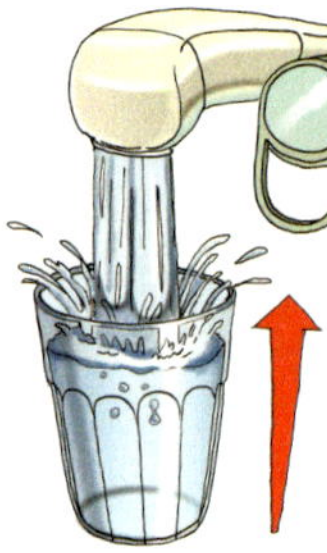

1

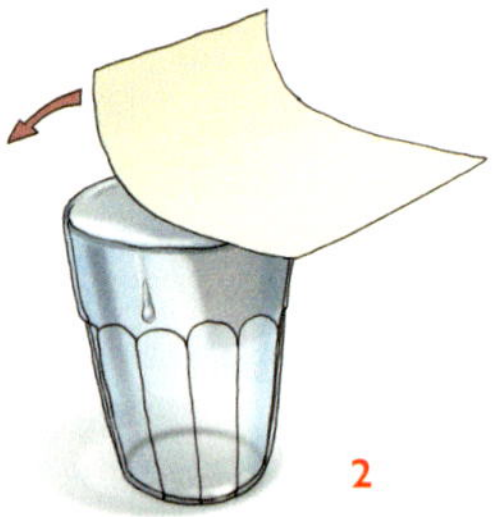

2

Wie gehst du vor?

Fülle ein Trinkglas randvoll mit Wasser (1). Was würde passieren, wenn du es jetzt auf den Kopf stellst? Klar, das Wasser würde herauslaufen, weil es nach unten fällt. Drehe das Glas also noch nicht um, sondern lege erst ein kleines Stück Papier, Pappe oder – am allerbesten – feste Klarsichtfolie so auf das Glas, dass die ganze Öffnung abgedeckt und keine Luft eingeschlossen wird. Dazu rollst du es am besten auf dem Glasrand ab (2). Drehe das Glas jetzt auf den Kopf und halte dabei die Abdeckung fest (3). Ist das Glas umgedreht, kannst du die Abdeckung loslassen (4) – sicherheitshalber über einer Schüssel.

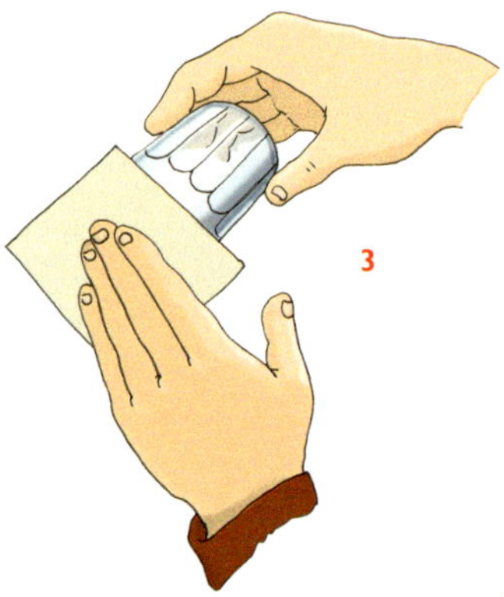

3

4

Was passiert?

Nichts! Das Wasser bleibt im Glas, als ob eine unsichtbare Hand die Abdeckung von unten gegen die Öffnung drückt. Aber Vorsicht: Papier und Pappe weichen auf, werden wellig und undicht. Sie fallen irgendwann ab und das Wasser fällt heraus. Nur bei der Klarsichtfolie passiert das nicht, weil sie sich nicht mit Wasser vollsaugt. Hier kannst du das Glas, so lange du willst, umgedreht halten, ohne dass ein Tropfen Wasser ausläuft.

Warum ist das so?

Es ist tatsächlich eine unsichtbare Kraft, die hier die Abdeckung gegen das Glas presst: der Luftdruck. Weil die Erdatmosphäre bis 10 000 km hoch ist, lastet die Luft der Atmosphäre mit einem enormen Gewicht auf der Erdoberfläche, etwa mit dem Gewicht einer 10 m hohen Wassersäule. Dadurch hat sie so viel Kraft, dass sie das Wasser im Glas hält. Die Abdeckung ist nur dazu da, der Luft eine ebene Fläche zum Gegendrücken zu geben.

Rein theoretisch könnte die Wassersäule im Glas bis etwas über 10 m hoch sein, der Luftdruck würde das Wasser drinnen halten. Allerdings gilt dieser Wert nur für eine Höhe von „Normalnull“ (abgekürzt „NN“), also in Höhe des Meeresspiegels. Wenn du das Experiment auf einem Berg durchführst, darf die Wassersäule im Glas jedoch nicht so hoch sein, da der Luftdruck auf dem Berg geringer ist als im Tal.

■ So stark ist der Luftdruck

Der Luftdruck auf dem Erdboden ist so stark, dass er zwei aufeinander gelegte, völlig luftleer gepumpte Metallhalbkugeln so fest aufeinander presst, dass 16 Pferde sie nicht auseinander bringen können. Das hat der deutsche Ingenieur und Physiker Otto von Guericke (1602–1686) im Jahr 1654 mit seinen berühmten „Magdeburger Halbkugeln“ gezeigt. Er erzeugte als erster Mensch mit Luftpumpen ein künstliches Vakuum, einen luftleeren Raum, den es sonst nur im Weltraum gibt und der auf der Erde auf natürliche Weise nicht vorkommt. ■

Wo kommt das vor?

Kein Trinkhalm auf der Welt sollte länger als 10 m sein. Solltest du versuchen, mit einem längeren Trinkhalm aus einem tiefer unter dir stehenden Glas zu trinken, würde es nicht gelingen, auch wenn du noch so stark saugen könntest. Wasser lässt sich nur knapp 10 m nach oben saugen, da sonst der Druck durch die Wassersäule größer als der Luftdruck würde. Ein eindrucksvoller Versuch im Otto-von-Guericke-Museum in Magdeburg macht das klar. Dort steht ein 10 m hohes Glasrohr in einem Behälter mit Wasser. Oben ist eine starke Vakuumpumpe angebracht. Sie pumpt die Luft aus dem Rohr und entfernt damit den Luftdruck darin. Der äußere Luftdruck drückt dann das Wasser von unten in das Rohr, aber nur etwa 10 m hoch – je nach Luftdruck durch die aktuelle Wetterlage. Höher kann es nicht steigen.

Wasser hält fest

Wir sprechen von „Wasserkraft“, wenn wir mit fließendem Wasser Strom erzeugen. Doch auch ruhiges Wasser hat enorme Kraft. Teste einmal, welches Gewicht es halten kann!

- [ ] leicht
- [x] mittel
- [ ] schwer
- [ ] nur für Erwachsene unter Aufsicht von Kindern

ZEIT: ca. 10 Minuten

Was brauchst du?

- 1 Trinkglas
- 1 Stück Pappe (z. B. einen Bierdeckel)
- mehrere 1-Cent-Stücke
- Wasser

Wie gehst du vor?

Fülle das Glas randvoll mit Wasser (1) und lege das Stück Pappe so oben auf das Glas, dass es das Glas ganz abdeckt, aber nach einer Seite übersteht (2). Lege auf den überstehenden Teil der Pappe eine 1-Cent-Münze nach der anderen und zähle sie dabei (3).

1

2

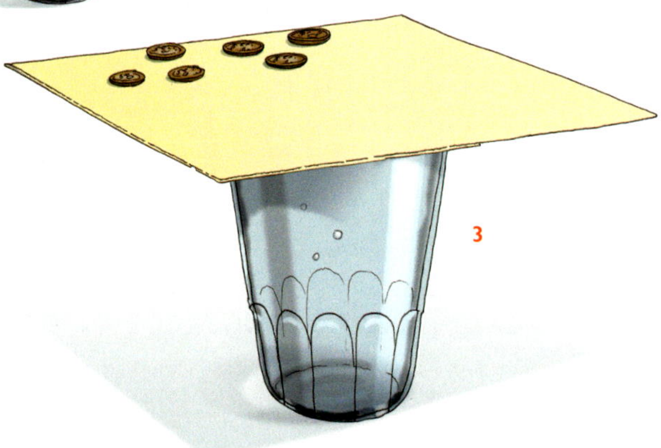

3

Was passiert?

Du wirst ziemlich viele Geldstücke auf der Pappe stapeln können, bis etwas passiert. Irgendwann reißt die Pappe von der Wasseroberfläche ab und kippt vom Glas. Dann sind die Münzen so schwer geworden, dass das Ungleichgewicht zu groß wurde. Wann dieser Punkt eintritt, ist abhängig von der Größe des Glases, der Größe und Form der Pappe sowie dem Ort auf der Pappe, an dem du die Münzen angehäuft hast.

Warum ist das so?

Die Pappe „klebt" so fest auf dem Wasser, dass ein beträchtliches Gegengewicht nötig ist, um sie abzureißen. Das hat zwei Gründe. Zum einen wirkt die so genannte „Adhäsion" zwischen Wasser und Pappe. Sie sorgt dafür, dass unterschiedliche Materialien aneinander haften, etwa eine Flüssigkeit und ein Festkörper. Die Adhäsionskraft ist abhängig von der Größe der Kontaktfläche – also davon, wie groß die Öffnung des Glases ist – und von der Beschaffenheit der Pappe (rau oder glatt).
Zum anderen wirkt der Luftdruck. Er drückt von oben auf die Pappe (siehe Experiment S. 32) und wirkt so einem Ablösen der Pappe entgegen.

Kleben mit Adhäsion

Klebstoffe funktionieren auf zwei Arten: Durch starke Adhäsionskräfte verbinden sie sich gut mit fremden Stoffen bzw. deren Oberflächen, und durch hohe Kohäsionskräfte hält der Klebstoff in sich selbst sehr fest zusammen und zerreißt nicht. Nach diesem Prinzip arbeiten alle Kleber, trotzdem gibt es jede Menge unterschiedlicher Klebstoffe: „Anlösende Klebstoffe" wie Plastikkleber für den Modellbau weichen beispielsweise die Oberfläche auf und verschweißen beide Oberflächen miteinander. Aufkleber haften ohne starken Druck – nur durch die Adhäsion –, wenn die Oberfläche sauber ist. „Kontaktklebstoffe" müssen auf beide Seiten, die verklebt werden sollen, aufgetragen werden und haften nach dem Zusammenfügen durch kurzen, starken Druck. „Schmelzklebstoffe" werden heiß aufgetragen und erstarren beim Kaltwerden. „Zweikomponentenkleber" muss extra aus zwei unterschiedlichen Pasten angerührt werden und wird sehr schnell sehr fest.

Wo kommt das vor?

Vielleicht hast du auf einem See oder am Meer schon mal einen Windsurfer gesehen, dessen Segel ins Wasser gefallen ist und der mit aller Kraft versucht, es wieder hochzuziehen. Doch es „klebt" auf dem Wasser, und nur mit viel Mühe gelingt es dem Surfer, das Segel von der Wasseroberfläche zu lösen.
Adhäsion kommt überall vor. Wenn Regentropfen an der Fensterscheibe kleben, ist Adhäsion die Ursache. Ohne Adhäsion würde keine Kreide auf der Schultafel haften bleiben und kein Fensterbild auf der Glasscheibe. Wenn du nass aus der Dusche oder dem Schwimmbecken steigst, liegt das an der Adhäsion, die die Wassertropfen an

deinem Körper kleben lässt. Überall, wo verschiedene Stoffe aneinander haften, steckt Adhäsion dahinter. Wo Stoffe gleicher Art zusammenhaften, ist Kohäsion im Spiel, wie etwa beim Wassertropfen (siehe S. 27).

Wasser klebt

Wenn du schwitzt oder nass geworden bist, klebt die feuchte Kleidung unangenehm auf deiner Haut. Und beim Duschen klebt der Duschvorhang an deinem Körper. Kurzum: Nasse Sachen kleben scheußlich. Doch weshalb?

- ☑ leicht
- ☐ mittel
- ☐ schwer
- ☐ nur für Erwachsene unter Aufsicht von Kindern

ZEIT: ca. 5 Minuten

Was brauchst du?

- 1 (alte) CD oder CD-ROM
- Wasser

Wie gehst du vor?

Halte einen Finger unter den Wasserhahn und lasse anschließend 1 Tropfen Wasser vom Finger auf den Küchentisch oder die Küchenplatte fallen (1). Lege eine CD darauf und drehe sie etwas, damit das Wasser sich gleichmäßig unter ihr verteilt (2). Versuche anschließend, die CD anzuheben.
Du kannst auch eine CD unter dem Wasserhahn befeuchten und eine zweite darauflegen. Versuche dann, die beiden Silberscheiben wieder zu trennen.

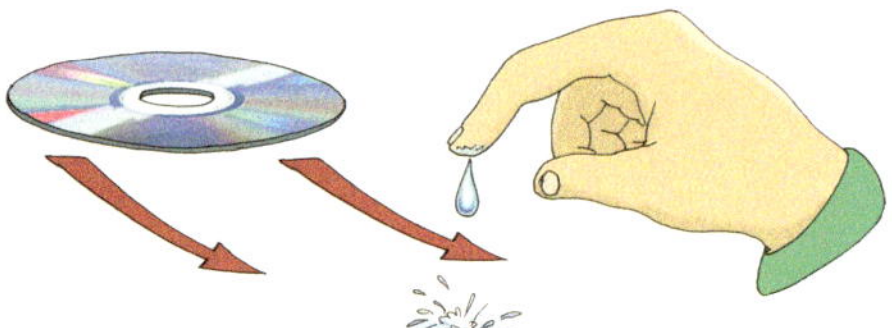

1

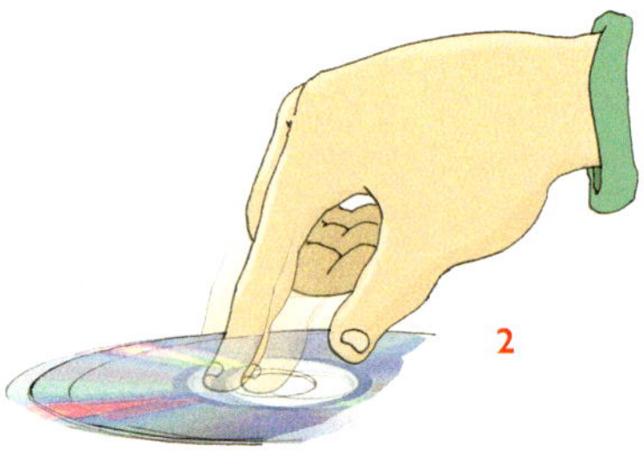

2

Was passiert?

Die einzelne CD lässt sich kaum vom Tisch heben. Sie scheint sich richtig festgesaugt zu haben. Nur mit viel Mühe und einem starken Fingernagel gelingt es, sie etwas zu lüpfen (3). Ist das erst geschafft, geht das Hochheben ganz leicht.
Auch die beiden aufeinander liegenden CDs scheinen regelrecht miteinander verklebt zu sein. Je dichter sie aufeinander liegen, desto schwerer sind sie voneinander zu lösen.

3

Warum ist das so?
Hier sind drei Kräfte am Werk: Erstens lassen die Adhäsionskräfte zwischen Wasser und CD einerseits sowie Wasser und Tisch andererseits die CD richtig am Tisch kleben. Zweitens sorgen die Kohäsionskräfte im Wasser (siehe S. 27) dafür, dass der dünne Wasserfilm zwischen Tisch und CD nicht so leicht reißt. Und drittens drückt der äußere Luftdruck auf die CD und presst sie auf den Tisch.
Diesen Effekt hast du auch ohne Wasser. Wenn du versuchst, zwei „normal" aufeinander liegende CDs zu trennen, entsteht zwischen ihnen für kurze Zeit ein kleines Vakuum, das sie zusammenhält.

■ Kapillarität – was ist das?
Bei „benetzenden" Flüssigkeiten wie Wasser ist die Adhäsion größer als die Kohäsion. Deswegen bleibt etwas Wasser an deinem Finger, wenn du ihn in Wasser tauchst. Und daher haftet Wasser auf Glas oder dringt in enge Zwischenräume ein. Zwischen zwei Glasplättchen steigt das Wasser umso höher, je dichter sie aufeinander liegen. Dieses Verhalten heißt „Kapillarität" und hängt mit der Oberflächenspannung von Wasser zusammen, die wiederum eine Folge der Kohäsion ist. ■

Hier wird deutlich, was Kapillarität ist: Je enger der Raum zwischen den Glasplättchen wird, desto höher steigt das Wasser in dem Spalt.

Wo kommt das vor?

Ein dünner Wasserfilm kann aufgrund der Adhäsion wie Klebstoff wirken (siehe S. 35). Auch wenn der Duschvorhang beim Duschen an deiner Haut kleben bleibt, steckt dieses Phänomen dahinter.
Wer Kontaktlinsen trägt, führt die feuchte Linse auf der Fingerkuppe zum Auge: Durch die Flüssigkeit hält die leichte Kontaktlinse am Finger. Auf dem Auge haftet sie durch den dünnen Tränenfilm zwischen der Kontaktlinse und der Hornhaut, auf der sie dann sitzt.
In engen Röhrchen – so genannten „Kapillaren" – steigt Wasser scheinbar von allein nach oben. Je enger die Röhrchen sind, desto höher steigt es z.B. in Pflanzen (siehe S. 65). Diesen Effekt kannst du gut selbst beobachten, wenn du einen durchsichtigen Trinkhalm in Wasser stellst. Vergleiche einmal einen dünnen und einen dicken Trinkhalm miteinander!

Die Reisklammer

Warum rutschst du beim Sitzen nicht vom Stuhl? Warum kann man mit Sand Burgen bauen? Dahinter steckt die „Reibung“. Sie kann ganz erstaunliche Fähigkeiten haben. Versuchs mal mit Reis!

- [x] leicht
- [ ] mittel
- [ ] schwer
- [ ] nur für Erwachsene unter Aufsicht von Kindern

ZEIT: ca. 10 Minuten

Was brauchst du?

- 1 kleines Fläschchen oder ein schmales Glas, das oben zuläuft
- 1 Bleistift
- Reis (am besten ungeschälten Naturreis)

Wie gehst du vor?

Fülle das Gefäß bis zum Rand mit Reis (1) und stopfe ihn möglichst fest hinein. Stoße dafür das gefüllte Gefäß mehrmals auf dem Tisch auf und drücke von oben mit den Händen den Reis kräftig fest (2). Nimm nun den Bleistift, stecke ihn in der Mitte senkrecht in den Reis und drücke ihn bis nach unten (3). Je schwerer das geht, desto besser. Umgreife nun den Bleistift und hebe ihn hoch – aber nicht zu schnell (4).

1

2

3

4

Was passiert?

Wenn du den Bleistift anhebst, bleibt das Gefäß an ihm hängen und du hebst die gesamte Konstruktion „Gefäß-Reis-Bleistift“ hoch.
Klappt dies nicht auf Anhieb, versuche, den Reis fester zu stopfen. Mit einem kleineren Gefäß oder einem, das an der Öffnung noch mehr zusammenläuft, kann es besser funktionieren.

Warum ist das so?

Reiskörner sind länglich und haben eine raue Haut. Liegen sie dicht beieinander, ist die Reibung zwischen ihnen groß. Sie wirkt wie eine Art Klebstoff und lässt die Körner aneinander haften. Wenn du den Reis presst, werden die Körner außerdem gestaucht, also etwas gedrückt und gebogen. Dann wirken sie wie winzige Stahlfedern, die gegeneinander drücken und sich dabei verkanten. Das Ergebnis: Die Reiskörner halten zusammen und bauen einen Druck zwischen Stift und Gefäßwand auf, sodass du das gesamte Gefäß am Bleistift in die Höhe heben kannst.

Fast null Reibung: das Kugellager

Früher verwendete man Fett und Öl, damit Räder gut um ihre Achse gleiten konnten. Solche „Gleitlager" gibt es heute auch noch, aber sie sind viel besser geworden. Statt durch Öl und Fett gleitet die Achse etwa in einem Ring aus dem Material Teflon, das du vermutlich von Pfannen her kennst.
Meistens werden heute jedoch Kugellager eingebaut: Dabei steckt ein kleiner Ring in einem größeren, und zwischen ihnen rollen Stahlkugeln. Kugellager sind sehr stabil und haben kaum Reibung. Beim Fahrrad sind Kugellager im Tretlager, in den Pedalen, in der Lenkerachse sowie der Vorder- und Hinterachse eingebaut.

Wo kommt das vor?

Reibung ist eine ganz grundlegende Erscheinung. Sie kann sehr störend oder sehr erwünscht sein. Ohne Reibung bleibt kein Haufen Sand stehen, du würdest ständig vom Stuhl rutschen und könntest keine Konservendose öffnen. Beim Transportieren ist Reibung jedoch im Weg.
Eine der größten Erfindungen der Menschheit war deshalb vor über 5500 Jahren das Rad. Es hat viele Transporte einfacher gemacht. Wenn du Gegenstände auf einen Wagen packst und hinter dir herziehst, brauchst du viel weniger Kraft, als wenn du sie auf dem Boden hinter dir herschleifst, weil dabei die Reibung sehr viel größer ist. Erst mit dem Rad sind Transporte über große Entfernungen überhaupt möglich geworden.
Bei Fahrrad, Eisenbahn, Auto oder Skateboard – überall ist das Rad im Spiel. Einmal in Bewegung gesetzt, muss nur noch die Reibung in der Achse sowie zwischen Rad und Straße oder Schiene überwunden werden. Bei schnellen Fahrzeugen kommt außerdem der Luftwiderstand dazu.
Bei der Bremse wiederum ist Reibung wichtig, weil Bewegungsenergie vernichtet und dabei in Reibungswärme umgewandelt wird. Nur so kann ein Fahrzeug zum Stillstand kommen.

Ein Luftballon zieht magisch an

Was ist Elektrizität? Mit Widerstand aufstehen, mit Hochspannung zur Schule gehen und geladen nach Hause kommen … Elektrizität ist von Natur aus überall – vom Gewitter bis zum Funken an der Türklinke.

- [x] leicht
- [ ] mittel
- [ ] schwer
- [ ] nur für Erwachsene unter Aufsicht von Kindern

1

2

ZEIT: ca. 10 Minuten

Was brauchst du?

■ 1 Luftballon ■ 1 Wollpullover ■ Reiskörner oder kleine Papierschnipsel

Wie gehst du vor?

Gib einige Reiskörner oder Papierschnipsel in den Luftballon (1). Weitere Reiskörner oder Papierschnipsel legst du auf den Tisch (2). Puste nun den Luftballon auf, knote ihn zu und reibe ihn einige Male kräftig, aber vorsichtig am Wollpullover hin und her (3). Nähere ihn nun von oben der Tischplatte mit den Reiskörnern oder Papierschnipseln darauf.

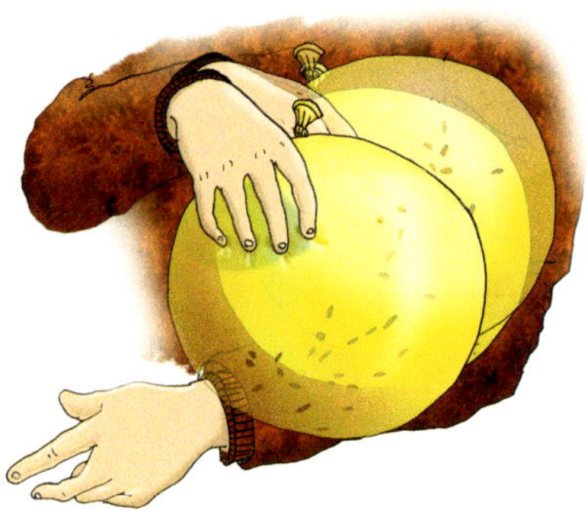

3

4

Was passiert?

Die Reiskörner (oder Papierschnipsel) springen an den Luftballon, als ob sie magisch von ihm angezogen würden (4). Sie bleiben mit einer Spitze an der Luftballonhaut hängen. Einige springen allerdings auch wieder weg. Die Reiskörner (oder Papierschnipsel) im Inneren des Ballons bleiben dagegen ruhig liegen.

Warum ist das so?

Wenn du den Luftballon am Pullover reibst, lädt er sich elektrisch negativ auf. Er hat jetzt ein elektrisches Feld um sich herum. Dies ist so stark, dass es Gegenstände anziehen und hochheben kann.
Jeder Gegenstand hat von Natur her elektrisch positive (+) und negative (–) Ladungen in sich. Solange sie unsortiert sind, heben sie sich gegenseitig auf. In einem elektrischen Feld trennen sie sich, z. B. bei den Reiskörnern. Dann sind die Reiskörner an einem Ende positiv, am anderen Ende negativ geladen. Das positive Ende zeigt zum Luftballon, weil sich „ungleichnamige" Ladungen anziehen. Ist das elektrische Feld und damit die Kraft groß genug, wird das Reiskorn hochgehoben. Viele Reiskörner übernehmen dort die negative Ladung des Luftballons, und da gleichnamige Ladungen sich abstoßen, werden sie zurück auf den Tisch geschleudert. Im Inneren des Luftballons hebt sich das elektrische Feld, das von allen Seiten da ist, auf und die Reiskörner (oder Schnipsel) bleiben ruhig am Boden liegen.

■ Ladungen in der Natur

Ständig lädt sich die Atmosphäre der Erde elektrisch auf. Irgendwann ist das elektrische Feld zwischen Wolken (positive Ladung) und Erde (negative Ladung) so groß, dass es einen Kurzschluss gibt, den wir als Blitz erleben. Dabei entsteht für etwa eine Viertelsekunde ein über 20 000 °C heißer, gleißender Lichtbogen, der einen lauten Knall (Donner) erzeugt. Wird man von einem Blitz getroffen, kann der elektrische Schlag tödlich sein. ■

Wo kommt das vor?

Elektrische Ladungen begleiten uns ständig. Sie entstehen durch Reibungselektrizität: Wenn wir über Kunststoffboden gehen und an eine Türklinke greifen oder aus dem Auto steigen und die Karosserie berühren, bekommen wir häufig einen leichten elektrischen Schlag. Denke nur daran, was mit deinen Haaren passiert, wenn du einen Wollpullover ausziehst: Die Haare knistern, bleiben am Pullover haften und liegen anschließend wirr durcheinander. Physiker laden sich – um den Effekt vorzuführen – gerne mal elektrisch auf. Dann stehen die Haare nach allen Seiten kerzengerade vom Kopf ab, weil sie sich gegenseitig abstoßen. Bemerkenswert ist, dass Stoffe, die keinen Strom leiten, wie Luftballongummi, sich trotzdem elektrisch aufladen lassen.

Reibungselektrizität ist lange bekannt. Bereits im Jahr 600 v. Chr. berichtete der griechische Philosoph und Mathematiker Thales von Milet (625 v. Chr. – 547 v. Chr.), dass Bernstein Papierfetzen anzieht, wenn man ihn reibt.

Das „Ei des Kolumbus“

Lässt sich ein Ei auf den Tisch stellen? Normalerweise nicht, es rollt immer wieder auf die Seite. Es sei denn, du machst es wie der Entdecker Christoph Kolumbus. Der drückte einfach die Schale ein! Es geht aber auch anders …

- [ ] leicht
- [x] mittel
- [ ] schwer
- [ ] nur für Erwachsene unter Aufsicht von Kindern

ZEIT: ca. 5 Minuten

Was brauchst du?

- 1 Ei – am besten ein gekochtes
- etwas Salz

Wie gehst du vor?

Versuche zuerst, das Ei ohne Hilfsmittel auf dem Tisch zum Stehen zu bringen (1). Das ist eine schwierige Aufgabe, denn es rollt immer wieder auf die Seite (2). Ein kleiner Trick hilft: Streue ein paar Salzkörner auf den Tisch (3), nur wenige reichen aus. Schiebe sie ein wenig zusammen und versuche es erneut.

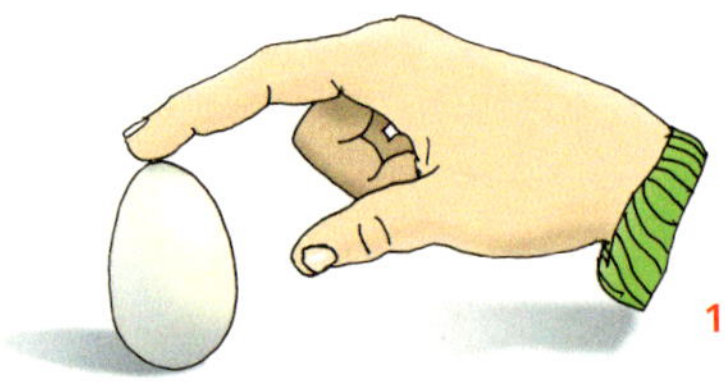

1

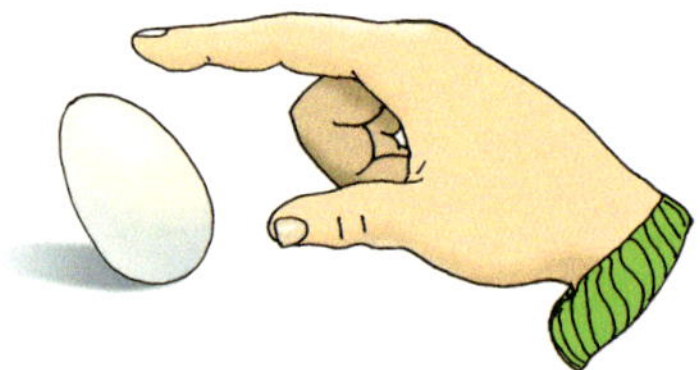

2

3

4

Was passiert?

Mithilfe der Salzkörner kannst du das Ei auf seiner stumpfen Seite senkrecht aufstellen. Mit etwas Probieren, Geduld und einer ruhigen Hand schaffst du es! Das Ei bleibt tatsächlich aufrecht auf dem Tisch stehen (4).

Warum ist das so?

Drei Punkte reichen aus, um eine Ebene zu beschreiben. Deshalb reichen auch grundsätzlich bereits drei Salzkörner, um das Ei genau senkrecht zum Stehen zu bringen. Am richtigen Platz unter das Ei geschoben, wirken sie wie die kleinen Keile, die eine Tür offen halten, oder wie die so genannten Bremsschuhe, die vor die Räder eines Autos oder eines Flugzeugs gelegt werden, um es am Wegrollen zu hindern. Schon mit einem einzigen Salzkorn kann das Ei nur noch in zwei Richtungen kippen: nach links oder rechts. Mit zwei Salzkörnern kann es bereits schräg stehen, weil es an einem dritten Punkt mit seiner Schale den Tisch berührt. Mit einem dritten Salzkorn steht das Ei kerzengrade. Unter dem Ei bilden die Salzkörner ein Dreieck.

■ Das Ei des Kolumbus

„Das ist doch das Ei des Kolumbus!", rufen wir, wenn wir eine überraschend einfache Lösung für ein Problem gefunden haben. Hinter diesem Ausruf steckt eine Anekdote aus dem Jahr 1565. Demnach hat der berühmte Seefahrer und Entdecker Amerikas, Christoph Kolumbus (1451–1506), bei einem Gastmahl auf die angeblich gar nicht so schwierige Entdeckung Amerikas recht schlagfertig reagiert. Er ließ sich ein Ei bringen und forderte die Anwesenden auf, es auf die Spitze zu stellen. Niemand schaffte es – außer Christoph Kolumbus. Er drückte einfach die Spitze des Eis etwas ein und schon stand es auf dem Tisch. Damit demonstrierte er, dass etwas nur dann einfach ist, wenn man die Lösung bereits kennt. ■

Wo kommt das vor?

Wie du bei deinem Ei gesehen hast, sind drei Beine bereits genug, damit ein Gegenstand nicht umfällt. Deshalb gibt es faltbare Hocker, die aus drei Stangen mit etwas Stoff bestehen. Sie sind in der Mitte mit einem Gelenk verschraubt und können auseinander geklappt werden. Drei Enden der Stangen stehen auf dem Boden, die drei anderen Enden spannen die Sitzfläche aus Stoff auf.
Eine einfache Stehtafel oder eine Staffelei für Maler besteht aus einem Rahmen mit zwei Beinen. Ein drittes Bein kann nach hinten weggeklappt werden, sodass die Tafel oder Leinwand steht.
Stative für Foto- oder Filmkameras haben drei Beine, die von dem oberen Ende aus, auf dem die Kamera befestigt wird, auseinander geklappt werden. Auch ein kleiner Gartengrill oder ein Dreirad steht fest auf drei Beinen.

Übrigens: In unebenem Gelände steht ein „Dreibein" viel stabiler als ein „Vierbein". Ein Tisch mit vier Beinen wackelt, wenn der Boden nicht ganz eben ist, ein Tisch mit drei Beinen jedoch nie.

Eine Brücke aus Papier

Ein Blatt Papier ist hauchdünn und mit 0,1 mm nur etwas dicker als ein menschliches Haar. Mit einigen Kniffen und einer leicht veränderten Form wird das dünne Papier stärker, als du denkst, und kann auf einmal ziemlich viel tragen.

- ☐ leicht
- ☑ mittel
- ☐ schwer
- ☐ nur für Erwachsene unter Aufsicht von Kindern

ZEIT: ca. 15 Minuten

Was brauchst du?

- 1 Blatt Papier (DIN A4)
- 2 Stühle
- einige Gewichte, zum Beispiel CD-Hüllen

Wie gehst du vor?

Lege das Blatt Papier auf den Tisch und eine CD-Hülle als Gewicht darauf. Wenn du das Blatt an beiden Enden hochhebst, wird es sich unter dem Gewicht durchbiegen (1).
Nun zeichne dir am besten mit Bleistift in Längsrichtung etwa 2 cm breite Streifen vor (2). Falte dann das Papier entlang dieser Streifen wie eine Ziehharmonika (3).
Stelle zwei Stühle mit den Rückenlehnen so nah gegeneinander, dass du das gefaltete Blatt wie eine Brücke von einer Lehne zur anderen legen kannst. Nun lege eine CD-Hülle nach der anderen auf die Papierbrücke (4).

1

2

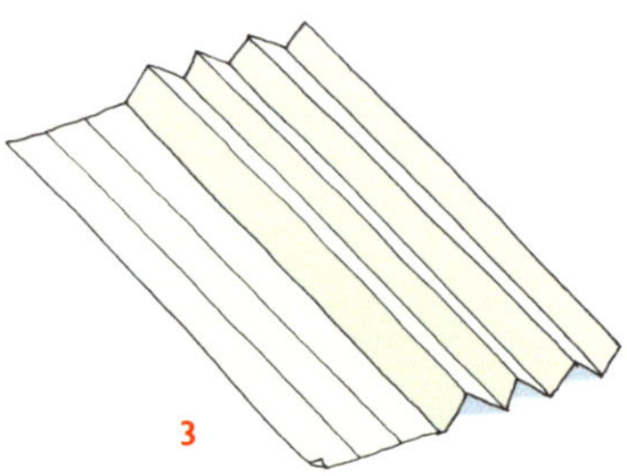

3

4

Was passiert?

Während ein normales Blatt nicht einmal ein kleines Gewicht tragen würde, hält die gefaltete Papierbrücke mehrere CD-Hüllen aus, bis sie durchknickt.

Warum ist das so?

Wenn du das Blatt Papier knickst, ist es nicht mehr nur flach, sondern zusätzlich auch hoch. Hat es sich vorher in zwei Richtungen ausgedehnt, in die Länge und die Breite, ist nun als dritte Richtung die Höhe hinzugekommen. Jetzt wird es in drei Richtungen belastet, was es stabiler macht.

Das ungefaltete Blatt wird vom Gewicht nur quer, also durch Druck auf seine Oberfläche, belastet und biegt sich deshalb leicht durch. Ist das Blatt gefaltet, wird es nun aber auch längs, also zusätzlich auf Zug, belastet. Ziehen kann man an Papier mit ziemlicher Kraft, ehe es reißt. Drücken kann man gefaltetes Papier auch ziemlich stark, da es durch die Faltkanten starrer ist.

Dass Papier stabiler wird, wenn man es faltet, merkst du, wenn du einfach ein Blatt zerknüllst. Seine vielen unregelmäßigen Falten machen es stabiler, sodass du es nicht so dicht zusammenknüllen kannst, als wenn du es ordentlich zusammenlegst oder in Streifen schneidest, die du aufeinander legst.

■ **Energiesparen mit „Knick“**

Bleche versieht man manchmal mit einem Muster aus Sechsecken, das an Bienenwaben erinnert. Erzeugt wird es durch viele kleine in Sechsecken angeordnete Falten, entlang derer das Blech geknickt wurde. Mit diesem Muster sind Bleche stabiler als ohne. Eine neue Generation von Waschmaschinen hat Waschtrommeln mit solchem Wabenmuster. Diese sind dünner und daher leichter als herkömmliche Waschtrommeln. So verbrauchen sie weniger Energie bei der Herstellung, aber auch später beim Waschen, da sie sich leichter in Drehung versetzen lassen.

Diese „Wabentrommel“ ist eine Idee aus der so genannten „Bionik“. Das ist eine Wissenschaft, die Prinzipien, die sich in der Natur bewährt haben, zur Lösung technischer Aufgaben nutzt (BIONIK = BIOlogie + TechNIK). In der Natur kommen Sechsecke z. B. bei Bienenwaben und Schildkrötenpanzern vor. ■

Wo kommt das vor?

Auch Blech wird stabiler, wenn man es nicht ganz flach lässt. Ein Wellblech lässt sich in eine Richtung – quer zu den Wellen – rollen, in der anderen Richtung ist es dagegen völlig steif. Es wird oft für einfache Bauten verwendet, so z. B. für Dächer, da es sich selbst trägt, wenn es an den Außenrändern aufliegt.

Auch Wellpappe ist so stabil, weil ihr eine gewellte Schicht aus dünner Pappe Stabilität verleiht. Gewellt wird die Pappe, indem sie zwischen Zahnrädern durchläuft. Anschließend wird diese Wellschicht zwischen zwei flache Schichten geklebt. Besonders stabile Wellpappen bestehen aus mehreren solcher Schichten.

Wellpappe kann so stabil sein, dass man nicht nur Umzugskartons für schwere Bücher daraus herstellen kann, sondern auch Möbel wie Stühle, Sofas, Sessel und Regale.

Unbekannte Flugobjekte

Bauanleitung: Papier-Hubschrauber

Du brauchst ein DIN-A4-Blatt, auf welches du das Muster überträgst. An den gestrichelten Linien schneidest du aus und ein, an den durchgezogenen Linien faltest du. Falte zuerst die beiden Ränder um das Mittelteil und knicke unten etwa 1 cm nach oben. Das klemmst du mit einer Büroklammer fest. Sie dient gleichzeitig als Gewicht. Dann klappst du beide Flügelblätter voneinander weg. Halte deinen Papier-Hubschrauber senkrecht, sodass die beiden Flügel waagerecht stehen, und lass ihn los. Je höher, desto besser. Jetzt beginnt er, sich senkrecht um seine Achse zu drehen.

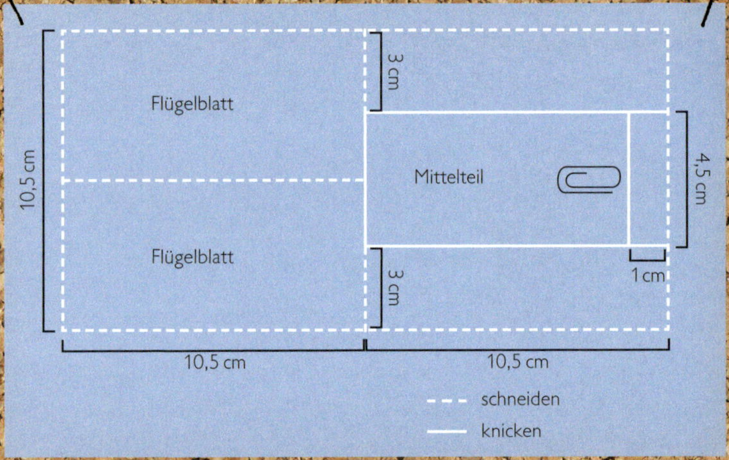

Fliegen auf der Stelle – der Hubschrauber

Während ein Flugzeug ständig in schneller Bewegung sein muss, um genügend Auftrieb zu erzeugen, macht dies ein Hubschrauber mit seiner großen Hubschraube, dem Rotor. Dadurch kann er rückwärts fliegen und sogar in der Luft stehen bleiben. Der kleine Rotor am Heck bewirkt, dass der Hubschrauber sich nicht um seine eigene Achse dreht. Um nach vorne zu fliegen, muss der Hubschrauber hinten am Heck angehoben werden, damit der Rotor schräg steht. Dazu müssen die Rotorblätter, wenn sie sich nach hinten bewegen, kurzfristig schräger gestellt werden als auf dem Weg nach vorne. Auf diese Weise wird das Heck hochgehoben und der Hubschrauber kippt leicht nach vorne. Die Rotorblätter stehen also während eines Umlaufs unterschiedlich schräg. Das ist kompliziert, aber raffiniert.

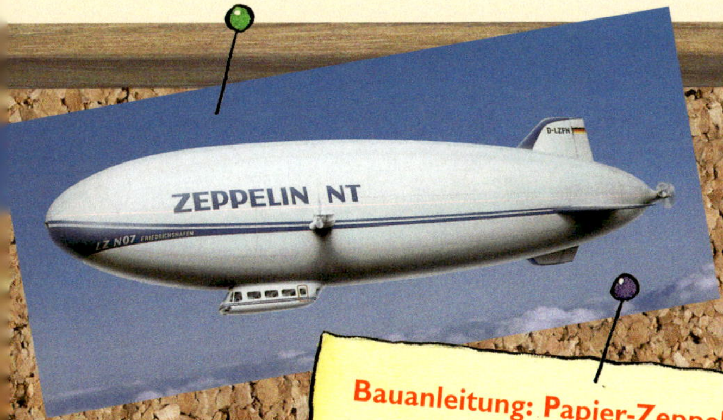

Bauanleitung: Papier-Zeppelin

Der Papier-Zeppelin besteht aus einem schmalen, etwa 2 cm breiten Streifen Papier, der an den Enden bis zur Mitte eingeschnitten und ineinander gesteckt wird. Wenn du ihn fallen lässt, halte ihn waagerecht, also so, dass du durch das Loch die Decke oder den Himmel sehen kannst. Nachdem du ihn losgelassen hast, beginnt er, sich um seine waagerechte Achse zu drehen. Auch hier gilt: Je größer die Höhe, aus der er fällt, desto schöner ist der Flug zu beobachten. Denn der Papier-Zeppelin dreht sich so schnell, dass für das menschliche Auge der Eindruck entsteht, dass er eine geschlossene, runde Form hat – wie ein Zeppelin eben.

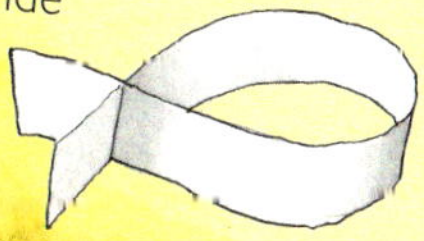

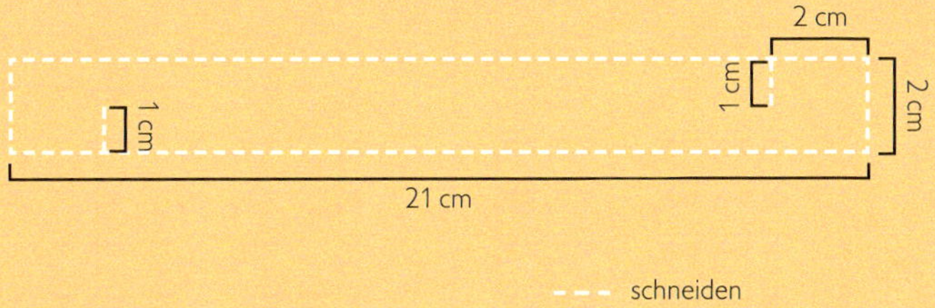

Ein Kugelschreiber hält Balance

Kannst du einen Kugelschreiber an seinem Ende auf deiner Fingerspitze balancieren? Das klingt absurd, doch mit einem Trick schaffst du es. Und das Ergebnis sieht unglaublich aus!

- [ ] leicht
- [x] mittel
- [ ] schwer
- [ ] nur für Erwachsene unter Aufsicht von Kindern

ZEIT: ca. 5 Minuten

Was brauchst du?

- 1 Kugelschreiber mit Clip (es geht auch mit einer Füllerkappe)
- 1 Gürtel

Wie gehst du vor?
Nimm den Gürtel und lege ihn doppelt, sodass Anfang und Ende sich decken. Dort, wo der Gürtel jetzt einen Knick hat, ist die Mitte. Befestige den Kugelschreiber mit dem Clip genau am Knick (1). Jetzt halte den Kugelschreiber waagerecht und lege die Spitze des oberen Endes auf einen Finger (2). Der Gürtel hängt mit beiden Enden gleich weit herunter.

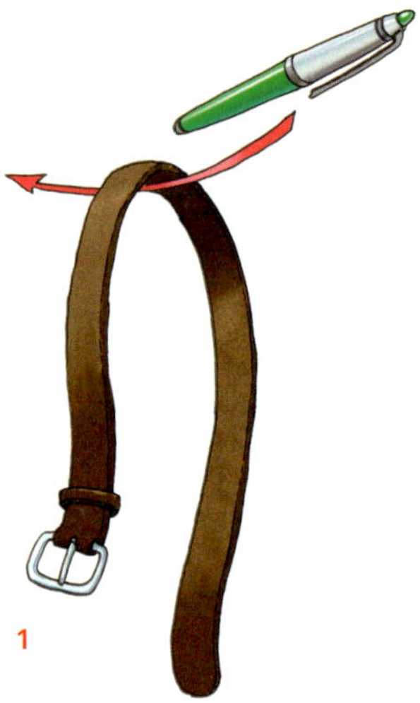

1

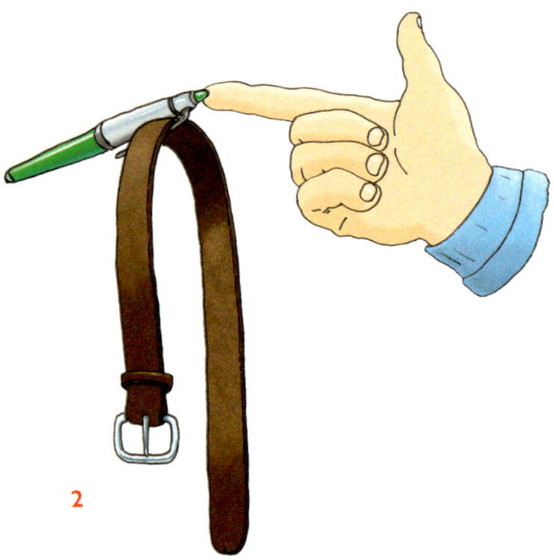

2

Was passiert?
Der Kugelschreiber bleibt an deinem Finger hängen. Das sieht unglaublich aus, weil er schräg von deinem Finger wegragt. Normalerweise würde er in dieser Position sofort herunterfallen. Aber mithilfe des Gürtels verharrt er dort wie in der Luft festgenagelt.

Warum ist das so?

Der Gürtel ist schwerer als der Kugelschreiber und verlagert den Schwerpunkt. Der „Schwerpunkt" ist ein gedachter Punkt, in dem die gesamte Masse eines Objektes vereint ist. Sobald du Kugelschreiber und Gürtel verbunden hast, bilden sie ein neues Objekt, eine Einheit, deren gemeinsamer Schwerpunkt unterhalb deines Fingers liegt, weil der Gürtel bis unter deinen Unterarm hängt. Der Kugelschreiber wird nun in Richtung dieses Schwerpunkts gezogen. Somit kann der Kugelschreiber nicht vom Finger fallen, weil er aufgrund dieses tief liegenden Schwerpunkts mit der Spitze gegen deinen Finger gedrückt wird.

■ **Der Mittelpunkt Europas**

Sogar den Mittelpunkt Europas kann man anhand des Schwerpunktes ermitteln. Dazu haben Geografen der Universität Siegen ein dreidimensionales Tonmodell der europäischen Landkarte angefertigt und ausgewogen. Dabei hängten sie das Modell an verschiedenen Punkten an einem Faden auf. Wenn der Schwerpunkt gefunden ist, hängt das Modell horizontal in der Luft, anstatt sich nach einer Seite zu neigen. An diesem Punkt, der in der Stadt Siegen liegt, kann man es auch auf einen Nagel stellen, ohne dass es den Tisch berührt. Es balanciert einfach auf der Spitze. ■

Wo kommt das vor?

Jeder Körper hat einen Schwerpunkt. Der Schwerpunkt einer Kugel ist ihr Mittelpunkt, der Schwerpunkt von einem Blatt Schreibpapier ist dort, wo sich die beiden Linien kreuzen, die jeweils die zwei gegenüberliegenden Ecken verbinden.
Bei einer runden Stange liegt der Schwerpunkt in der Mitte. Ein Drahtseilartist trägt eine lange Stange, um den Schwerpunkt von „Mensch mit Stange" immer genau über dem Seil zu halten, sodass er stets auf das Seil gedrückt und nicht in den leeren Raum daneben gezogen wird und herunterfällt. Schwankt er nach links, kippt er die Stange nach rechts und hat wieder sein Gleichgewicht – und umgekehrt. Du machst es ähnlich: Wenn du balancierst, streckst du die Arme aus, um deinen Schwerpunkt in der Mitte zu halten.
Wenn du hingegen einen Handstand machst, muss der Schwerpunkt deines Körpers senkrecht über den Händen liegen, sonst fällst du um. Der Schwerpunkt von unregelmäßigen Körpern kann sogar außerhalb des Körpers liegen, wie in diesem Experiment, wo der gemeinsame Schwerpunkt von Kugelschreiber und Gürtel irgendwo unter deiner Hand in der Luft liegt.

Kleben mit Luft

Was passiert, wenn du einen Luftballon aufpustest und dann loslässt? Er fliegt weg. Du kannst ihn aber am Tisch festkleben. Mit nichts anderem als ... Luft.

☐ leicht
☐ mittel
☑ schwer
☐ nur für Erwachsene unter Aufsicht von Kindern

ZEIT: ca. 1 Stunde

Was brauchst du?

- 1 Luftballon
- 1 Wickelkern einer Toilettenpapierrolle
- etwas Papier oder Pappe (z. B. Bierdeckel)
- Klebefilm
- Klebstoff
- 1 Schere

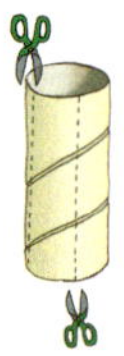

1

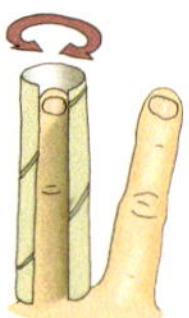

2

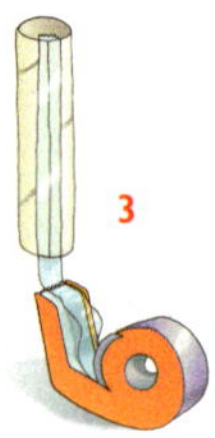

3

Wie gehst du vor?

Schneide den Wickelkern einer Toilettenpapierrolle von oben nach unten auf. Teile ihn nochmals der Länge nach in zwei Teile (1). Wickele eine Hälfte zu einem Röhrchen um einen Finger (2) und klebe sie außen mit Klebeband zu (3). Nimm nun ein Stück Papier oder Pappe und schneide einen Kreis aus. Du kannst ihn dir mit einem Trinkbecher oder -glas vorzeichnen (4). In die Mitte schneidest du ein Loch, so groß wie das Röhrchen innen breit ist, und klebst über diesem Loch das Röhrchen mit Klebstoff fest (5). Ziehe nun den Luftballon über das Röhrchen (6) und blase ihn dann durch Scheibe und Röhrchen auf (7). Stelle die Konstruktion mit der Scheibe nach unten auf den Tisch und lass sie los.

4

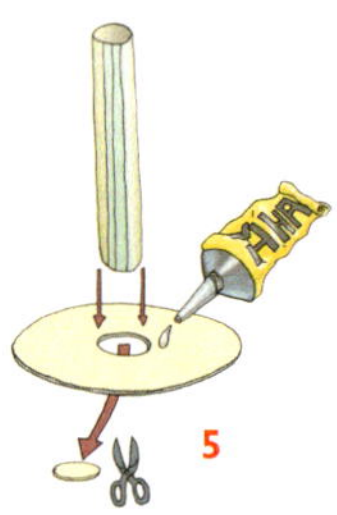

5

7

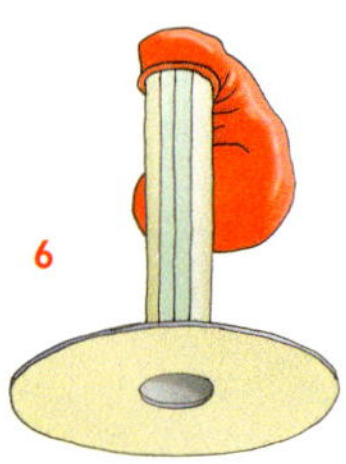

6

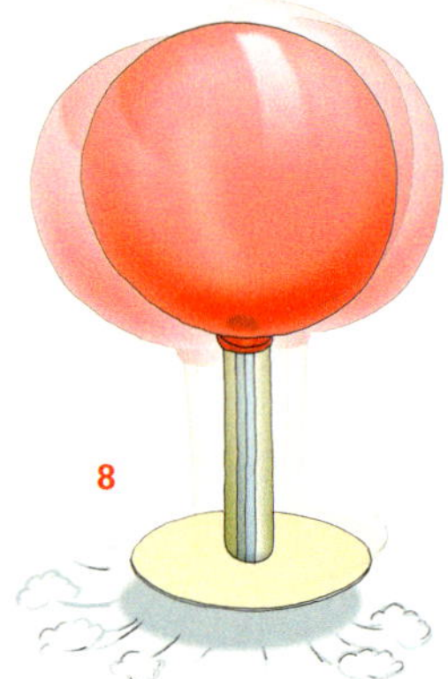

8

Was passiert?

Der Luftballon fliegt nicht fort, sondern schwebt ganz dicht über dem Tisch (8).

Warum ist das so?

Eigentlich sollte der Luftballon wegfliegen – das tut er aber nicht. Das erscheint widersprüchlich oder „paradox", wie die Wissenschaftler sagen. In der Tat steckt ein „Paradoxon" dahinter, ein Widerspruch: das so genannte „hydrodynamische Paradoxon". Es gilt für strömende Gase und Flüssigkeiten und besagt, dass in der Engstelle einer Strömung der Druck vermindert ist. Deshalb „klebt" strömende Luft. Statt die runde Pappe wegzudrücken, um mehr Platz zum Ausströmen zu haben, passiert das Gegenteil: Sie wird festgehalten. Denn die ausströmende Luft erzeugt unter der runden Pappe einen Unterdruck, weshalb der Luftdruck über der Pappe diese nach unten auf den Tisch drückt. Sobald die Pappe vom Tisch gleitet, kann der Ballon seine Luft direkt nach unten ausblasen und fliegt hoch.

■ Auf Luftkissen schweben

Bis zum Ende des vorigen Jahrtausends fuhren Luftkissenboote über den Ärmelkanal, die so genannten „Hovercrafts". Sie schwebten, von einem Luftkissen getragen, dicht über dem Wasser, wie dein Luftballon über dem Tisch. Angetrieben durch Propeller auf dem Dach waren sie schneller als andere Fähren, weil sie durch das Luftkissen keinen Reibungswiderstand im Wasser hatten. Außerdem konnten sie auf ebenem, festen Boden fahren und ihre Passagiere an Land absetzen. ■

Wo kommt das vor?

Wenn eine Tür im Luftstrom klappert, steckt das hydrodynamische Paradoxon dahinter. Bei einem Luftzug würde man ja erwarten, dass eine Tür, die einen Spaltbreit offen steht, sich für den Luftzug öffnet, um die schnell strömende Luft durchzulassen. Der Luftstrom bewirkt jedoch das Gegenteil und stellt sich dadurch selbst ab.

Auch wenn jemand schnarcht, ist das Paradoxon schuld. Hierbei flattert das Gaumensegel hinten im Rachen hin und her. Mitunter legt es sich dabei auf die Luftröhre wie eine zugeschlagene Tür. Dann wacht der Schlafende kurz auf, die Gaumenmuskeln spannen sich und der Luftweg wird wieder frei.

Mundstück einer Klarinette

Bei der Klarinette oder dem Saxofon unterbricht das Rohrblatt ständig den Luftstrom des Musikers und erzeugt dadurch Schwingungen, die als Töne hörbar sind. Es wirkt wie eine winzige Tür, die ganz schnell auf und zu schlägt.

Ähnlich ist es beim Singen, wenn die Stimmbänder im Kehlkopf schnell hin und her flattern. Sie „schwingen" und erzeugen dabei einen Ton. Je nach Anspannung durch den Sänger schwingen sie unterschiedlich schnell und erzeugen unterschiedlich hohe und tiefe Töne.

Warum fliegt ein Flugzeug?

Fliegen ist ein tolles Gefühl. Kaum zu glauben, dass die kleinen Flugzeugflügel Tonnen von Stahl und Hunderte von Menschen in die Luft heben können. Wie das funktioniert, zeigt ein einfacher Versuch.

- [x] leicht
- [ ] mittel
- [ ] schwer
- [ ] nur für Erwachsene unter Aufsicht von Kindern

ZEIT: ca. 5 Minuten

Was brauchst du?

- 2 Äpfel oder 2 Luftballons oder 2 Bögen Papier
- 2 Fäden

Wie gehst du vor?

Knote am Stiel der beiden Äpfel einen Faden fest und halte sie an den Fäden nebeneinander (1). Puste nun zwischen den Äpfeln hindurch (2).

Etwas leichter sind zwei Luftballons, die du aufpustest, ebenfalls an Fäden knotest, mit etwas Abstand nebeneinander hältst und zwischen ihnen hindurchbläst.

Du kannst auch jedes der beiden Blätter über die Tischkante ziehen. Jetzt sind sie leicht gewölbt. Halte sie mit der Wölbung zueinander, einen Fingerbreit auseinander und puste zwischen den Blättern hindurch.

1

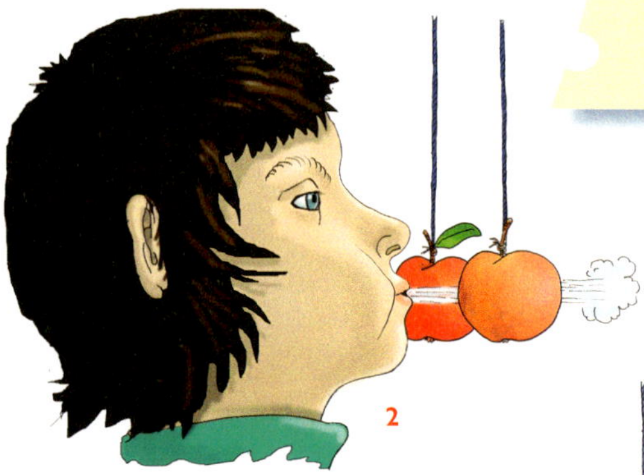

2

Was passiert?

Die beiden Äpfel scheinen sich gegenseitig anzuziehen. Sie bewegen sich aufeinander zu (3). Genauso ist es bei den Luftballons und den Papierbögen. Auch wenn du nur ein einziges gewölbtes Blatt Papier nimmst und an der Wölbung entlangpustest, kannst du beobachten, dass sich das Blatt in Richtung der Wölbung bewegt.

3

Warum ist das so?

Für den Luftstrom ist zwischen den Äpfeln, Blättern oder Luftballons ein Engpass. Damit trotzdem alle Luft hindurchpasst, muss sie dort schneller strömen als davor und dahinter. Dabei entsteht ein Unterdruck und deshalb bewegen sich die beiden Gegenstände aufeinander zu. Also steckt auch hier das hydrodynamische Paradoxon dahinter (siehe Experiment S. 50). Das Ganze geht auch mit dem einzelnen gebogenen Blatt. Damit hast du bereits so etwas wie einen einfachen Flugzeugflügel. Hier entsteht der Unterdruck nicht durch den Engpass, sondern durch die Blattwölbung. Nur dass sich in Wirklichkeit der Flugzeugflügel natürlich durch die Luft bewegt und nicht umgekehrt wie hier in deinem Experiment. Der Effekt ist aber derselbe: Es entsteht ein Unterdruck, also Auftrieb, der den Flugzeugflügel hochhebt.

Wo kommt das vor?

Wenn sich ein nach oben gewölbter Flugzeugflügel durch die Luft bewegt, entsteht auf der Oberseite ein Unterdruck, auf der Unterseite ein Überdruck. Das Flugzeug wird somit nach oben gesaugt und gedrückt. Der Druckunterschied hängt von der Flügelform und der Fluggeschwindigkeit ab und erzeugt eine Auftriebskraft, die größer als die Gewichtskraft ist. Das Flugzeug fliegt.

Die enge Stelle zwischen Äpfeln, Papierblättern oder Luftballons wirkt wie eine Düse. An der engsten Stelle strömt die Luft am schnellsten, dort ist der größte Unterdruck. Wasserstrahlpumpen nutzen diesen Effekt, indem schnell durchströmendes Wasser einen Unterdruck erzeugt und dadurch Luft einzieht bzw. woanders abpumpt. Auf diese Weise kann man beispielsweise in Laborversuchen einzelne Behältnisse schnell evakuieren, d. h. dort ein Vakuum erzeugen.

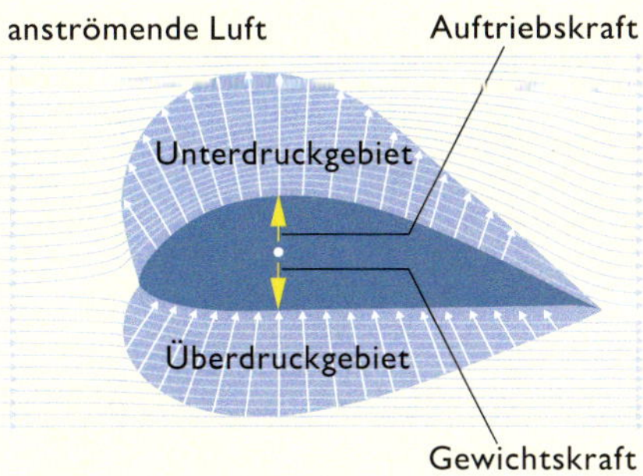

Querschnitt durch einen Flugzeugflügel mit Strömungsverhältnissen (die Tragfläche musst du dir nach vorn und hinten verlängert vorstellen).

Übrigens: Neben dem Auftrieb gibt es auch den „Abtrieb". Rennwagen brauchen ihn, um bei hohen Geschwindigkeiten auf der Straße zu bleiben. Erzeugt wird er mit den großen Spoilern an der Karosserie, die bei schneller Fahrt durch den Fahrtwind einen Sog nach unten erzeugen. Theoretisch ist der Abtrieb eines Rennwagens so groß, dass er bei entsprechendem Tempo kopfüber an der Decke etwa eines Tunnels fahren könnte, die ja den Boden unter dem Auto darstellt.

Widerspenstiges Kügelchen

Ob Tennis, Tischtennis oder Fußball – überall wo Bälle nicht so fliegen sollen wie erwartet, werden Luftströmungen geschickt ausgenutzt. Bei der Trillerpfeife sogar mit einem unverwechselbaren Klang.

- [x] leicht
- [ ] mittel
- [ ] schwer
- [ ] nur für Erwachsene unter Aufsicht von Kindern

ZEIT: ca. 5 Minuten

Was brauchst du?

- 1 leere Flasche
- etwas Aluminiumfolie

Wie gehst du vor?

Knülle etwas Aluminiumfolie zu einem erbsengroßen Kügelchen zusammen. Halte die Flasche waagerecht mit der Öffnung zu dir und schiebe das Kügelchen mit dem Finger vorsichtig in den Flaschenhals (1). Puste nun in die Flasche, um das Kügelchen hinein zu bewegen (2).

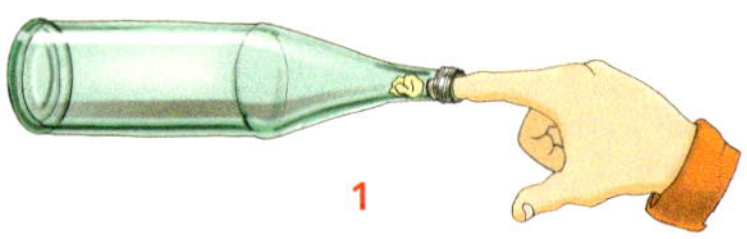

1

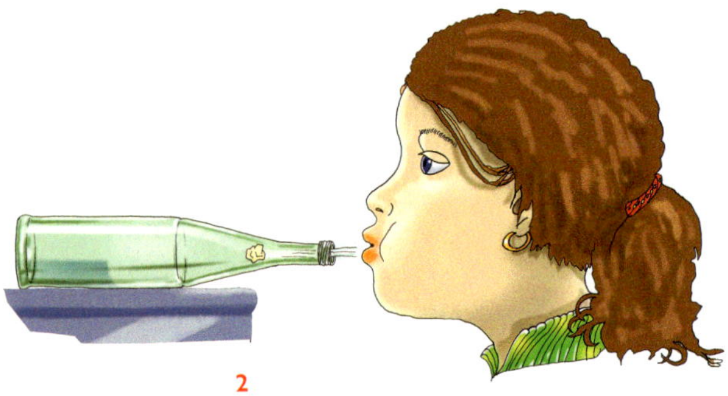

2

Was passiert?

Das Aluminiumkügelchen kommt dir entgegengeflogen und springt dir regelrecht ins Gesicht (3).

3

Warum ist das so?
Wenn du in die Flasche pustest, staut sich die Luft im Flascheninneren: Du erzeugst in der Flasche einen Überdruck, der entweichen will. Gleichzeitig erzeugt der Luftstrom, der an dem Kügelchen, das ja ein Hindernis bildet, vorbeiströmt, einen Unterdruck und zieht das Kügelchen nach vorne. Dabei dreht es sich im Luftstrom.
Auch hier zeigt sich, dass eine „leere" Flasche nicht leer, sondern mit Luft gefüllt ist (siehe Experiment S. 168). Für Luft ist die Flasche also „voll". Soll Luft von außen hinein, muss erst einmal Luft von innen heraus. Das Aluminiumkügelchen steht dabei im Weg, und weil es so leicht ist, wird es von der Luft mitgenommen.

■ Der Magnus-Effekt
Bei Ballspielen wie Fußball, Tennis und Tischtennis spielt die Aerodynamik – die „Lehre von der Bewegung in der Luft" – eine große Rolle. Ganz ähnlich wie bei deinem Kügelchen drehen sich auch „angeschnittene" Bälle im Flug, wenn man ihnen mit Schläger oder Fuß einen Drall mitgibt, dessen Drehachse nicht in Flugrichtung ist. Dadurch entsteht der so genannte „Magnus-Effekt". Er verursacht eine Kraft quer zur Flugrichtung, der Ball kommt also von der gewohnten Flugbahn ab und der Gegner hat Mühe, ihn noch zu erwischen. Fußballspieler treten dazu den Ball nicht in die Mitte, sondern etwas seitlich, damit er rotiert und in die gewünschte Richtung fliegt. ■

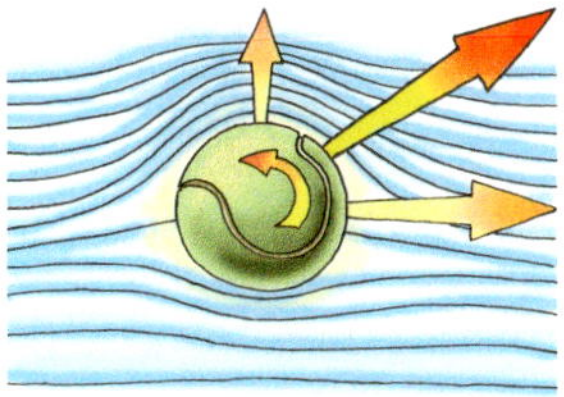

Ein rotierender Ball kommt im Flug von seinem geraden Kurs ab und fliegt schräg dazu weiter.

Wo kommt das vor?

Auch bei der Trillerpfeife wird der Effekt eines kleinen Kügelchens im Luftstrom ausgenutzt. Hier wird die Atemluft zum einen von der scharfen Kante an der Öffnung der Pfeife gebrochen und dabei in laut hörbare Schwingungen versetzt, zum anderen setzt sie das Kügelchen im Bauch der Trillerpfeife in eine schnelle, kreisende Bewegung. Immer wenn das Kügelchen an der Kante vorbeirollt, unterbricht es dort kurzzeitig die Luftströmung und damit den Pfeifton. So kommt der typische, unverkennbare „Triller"-Effekt zustande, der aus einer raschen Folge von Pfeiftönen besteht. Auch Achterbahnen werden im Looping nach außen gedrückt und kreisen wie das Kügelchen an der Außenwand der Trillerpfeife. Übrigens: Die ersten Kügelchen in Trillerpfeifen waren getrocknete Erbsen.

Eine Kerze im Windschatten

Es stürmt und regnet und der Wind weht dir die Tropfen ins Gesicht. An der Bushaltestelle gibt es kein Wartehäuschen, sodass du hinter einer Plakatsäule etwas Schutz vor dem Wind suchst. Leider umsonst.

- ☐ leicht
- ☐ mittel
- ☐ schwer
- ☑ nur für Erwachsene unter Aufsicht von Kindern

ZEIT: ca. 10 Minuten

Was brauchst du?

- 1 Kerze
- 1 Flasche

Wie gehst du vor?

Zünde die Kerze an und warte, bis sie richtig brennt. Stelle sie etwa eine Unterarmlänge entfernt von dir auf einen Tisch. Zwischen dich und die Kerze stellst du eine Flasche. Nun stellst du dir vor, die Flasche sei überhaupt nicht da und du wolltest die Kerze auspusten. Blase also kräftig in Richtung Kerze gegen die Flasche (1).

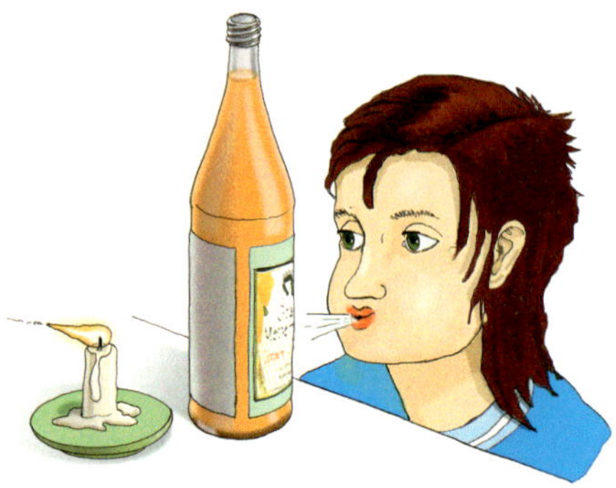

1

2

Was passiert?

Die Kerze flackert stark und geht schließlich aus (2). Es scheint wirklich so, als ob die Flasche gar nicht existiert und kein Hindernis im Weg steht. Dabei müsste die Kerze doch in ihrem „Windschatten" stehen.
Klappt der Versuch nicht auf Anhieb, verändere den Abstand zwischen dir, der Kerze und der Flasche.

Warum ist das so?

Die Flasche ist gar kein so großes Hindernis, wie es scheint. Durch ihre runde Form stellt sie für den Luftstrom keinen besonderen Widerstand dar. Er teilt sich vor der Flasche, „fließt“ an beiden Seiten um die Flasche herum und kommt dahinter wieder zusammen, sodass er noch genügend Druck hat, die Kerzenflamme auszublasen. Ähnlich passiert es draußen mit dem Wind, der auf eine Plakatsäule weht – er wird von ihr kaum aufgehalten.

Das erste windgetriebene Schiff, das keine Segel hatte – sondern zwei „Flettner-Rotoren“.

Drehende Plakatsäulen

Im Jahr 1924 montierte Anton Flettner (1885–1961), ein deutscher Ingenieur, zwei hohe Plakatsäulen („Flettner-Rotoren“) auf einem Schiff. Weht der Wind, fließt er um die Plakatsäulen herum, die sich bis zu 60-mal in der Minute drehen. Dadurch entsteht auf der einen Seite ein Über-, auf der anderen Seite ein Unterdruck und das Schiff setzt sich in Bewegung. Es wird also vom Wind angetrieben, hat aber keine Segel wie andere Schiffe, die den Wind als Antrieb nutzen. Anton Flettner nutzte mit seiner Erfindung den so genannten „Magnus-Effekt“ (siehe S. 55), der übrigens nicht nur in Luft, sondern auch in Wasser funktioniert – überall dort, wo etwas strömt. ■

Wo kommt das vor?

Ein geringer Luftwiderstand und damit eine gute „Stromlinienform“ wie bei der Plakatsäule sind vor allem bei schnellen Fahrzeugen wichtig. Autos, Züge und Flugzeuge werden deshalb in einem Windkanal auf ihre Stromlinienform getestet. Dabei werden meist kleine Modelle in einer Röhre befestigt, durch die von starken Ventilatoren Luft geblasen wird. Das ist der gleiche Effekt, wie wenn sich das Modell schnell durch die Luft bewegen würde. Dem Luftstrom wird zudem Rauch beigefügt, um Verwirbelungen sichtbar zu machen. Sie zeigen stets einen erhöhten Luftwiderstand an. Eine gute Stromlinienform ist vorne rund und hinten lang und spitz, wie ein liegender Tropfen. Die Tropfenform hat einen über fünffach geringeren Luftwiderstand als etwa die Kugelform. Der Luftwiderstand wird jedoch nicht nur von der Form beeinflusst, sondern auch von der Größe, der Oberfläche – ob glatt oder rau – und der Geschwindigkeit eines Fahrzeuges. Fahrzeuge mit schlechter Stromlinienform und hohem Luftwiderstand wie etwa Lkws haben einen ausgeprägten Windschatten. Motorradfahrer beispielsweise können Kraftstoff sparen, wenn sie dicht hinter einem Lkw in dessen Windschatten fahren, was jedoch wegen der Auffahrgefahr nicht ratsam ist.

Nebelmacher

Ob Friseur, Putzfrau, Asthmatiker oder Graffiti-Sprayer – sie alle verwenden bestimmte Sprays. Deren Herzstück, der Zerstäuber, funktioniert ganz einfach.

leicht
✔ mittel
schwer
nur für Erwachsene unter Aufsicht von Kindern

ZEIT: ca. 10 Minuten

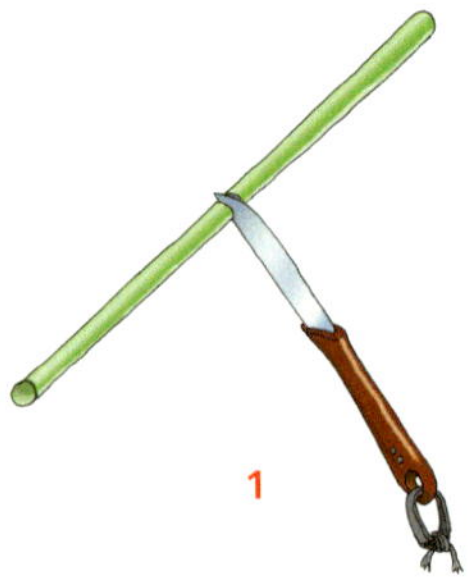

1

2

Was brauchst du?

- 1 dicken Trinkhalm
- 1 Messer
- 1 Glas
- Wasser

Wie gehst du vor?

Schneide den Trinkhalm in der Mitte durch (1). Fülle ein Glas mit Wasser (2). Halte nun die eine Hälfte des Trinkhalms in das Wasserglas und nimm die andere Hälfte in den Mund, und zwar so, dass die beiden Hälften im rechten Winkel zueinander stehen und sich dort berühren. Dann ragt die untere Hälfte senkrecht ins Wasser und die obere Hälfte waagerecht aus deinem Mund heraus. Puste nun kräftig in den Trinkhalm.

3

Was passiert?

Dort, wo sich die beiden Strohhalmteile berühren, entsteht ein feiner Sprühnebel, der von dir weg fliegt (3). Funktioniert das nicht sofort, verändere den Winkel, indem du die beiden Hälften mehr oder weniger schräg zueinander hältst. Auf jeden Fall muss das waagerechte Stück vor dem senkrechten enden und darf nicht auf ihm liegen.

Warum ist das so?

Wenn du durch die waagerechte Hälfte des Trinkhalmes pustest, erzeugst du dort, wo sich die beiden Hälften berühren, einen Unterdruck, weil hier die Luftgeschwindigkeit größer ist (siehe S. 177). Somit hast du an dieser Stelle eine Düse, wo der Luftzug das Wasser ansaugt und mit sich reißt. Dabei wird es in feine Tröpfchen zerteilt. Das ist das Prinzip jedes Druckluftzerstäubers, der mit einer bis zu 900 km/h schnellen Luftströmung Flüssigkeiten zerstäubt. Durch das feine Zerstäuben lässt sich mit wenig Flüssigkeit eine vergleichsweise große Fläche „benetzen", also befeuchten.

■ Mikrozerstäuber in der Medizin

Menschen mit Asthma haben öfters Atemnot. Dann hilft Asthmaspray aus der Dose, das fein zerstäubt eingeatmet werden muss. Es gibt dabei eine optimale Tröpfchengröße, die der Zerstäuber erzeugen muss, denn große Tropfen werden nicht gut verteilt und zu kleine Tröpfchen wirken wie ein Gas und schlagen sich nicht gut in der Lunge nieder. Die Spraydüsen werden daher mit hoher Präzision hergestellt, um die optimale Tröpfchengröße zu erzielen. Kleine Tröpfchen von bis zu einem Zehntel Millimeter Durchmesser heißen „Aerosole". ■

Wo kommt das vor?

Ein Zerstäuber soll Flüssigkeiten in möglichst kleine Tröpfchen zerteilen. Klassiker sind die Parfümflakons mit Pusteballchen, die genauso funktionieren wie dein Zerstäuber: Beim Druck auf das Bällchen reißt der Luftstrom ein bisschen Parfüm aus dem Behälter mit sich und zerstäubt es fein. Ob Achsel-, Asthma-, Backofen-, Fenster-, Haar-, Nasen-, Pflanzenschädlings-, Unkraut- oder Wundspray – überall werden Flüssigkeiten fein versprüht, um eine möglichst große Oberfläche gleichmäßig zu benetzen. Die meisten Sprays werden in Dosen angeboten, die unter Druck stehen. Ein Treibgas drückt die Flüssigkeit von unten durch ein Röhrchen nach oben durch eine Düse. Deshalb sollen Spraydosen beim Sprühen immer senkrecht gehalten werden, weil sonst nur das Treibgas austritt.

Viele Sprays werden mittlerweile auch in Pumpflaschen, z. B. mit einem „Pistolengriff" verkauft. Beim Ziehen des Griffs wird etwa Fensterspray durch eine Düse gedrückt.

Der „Becher des Pythagoras“

Kannst du einen mit Flüssigkeit gefüllten Becher mit einem Trinkhalm leeren, ohne an dem Halm zu saugen? Das klingt zwar ziemlich unwahrscheinlich, aber es geht. Probier es aus!

- [ ] leicht
- [ ] mittel
- [ ] schwer
- [x] nur für Erwachsene unter Aufsicht von Kindern

ZEIT: ca. 45 Minuten

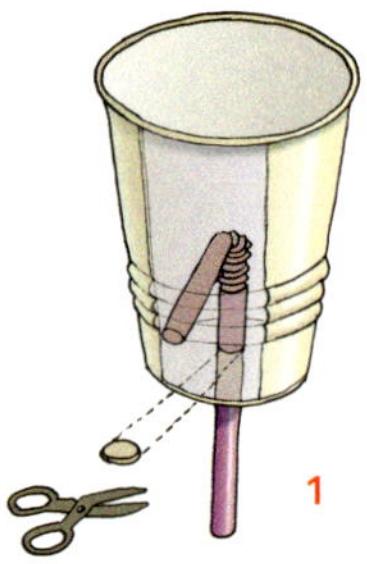

1

Was brauchst du?

■ 1 Becher aus Plastik oder Pappe ■ 1 Trinkhalm mit Ziehharmonika-Knick ■ Messer oder Schere ■ Knetgummi oder Klebstoff ■ 1 Kanne mit Wasser

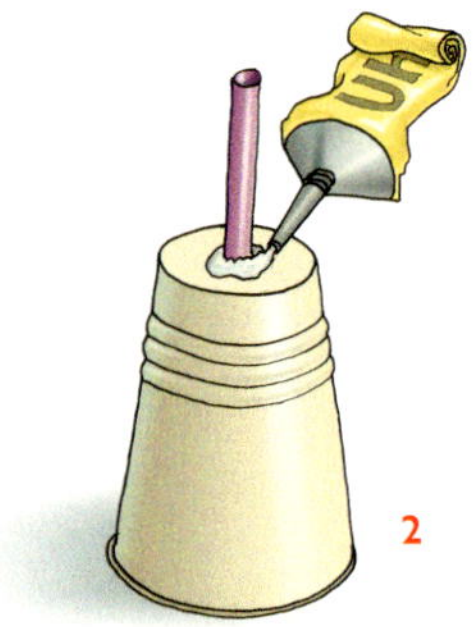

2

Wie gehst du vor?

Stoße mit Messer oder Schere ein Loch in den Boden des Bechers und erweitere es durch Drehen der Klinge so weit, dass der Trinkhalm gerade hindurchpasst. Jetzt biege das kurze Ende des Trinkhalms so weit, bis es auf dem längeren Ende liegt. Schiebe das lange Ende von innen durch den Becherboden nach außen durch, bis das kurze Ende auf den Boden stößt (1). Nun guckt das lange Ende unten heraus. Ziehe mit Knete oder Klebstoff eine Naht um das Loch im Becherboden (2) und warte, bis der Klebstoff fest geworden ist. Halte den Becher über das Spülbecken und gieße langsam Wasser hinein (3).

3

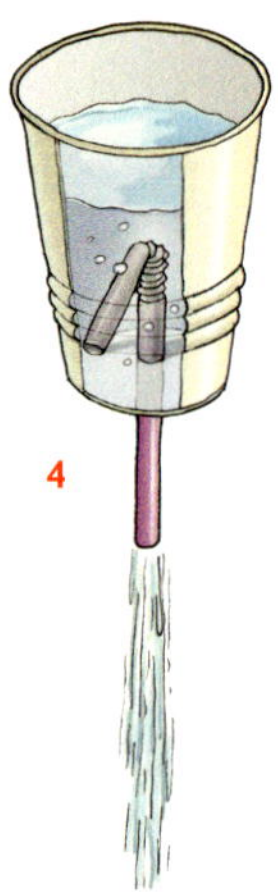

4

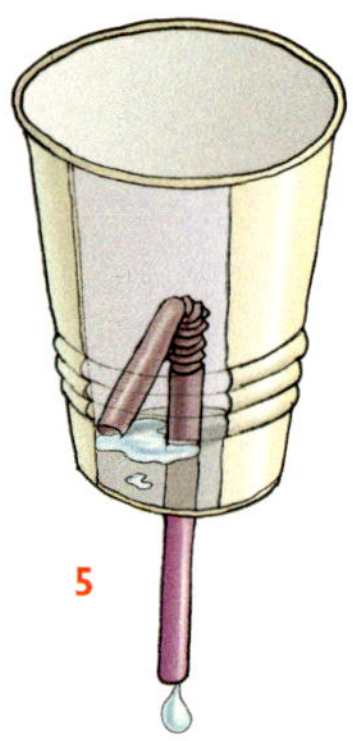

5

Was passiert?

Zunächst hält der Becher dicht. Doch wenn das Wasser im Becher über den Trinkhalm-Knick steigt (4), läuft plötzlich alles auf einmal aus, bis der Becher ganz leer ist (5).

Warum ist das so?

Beim Einfüllen steigt das Wasser im kurzen Ende des Trinkhalmes mit. Hat es den Knick erreicht, kann es um die Biegung herumfließen und fällt im langen Ende des Trinkhalmes nach unten. Die Wassersäule im langen Teil ist dann schwerer als diejenige im kurzen Teil, sodass ständig neues Wasser nachgesaugt wird, bis der Becher leer ist. Eine solche Vorrichtung nennt man Saugheber.

■ Ein Becher für Genügsame

Im Jahr 530 v. Chr. soll der berühmte griechische Philosoph und Mathematiker Pythagoras (ca. 570 v. Chr. bis 500 v. Chr.) den so genannten „gerechten Becher" erfunden haben. Er besteht aus gebranntem Ton und hat einen merkwürdigen Knubbel in der Mitte.

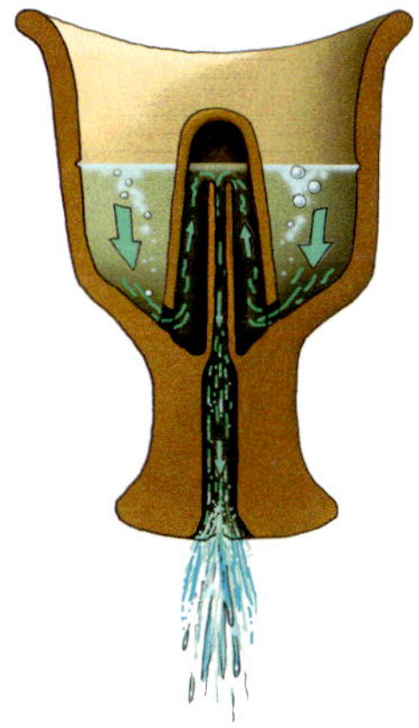

Darin ist ein kleiner Saugheber versteckt, der die Füllhöhe überwacht. Wer kein Maß halten konnte und sich diesen Becher zu voll schenkte, wurde bestraft, denn alles lief – wie bei deinem Becher – sofort unten wieder heraus. ■

Wo kommt das vor?

Wer ein Aquarium hat und es ausleeren möchte, nimmt dazu einen Schlauch als Saugheber. Auch der Winzer, der im Keller seinen Wein probieren möchte, holt ihn mit einem Saugheber aus dem Fass.

Mithilfe eines Schlauchs kann man praktisch jedes Gefäß ausleeren, solange das Schlauchende, das nicht in der Flüssigkeit ist, tiefer hängt als der Flüssigkeitsspiegel. Man muss nur vorher einmal kurz ansaugen, um das Wasser über den Knick zu ziehen. Dabei sollte allerdings nichts in den Mund kommen, denn die Flüssigkeit kann ziemlich schnell herbeiströmen.

Sogar in der Waschmaschine ist ein kleiner Saugheber versteckt – in der Schublade für den Weichspüler. Der ist flüssig und würde ohne diese Saughebertechnik sofort in die Maschine laufen. Er wird aber erst am Ende des Waschgangs gebraucht. Zum rechten Zeitpunkt wird etwas Wasser in das Weichspülerfach gepumpt und über den Saugheber läuft alles auf einmal in die Waschtrommel.

Die Vogeltränke

Wie bekommt der Wellensittich ständig frisches Wasser? Klar, mit einer Vogeltränke. Doch die funktioniert raffinierter als gedacht. Sie nutzt nämlich den Luftdruck, der uns umgibt.

☐ leicht
☑ mittel
☐ schwer
☐ nur für Erwachsene unter Aufsicht von Kindern

ZEIT: ca. 10 Minuten

Was brauchst du?

- 1 Trinkglas
- 1 Suppenteller
- 1 Teelöffel
- 1 Trinkhalm
- etwas Kohlensäurefreies zu trinken (Apfelsaft, Milch, Kakao)

Wie gehst du vor?

Schenke das Trinkglas mit dem Getränk fast ganz voll (1). Lege dann den Suppenteller umgekehrt auf das Glas (2), halte beides zusammen fest und drehe Glas und Teller gemeinsam um (3), sodass das Trinkglas umgekehrt auf dem Teller steht. Hebe das Glas etwas an und klemme den Löffel in den Spalt, damit dieser offen bleibt. Dabei läuft etwas Flüssigkeit heraus und füllt den Teller bis zum oberen Rand des Spaltes. Nimm den Halm und versuche, die Flüssigkeit, die im Teller steht, wegzutrinken (4).

1

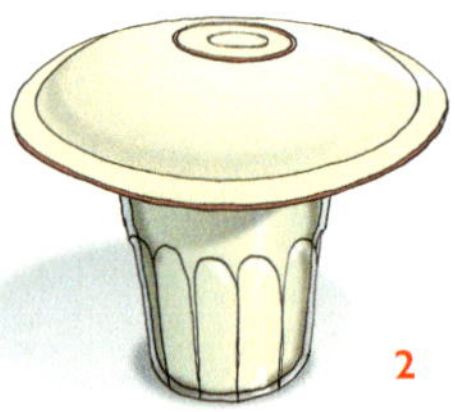

2

3

4

Was passiert?

Du wirst es nicht schaffen, den Suppenteller leer zu trinken, solange noch Flüssigkeit im Glas ist. Sobald du etwas wegtrinkst, strömt Nachschub nach.
Wenn das Wasser bei dir nicht oder nur schubweise nachströmt, musst du kontrollieren, ob durch den Spalt an dem Löffel wirklich Luft in das Glas gelangen kann.

Warum ist das so?

Wenn du das Glas anhebst, wechseln Flüssigkeit und Luft ihre Plätze: Etwas Luft dringt in das Trinkglas hinein und etwas Flüssigkeit läuft heraus. Erreicht der Flüssigkeitsspiegel jedoch den oberen Rand des Spalts, kann keine Luft mehr eindringen.
Aber warum läuft die Flüssigkeit im Glas nicht aus, obwohl sie höher steht als der Flüssigkeitsspiegel im Teller? Hier wirkt der Luftdruck von außen, indem er gleichmäßig auf die Oberfläche der Flüssigkeit drückt und sie im Glas hält, genauso wie bei dem Experiment auf Seite 32. Der Flüssigkeitsspiegel im Teller bleibt immer gleich, solange noch genügend Vorrat da ist.

Vorrat halten

Kleintiertränken für Kaninchen oder Meerschweinchen arbeiten anders. Bei ihnen kommt das Wasser zwar auch unten heraus, aber über ein dünnes Röhrchen und nur, wenn die Tiere daran saugen. Sonst läuft kein Wasser heraus, weil die Tränke luftdicht abgeschlossen ist. Die Oberflächenspannung des Wassers sorgt hier dafür, dass das Trinkröhrchen immer mit Wasser „verstopft“ ist und keine Luft eindringen kann, außer wenn daran gesaugt wird oder die Tiere die Oberflächenspannung durch ihre Lippen zerstören.
Kuh- und Pferdetränken haben dagegen ein Wasserventil. Mit ihrer Schnauze drücken die Tiere einen Hebel, der ein Ventil öffnet und Wasser in eine Trinkschale laufen lässt.

Wo kommt das vor?

Den gleichen Effekt kannst du beobachten, wenn du dir aus einer Flasche etwas zu trinken in ein Glas schenkst und die Flaschenöffnung so tief in das Glas hältst, dass sie den Flüssigkeitsspiegel berührt. Dann fließt plötzlich nichts mehr aus der Flasche. Erst wenn du die Flasche ein bisschen anhebst – oder mit dem Trinkhalm etwas wegtrinkst –, kommt wieder Flüssigkeit nach. Kellner schenken nach dieser Methode oft Weizenbier ein, damit es nicht so stark schäumt.
Wenn du zum Beispiel einen Wellensittich hast, arbeitet seine Tränke nach demselben Prinzip: In einem hohen Vorratsbehälter ist Wasser, das über eine Öffnung in eine kleine Schale fließt, aus der der Vogel trinken kann. Dabei fließt automatisch immer Wasser nach, wenn welches verbraucht wurde. Somit brauchst du nicht ständig Wasser nachzufüllen und der Vogel kann jederzeit trinken.

Auch in der Landwirtschaft ist ein Vorrat an frischem Trinkwasser für die Tiere sehr wichtig. Hier ist die Hühnertränke wie ein umgedrehter Metall- oder Plastikeimer aufgebaut, an dem unten eine Schale befestigt ist. Der Bauer füllt einmal am Tag frisches Wasser in einen zentralen Vorratsbehälter und die Hühner haben stets genug zu trinken.

Wie weiße Blumen farbig werden

Blumen können auch weiterleben, wenn sie abgeschnitten sind. Sonst gäbe es keine Blumensträuße. Werden sie mit genügend Wasser versorgt, bleiben sie ein paar Tage lang frisch. Und sie können sogar die Farbe wechseln …

- [x] leicht
- [ ] mittel
- [ ] schwer
- [ ] nur für Erwachsene unter Aufsicht von Kindern

ZEIT: ca. 24 Stunden

1

2

Was brauchst du?

■ Schnittblumen mit weißen Blüten ■ 1 (durchsichtige) Blumenvase mit Wasser (oder ein einfaches Trinkglas) ■ farbige Tinte oder Ostereierfarbe

Wie gehst du vor?

Lege die frisch angeschnittenen Blumen bereit (1). Gib einige Tropfen Tinte oder eine Tablette mit Ostereierfarbe in das Blumenwasser (2). Rühre um, bis sich die Farbe gleichmäßig verteilt hat. Stelle die Blumen in das gefärbte Wasser und lass alles eine Weile an einem hellen Ort stehen. Probiere ruhig mehrere Gläser mit verschiedenen Farben aus – und versuche es mit unterschiedlichen Blumensorten. Weiße Nelken oder Levkojen sind besonders gut geeignet.

3

Was passiert?

Es dauert einige Stunden, bis die Blüten beginnen, sich zu verfärben. Wenn du genau hinsiehst – vielleicht mithilfe einer Lupe –, kannst du erkennen, dass zuerst einige größere Äderchen in der Blüte farbig werden, bis schließlich ein Netz von farbigen Äderchen die Blüten durchzieht (3). Die Blüten haben jetzt die Farbe des Blumenwassers angenommen. Auch die grünen Blätter verfärben sich, was sehr gut bei roter, blauer und schwarzer Tinte zu beobachten ist.

Warum ist das so?

Obwohl Schnittblumen keine Wurzeln mehr haben, sind sie nicht „tot“. Sie können nach dem Abschneiden durchaus mehrere Tage weiterleben, sogar ihre Knospen öffnen und blühen, je nach Pflanzenart und Alter. Um weiterleben zu können, brauchen sie genügend Wasser, damit sie nicht austrocknen. Das Blumenwasser transportieren sie in winzigen, sehr engen Röhrchen nach oben, den so genannten „Kapillaren“. Sie sind dünner als ein menschliches Haar. Das Wasser wird in diesen Kapillaren wie in einem Trinkhalm regelrecht nach oben gesogen. Es steigt von sich aus schon umso höher, je dünner die Kapillaren sind (siehe S. 37). Ein zusätzlicher Sog entsteht dadurch, dass über die Blätter Wasser verdunstet.
Das Experiment ist also der Beweis dafür, dass das Blumenwasser durch die ganze Pflanze bis in die Spitzen wandert.

Viele feine Röhrchen durchziehen einen Pflanzenstängel. In ihnen wird Wasser in die Pflanzenspitze transportiert.

Wo kommt das vor?

Trotzdem halten Schnittblumen nicht ewig. Im Blumenwasser bilden sich kleine Luftbläschen. Wenn jedoch Luft in die feinen Kapillaren kommt, verstopfen diese und der Wassertransport wird unterbrochen. Auch Pilze und Bakterien im Wasser verschließen auf Dauer die Kapillaren. Deshalb halten Schnittblumen länger, wenn man sie ab und zu frisch anschneidet.
Alle Pflanzen transportieren das Wasser, das sie brauchen, in den Kapillaren bis nach oben in die Spitzen. Das hat allerdings natürliche Grenzen. So haben Wissenschaftler herausgefunden, dass Bäume – die höchsten Pflanzen auf der Erde – aufgrund der Kapillarkräfte nicht höher als 130 m wachsen können. Je höher ein Baum ist, desto schwieriger wird es für ihn, das Wasser bis ganz nach oben zu transportieren. In den Baumwipfeln der höchsten Bäume auf der Erde herrschen daher Bedingungen wie in der Wüste: Dort gibt es kaum noch genügend Wasser.

Tornado in der Flasche

Wirbelstürme können verheerende Schäden anrichten. Dagegen können selbstgemachte Wirbel richtig hilfreich sein. Nicht nur im Badewannenabfluss, auch in der Flasche.

- [x] leicht
- [ ] mittel
- [ ] schwer
- [ ] nur für Erwachsene unter Aufsicht von Kindern

ZEIT: ca. 5 Minuten

Was brauchst du?

- 1 leere Flasche
- Wasser
- Spül- oder Waschbecken

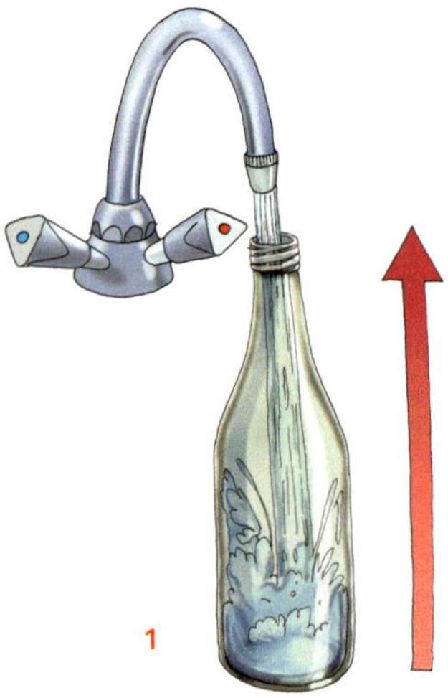

1

Wie gehst du vor?

Fülle die Flasche ganz voll Wasser (1). Nun drehe sie über dem Spülbecken auf den Kopf, um sie auszuleeren. Halte sie dabei ganz ruhig (2). Was passiert?
Fülle die Flasche erneut, drehe sie wieder um und halte mit einer Hand ihren Hals fest. Versetze ihren Boden mit der anderen Hand kurz und schnell in eine kreisende Bewegung, bis in der Flasche ein Strudel entsteht (3). Einmal Drehen dürfte genügen.

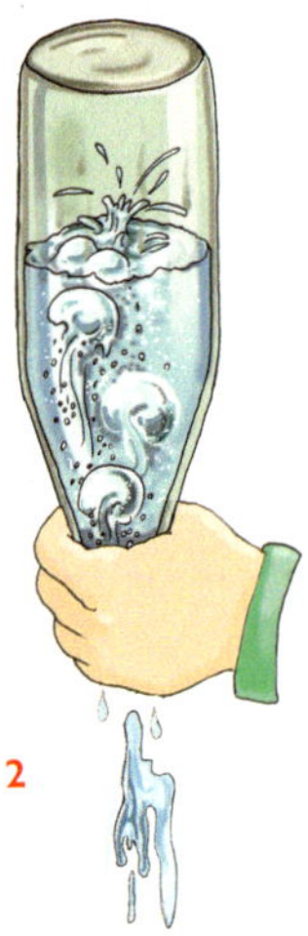

2

oder

3

Was passiert?

Das Wasser läuft im ersten Fall nur schluckweise heraus, zwischendrin strömt immer wieder Luft in die Flasche und wandert in Form von großen Luftblasen durch das Wasser nach oben: Wasser und Luft tauschen abwechselnd die Plätze (siehe auch Experiment S. 168).
Mit einem Strudel in der Flasche läuft die Flasche etwa doppelt so schnell und ohne Unterbrechung aus.

Warum ist das so?

Du hast bei der zweiten Variante einen Wirbel erzeugt: Das Wasser dreht sich schnell, wird durch die Fliehkraft nach außen und am Rand nach oben gedrückt. Dabei bildet sich in der Mitte ein „Rüssel", durch den Luft einströmt. Wasser und Luft tauschen nun gleichzeitig und gleichmäßig ihre Plätze. Mit diesem Trick lässt sich die Flasche deutlich schneller leeren. Die Geschwindigkeit des Wassers, also die Strecke, die es pro Sekunde zurücklegt, bleibt beim kreisförmigen Durchströmen der Flasche gleich. Ganz oben sind es lange „Runden", die das Wasser fließen muss, unten am Flaschenhals nur noch sehr kurze. Dort muss das Wasser also mehrere Runden fließen, um die gleiche Strecke zu überwinden wie ganz oben, d. h. der Wirbel dreht sich deutlich schneller. Dieser Effekt bewirkt im Flaschenhals eine so hohe Fliehkraft, dass das Wasser stark nach außen gedrückt und der Wasserwirbel ganz „dünnwandig" wird und viel Luft einströmen kann. Außerhalb der Flasche reißt dieser Wasserwirbel auf. Dadurch entsteht eine Öffnung, durch die Luft gleichmäßig einströmen kann und somit der gleichzeitige Austausch von Wasser und Luft gesichert ist.

■ Drehrichtung des Sturms
Auf der Nordhalbkugel unserer Erde drehen sich Wirbelstürme gegen den Uhrzeigersinn – südlich des Äquators, also auf der Südhalbkugel, im Uhrzeigersinn. Das lässt sich sehr schön auf Fotos der Wettersatelliten beobachten. Ursache dafür ist die so genannte „Coriolis-Kraft", die wiederum eine Folge der Erddrehung ist. Luftpakete werden durch sie abgelenkt, wodurch es zur Wirbelbildung und damit zu Wirbelstürmen kommt.
Übrigens: Am Äquator gibt es keine Coriolis-Kraft und deshalb auch keine Wirbelstürme. ■

Wo kommt das vor?

Solche Wirbel kennst du aus der Badewanne. Wenn das Wasser abfließt, bildet sich immer ein Strudel mit einem Luftrüssel. So fließt das Wasser schnell ab, oft mit einem gurgelnden Geräusch. Auch in der Luft entstehen solche Wirbel, dann sind sie jedoch häufig erheblich größer und gefährlicher. Tropische Wirbelstürme wie Hurrikane und Taifune sind einige Hundert Kilometer groß und bestehen aus sich drehenden Luftmassen. Sie entstehen, wenn in einem kleinen Gebiet über dem Ozean durch Druckunterschiede in der Atmosphäre viel Luft aufsteigt. Dann muss nämlich von allen Seiten Luft in dieses „Tiefdruckgebiet" nachströmen. Beim Aufsteigen beginnt die Luft, sich zu

drehen, und zwar immer schneller, je näher sie am Zentrum des Tiefdruckgebietes ist, wie das Wasser in dem Flaschenhals. Tornados sind viel kleinräumiger, aber in ihrer Zerstörungskraft noch stärker.

Auf der Erde schwerelos

Raumschiffe und Astronauten schweben im Weltraum in der Schwerelosigkeit. Aber gibt es auch Schwerelosigkeit hier auf der Erde, wo alles immer sofort herunterfällt? Genau das ist der Trick!

☐ leicht
☐ mittel
☐ schwer
☑ nur für Erwachsene unter Aufsicht von Kindern

ZEIT: ca. 30 Minuten

Was brauchst du?

- 1 dünnwandige Plastikflasche
- Wasser
- 1 Messer

Wie gehst du vor?

Bitte einen Erwachsenen, dir mit dem Messer ein etwa erbsengroßes Loch unten seitlich in die Flasche zu machen (1). Fülle die Flasche mit Wasser halb voll und halte dabei das Loch unten zu (2), damit nichts herausläuft. Du kannst das Loch aber auch mit Klebefilm zukleben. Oben brauchst du die Flasche nicht zu verschließen. Nun gehst du am besten auf einen Rasen oder eine Wiese, öffnest das Loch und hältst die Flasche hoch. Sofort beginnt Wasser seitlich im Bogen herauszulaufen (3). Achte genau auf diesen Wasserstrahl und lass die Flasche fallen.

1
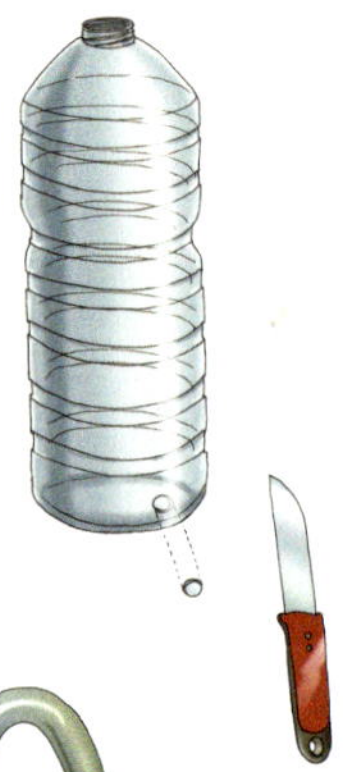

2
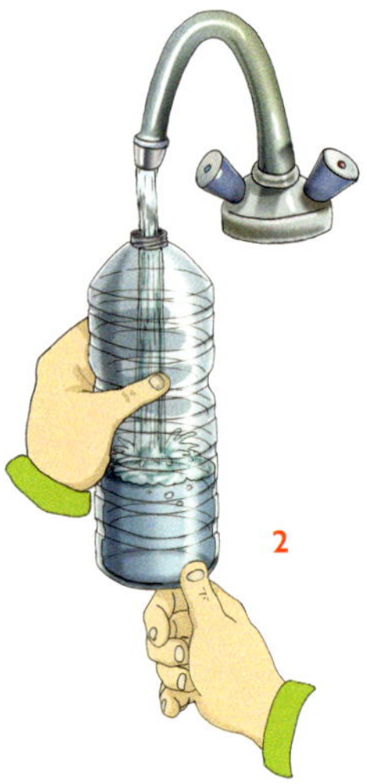

3
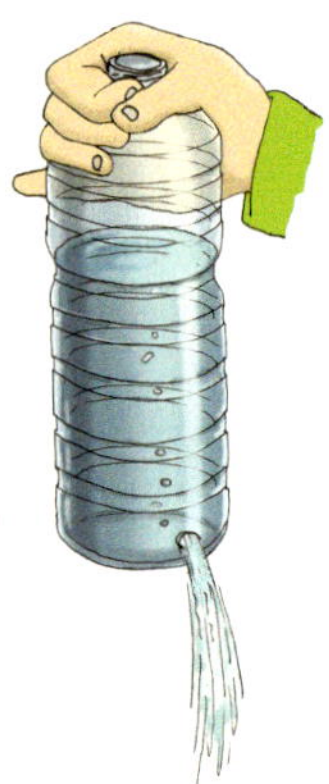

4

Was passiert?

Während des Falls versiegt der Wasserstrahl, kein Tropfen läuft aus dem Loch heraus (4). Erst unten angekommen, kann das Wasser wieder ausfließen (5).

5
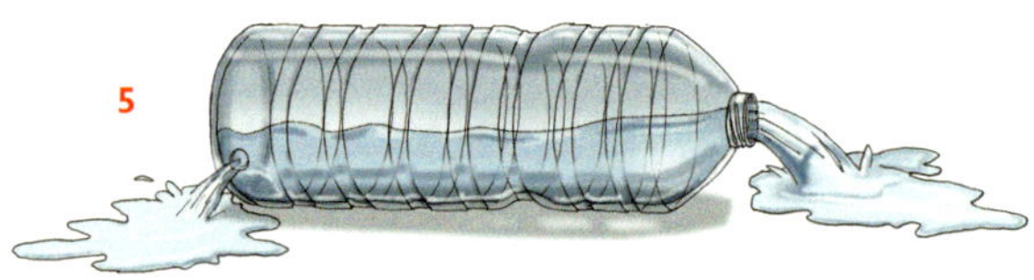

Warum ist das so?

Das Wasser in der Flasche war kurzzeitig schwerelos. Solange das Wasser fällt, „spürt“ es keine Erdanziehung und „fühlt“ sich schwerelos, läuft also auch nicht aus der Flasche heraus. Daher wird Schwerelosigkeit auch als „das scheinbare Fehlen der Schwerkraft im freien Fall“ beschrieben. Deshalb ist es möglich, sogar auf der Erde Schwerelosigkeit zu erzeugen – wenn auch nur für jeweils kurze Zeit. Mit Schwerkraft (Gravitation) meinen wir die Anziehungskraft der Erde auf Gegenstände. Aber Gravitation geht von jedem Gegenstand aus. Die Erde zieht einen Apfel an, schließlich fällt er vom Baum. Aber auch der Apfel zieht die Erde an, nur viel, viel schwächer. Die Gravitation ist eine der großen Grundkräfte im Universum. Sie kann sogar Licht ablenken. Große Galaxien im Weltraum üben eine so starke Gravitation aus, dass sie Lichtstrahlen biegen.

Schwindel in der Achterbahn

Die Gleichgewichtsorgane in unseren Ohren registrieren jede Bewegung. Sie sind direkt mit dem so genannten „vegetativen Nervensystem“ verbunden, das alles in unserem Körper steuert, was wir nicht mit unserem Willen beeinflussen können: Herzschlag, Atmung, Hunger, Harndrang, Schwitzen, Frieren. Aber bei starken Bewegungen wie dem Fallen werden die Gleichgewichtsorgane überreizt und lösen dann leicht Übelkeit aus. Wenn dir in der Achterbahn schlecht wird, dann rührt das also vom Kopf her, auch wenn du es im Magen spürst. ■

Wo kommt das vor?

Seit 1990 gibt es in Bremen den außen 146 m hohen „Fallturm“, in dem Gegenstände frei fallen gelassen werden. Sie sind dann für rund 4,5 Sekunden schwerelos. Katapultiert man sie von unten nach oben, von wo sie dann wieder nach unten fallen, sind sie sogar neun Sekunden, also doppelt so lang schwerelos.
Aber auch du kannst Schwerelosigkeit erleben. Wenn du beispielsweise Trampolin springst, bist du nahezu schwerelos, wenn du in der Luft bist: Zuerst „fällst“ du nach oben, dann wieder nach unten – wie im Fallturm. Aber auch beim Sprung ins Schwimmbecken oder auf dem Jahrmarkt in Karussell, Achterbahn, Fallturm – überall dort, wo man fast ungebremst in die Tiefe saust, kann man Schwerelosigkeit erleben. „Fällst“ du – wie im Bild – mit der Achterbahn nach unten, bist du für die

Zeit des Falls schwerelos. Das dabei ausgelöste Kribbeln im Bauch ist eine Reaktion des Körpers, da er merkt, dass etwas Wichtiges fehlt, nämlich die Schwerkraft.

Schwierige Schwerelosigkeit

Eine Kerze im Weltraum

Weihnachten im Weltraum mit echten Kerzen – das wäre doch eine wunderbare Sache für die Astronauten. Von wegen: Im Weltraum brennt eine Kerze nur ganz kurz mit einer kugelrunden, gelben Flamme. Nach etwa acht Sekunden schrumpft sie zu einer unscheinbaren, winzigen runden blauen Flamme zusammen. Weil die Schwerkraft fehlt, gibt es im Weltraum kein „oben" und „unten". Die heiße, verbrauchte Luft kann nicht nach oben aufsteigen. Deshalb gibt es keine „Konvektion" (keine Durchmischung der Luft) und es gelangt kaum neue, sauerstoffreiche Frischluft zur Kerzenflamme. Sie erstickt.

Das Weltraum-Klo

Auch Astronauten müssen mal. Wegen der Schwerelosigkeit müssen sie sich auf der Toilette festschnallen. Und weil danach nichts in der Luft herumschweben soll, wird eine Art Staubsauger eingeschaltet, der alles absaugt – dadurch wird es etwas kalt am Po. Weil das Abzugsloch in der Kloschüssel sehr klein ist, üben die Astronauten bei der US-amerikanischen Raumfahrtagentur NASA auf der Erde, mit einer Kamera in der Schüssel und einem Bildschirm die richtige Position über dem Absaugloch zu finden. Zum Pinkeln benutzen männliche wie weibliche Astronauten einen Schlauch, der alles gleich wegsaugt. Das Händewaschen am Schluss geschieht mithilfe von feuchten Tüchern.

Heizung im All

In der Schwerelosigkeit des Weltalls funktioniert ein Heizkörper nicht so gut wie auf der Erde. Weil es kein „oben" und „unten" gibt, entsteht keine natürliche „Konvektion", keine Luftströmung: Warme Luft steigt an Heizkörpern nicht auf, um sich im Raum zu verteilen. Kältere Luft, die erwärmt werden soll, strömt nicht nach. Also muss die Luft in der Raumstation mit Ventilatoren vermischt werden. Was jedoch gut funktioniert, ist, dass die Heizung Wärme abstrahlt, denn Wärmestrahlen sind elektromagnetische Wellen wie Licht oder Radiowellen, die keine Luft zum Verbreiten benötigen.

Fitness im Weltall

„In einer Raumstation befindet man sich immer im freien Fall, wie beim Trampolinspringen, wo du auch einen Augenblick schwerelos bist“, erzählt der deutsche Astronaut Reinhold Ewald. Er war 1997 drei Wochen auf der russischen Raumstation MIR. „Muskeln und Knochen haben in der Schwerelosigkeit nicht viel zu tun. Deshalb bauen sie sich mit der Zeit ab, wie bei einem Patienten, der nur im Bett liegt.“ Um das zu verhindern, halten sich Langzeit-Astronauten täglich zwei Stunden mit Expandern (Gummibändern) und auf dem Laufband fit.
„Das Tolle ist“, ergänzt Ewald, „dass die wichtigen Körperfunktionen wie Kreislauf und Verdauung trotz der Schwerelosigkeit problemlos funktionieren, so können Menschen auch unter Schwerelosigkeit existieren!“

Lebewesen in Schwerelosigkeit

„Seeds in Space“ („Samen im All“) heißt ein Experiment, das Tausende Grundschüler aus ganz Europa und Astronauten auf der Internationalen Raumstation (ISS) im April 2004 gleichzeitig machten. Sie ließen die Samen von Rucolasalat jeweils einmal bei Licht und einmal in Dunkelheit wachsen. Dabei stellten sie fest, dass sich die Keimlinge sowohl auf der Erde als auch im All am Licht orientieren und gerade nach oben wachsen. Im Dunkeln wachsen sie im All allerdings wild durcheinander, auf der Erde jedoch ebenfalls gerade nach oben, weil sie sich zusätzlich zum Licht auch noch an der Schwerkraft orientieren können. Schwerelosigkeit verwirrt übrigens auch Tiere: Fische schwimmen im Weltraum Loopings!

Streichholz-Raketen

Die kleinsten und preiswertesten Raketen der Welt funktionieren mit streichholzkopfgroßen Treibsätzen und fliegen über einen Meter weit. Raketen dürfen nur im Freien fliegen, wenn ein Erwachsener dabei ist!

- ☐ leicht
- ☐ mittel
- ☐ schwer
- ☑ nur für Erwachsene unter Aufsicht von Kindern

ZEIT: ca. 15 Minuten

Was brauchst du?

- Streichhölzer
- 1 Stecknadel
- 1 Büroklammer
- Aluminiumfolie
- Feuerzeug

Wie gehst du vor?

Schneide ein Stück Alufolie ab, etwa 3 x 12 cm groß. Falte es einmal quer, sodass die Folie doppelt liegt (1). Lege ein Streichholz mit dem Zündkopf auf die Mitte der Aluminiumfolie, sodass das Ende des Zündholzes über die Aluminiumfolie hinausragt, und lege die Stecknadel oben drauf (2). Klappe die freie Hälfte der Aluminiumfolie über Zündholz und Nadel (3), dann wickele sie auch noch seitlich herum (4). Drücke die Folie fest und ziehe die Nadel heraus (5). Lege die Büroklammer vor dich und biege das Innenstück schräg nach oben. Auf diese kleine „Startrampe“ stellst du deine startklare Rakete, mit dem Streichholzkopf nach oben. Erhitze die Alufolie am oberen Ende mit einem Feuerzeug (6).

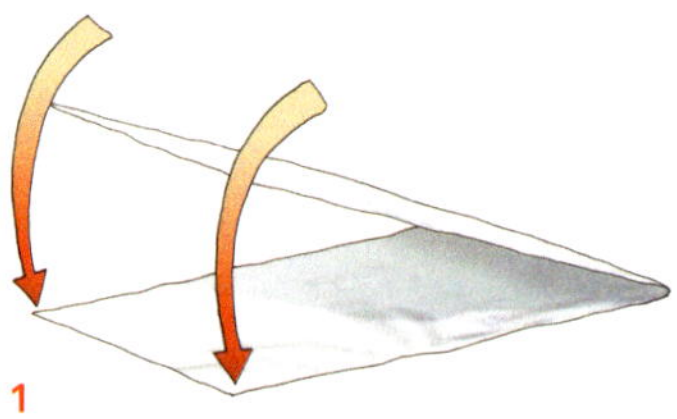
1

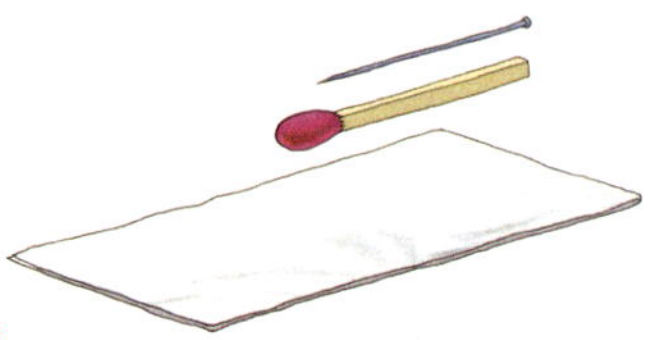
2

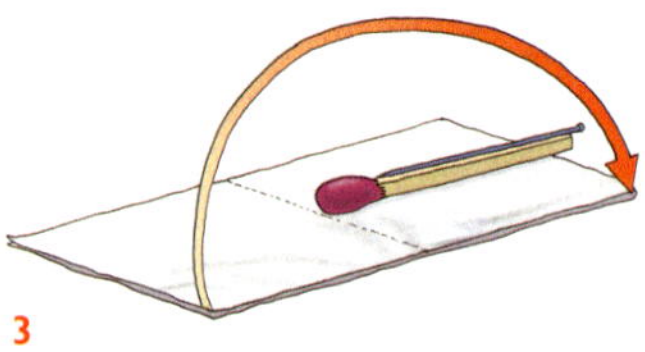
3

4

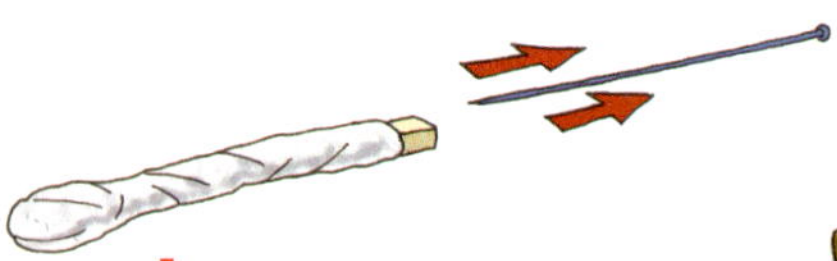
5

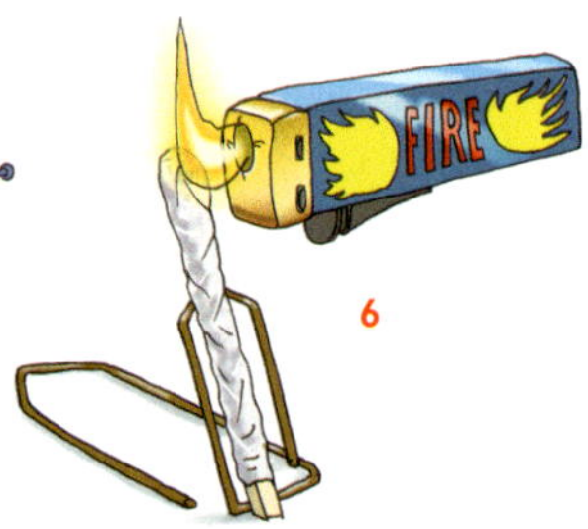

6

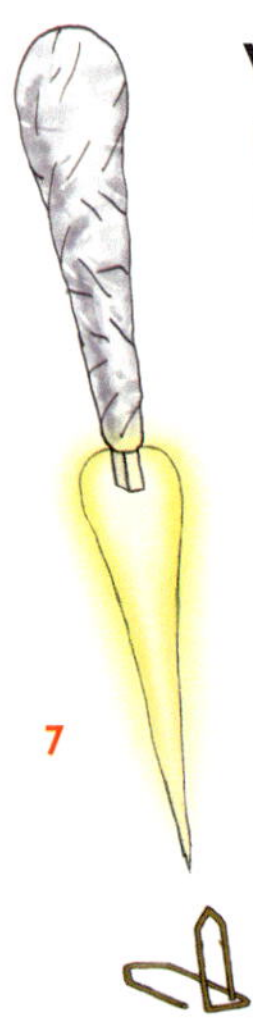
7

Was passiert?

Irgendwann explodiert der Streichholzkopf, die brennenden Gase entweichen und deine Mini-Rakete steigt in die Luft (7). Dieses Experiment ist nicht einfach. Es kann sein, dass du es mehrere Male probieren musst. Manchmal fliegt die Rakete auch rückwärts – dir entgegen, also halte immer ein bisschen Sicherheitsabstand!

Warum ist das so?

Wird der Streichholzkopf über 80 °C heiß, entzündet er sich schlagartig. Dabei entstehen plötzlich Verbrennungsgase, die erheblich mehr Raum benötigen als vorher der Streichholzkopf. Da sie in der Aluminiumfolie keinen Platz haben, stehen sie unter enormem Druck. Es gibt nur einen Weg zu entweichen, und das ist der kleine Kanal, den die Stecknadel zurückgelassen hat. Auf diesem Weg strömen die Verbrennungsgase mit hoher Geschwindigkeit nach draußen. Dabei erzeugen sie einen derart starken Schub, dass sich die Mini-Rakete davon in die Luft erhebt.

■ Raketen ohne Feuer

Trickreiche Spielzeugraketen funktionieren mit Luftdruck. Dabei wird eine leichte Schaumstoffhülle auf eine Art Luftpumpe gesteckt und mit Luftdruck weggeschossen. Sie fliegt bis zu 20 m weit.
Dem echten Raketenprinzip näher kommen Wasser-Luft-Raketen, denn auch sie haben ihren Treibstoff an Bord. Hier gibt man etwas Wasser in die Rakete und pumpt sie anschließend mit Luft voll. Zum Start wird eine Düse freigegeben und die Druckluft im Inneren drückt das viel schwerere Wasser mit Kraft heraus. Dadurch entsteht ein langer und kräftiger Rückstoß, der die Rakete bis über 100 m in den Himmel heben kann (siehe S. 74). ■

Wo kommt das vor?

Im Prinzip ist die Streichholz-Rakete keine richtige Rakete, denn eine echte Rakete hat ihren Treibstoff an Bord, verbrennt ihn fortwährend und stößt die Abgase unter hohem Druck nach hinten aus. Die Streichholz-Rakete erhält nur zu Beginn, wenn der Streichholzkopf explodiert, einen Impuls und fliegt mit diesem Schwung weiter, ganz ähnlich wie Kanonen- und Gewehrkugeln oder Pfeile. Aber auch Fuß-, Hand- und Tennisbälle fliegen nach einem kräftigen Anfangsimpuls los – nach einem Tritt, Wurf oder Schlag. Sie werden während des Fluges vom Luftwiderstand behindert, werden dadurch langsamer und fallen irgendwann zu Boden. In der Schwerelosigkeit des Weltraums würde deine Rakete ewig weiterfliegen, weil es dort keine Luft und somit auch keinen Luftwiderstand gibt. Allerdings könnte man sie im luftleeren Raum natürlich nicht zünden, es sei denn, man gäbe Sauerstoff hinzu (siehe S. 127).

Die Luftballon-Rakete

Ein Luftballon kann abgehen wie eine Rakete. Dazu musst du ihn nur aufpusten und loslassen. Mit einem Trick kannst du bestimmen, wohin er fliegen soll.

☐ leicht
☐ mittel
☑ schwer
☐ nur für Erwachsene unter Aufsicht von Kindern

ZEIT: ca. 20 Minuten

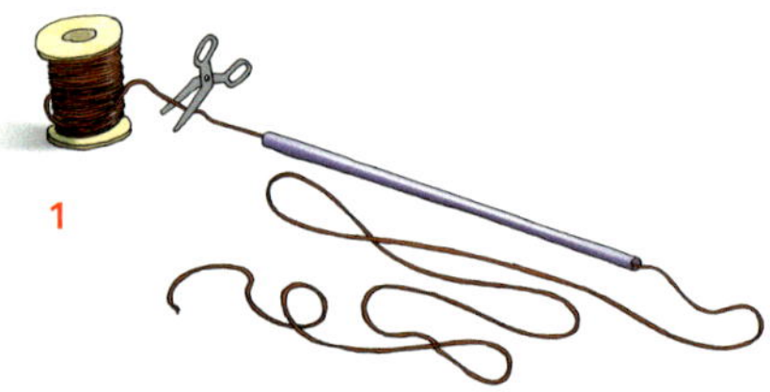

1

Was brauchst du?

- 1 Luftballon
- 1 Trinkhalm
- 1 Wäscheklammer
- einige Meter Faden, z. B. Nähgarn
- Klebefilm

2

Wie gehst du vor?

Fädele den Faden durch den Trinkhalm (1). Befestige ein Fadenende mit Klebestreifen etwa an einer Tür, das andere Ende an der gegenüberliegenden Wand. Du kannst den Faden auch zwischen zwei Stühlen spannen. Puste den Luftballon auf und klemme seine Tülle mit einer Wäscheklammer zu, damit die Luft nicht entweicht (2). Dazu verdrehst du die Tülle am besten mehrmals und klemmst sie so zu. Klebe den Trinkhalm mit Klebestreifen seitlich auf dem Luftballon fest – ein Ende des Halms zeigt also zur Tülle, das andere Ende zum Kopf des Ballons (3). Schiebe den Ballon mit dem Trinkhalm an das Fadenende, zu dem die Tülle zeigt. Löse nun die Wäscheklammer.

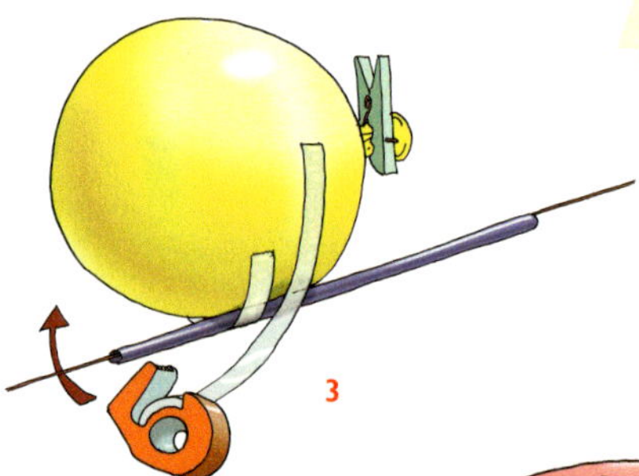

3

4

Was passiert?

Wenn du die Wäscheklammer löst, saust der Luftballon an der Schnur entlang zum anderen Ende (4). Dabei dreht er sich um den Strohhalm und verliert all seine Luft.

Warum ist das so?

Deine Luftballon-Rakete funktioniert tatsächlich ähnlich wie eine Weltraumrakete: Sie arbeitet nämlich auch mit dem „Rückstoßprinzip“. Wenn die Luft nach hinten ausströmt, wird die Rakete vorwärts gestoßen. Dabei hat sie – wie eine echte Rakete – ihren Treibstoff mit an Bord. Die Energie steckt allerdings nicht in der Luft selbst, sondern in der Luftballonhaut drum herum. Du hast die Gummihaut des Luftballons beim Aufpusten gespannt wie ein Gummiband. Um sich zu „entspannen“, muss der Luftballon die Luft herausdrücken. Dabei wird ein Rückstoß erzeugt. Außerdem stößt sich der Ballon mit seiner ausströmenden Luft noch an der Umgebungsluft ab. Dieser zweite Effekt würde einer Luftballon-Rakete im luftleeren Weltraum fehlen.

Das Prinzip des Rückstoßes: Wird Masse abgestoßen, gibt es einen Impuls in entgegengesetzter Richtung.

Wo kommt das vor?

Um einen großen „Rückstoß“ zu erhalten, muss eine Rakete möglichst viele und möglichst schwere Stoffe möglichst schnell ausstoßen. Bei Weltraumraketen strömen Teilchen und Gase mit Überschallgeschwindigkeit aus der Düse. Dazu wird fester und flüssiger Treibstoff verbrannt, wobei Verbrennungsgase entstehen, die plötzlich erheblich mehr Platz brauchen und sich aus der Raketendüse herausdrücken.
Aber auch Ruderer arbeiten mit Rückstoß. Mit ihren Paddeln stoßen sie sich im Wasser ab. Theoretisch könnten sie auch schwere Steine nach hinten werfen, das würde sie durch den Rückstoß ebenfalls antreiben.
Zudem erzeugt jede Schiffsschraube einen Rückstoß, indem sie sich – wie die Ruderer – im Wasser abstößt. In den Sümpfen Floridas, die zu seicht für Schiffsschrauben sind, werden Propellerboote eingesetzt. Hier erzeugt eine Art Ventilator am Heck einen Rückstoß in der Luft.
Übrigens: Die Pfeile in Indianerfilmen sind hohl und laufen auf durchsichtigen Fäden – genauso wie deine Luftballon-Rakete. Deshalb trifft Winnetou immer ins Schwarze!

Ein singender Luftballon

Mit einem Geldstück und einer schnellen Drehung aus dem Handgelenk kannst du einen Luftballon zum Singen bringen. Mit dem gleichen Prinzip lässt sich auch Schwerkraft erzeugen, etwa für zukünftige Raumstationen im Weltall.

- [ ] leicht
- [x] mittel
- [ ] schwer
- [ ] nur für Erwachsene unter Aufsicht von Kindern

ZEIT: ca. 5 Minuten

Was brauchst du?

- 1 Luftballon
- 1 10-Cent-Stück

Wie gehst du vor?
Schiebe das Geldstück vorsichtig durch die Öffnung in den Luftballon hinein (1). Achte darauf, dass dabei nicht die Gummihaut verletzt wird, sonst ist der Luftballon nicht mehr dicht. Puste ihn auf und knote ihn zu. Jetzt ist das Geldstück im Ballon gefangen. Beginne nun, den Luftballon aus dem Handgelenk heraus im Kreis zu drehen, als würdest du mit ihm „rühren“ (2).

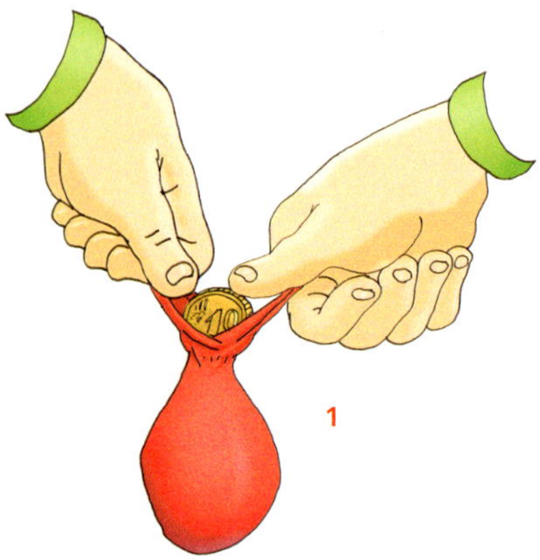

1

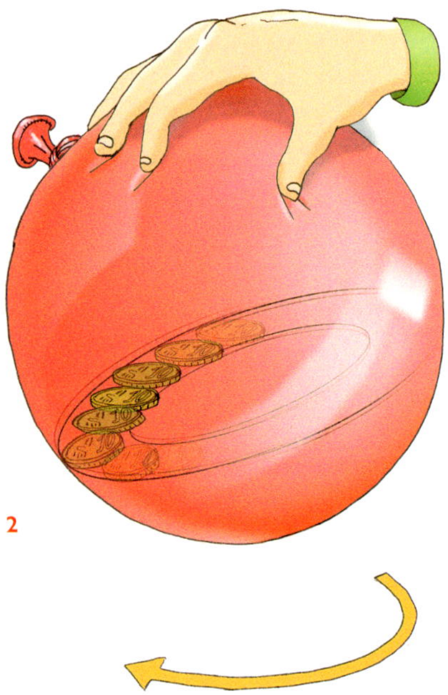

2

Was passiert?
Das Geldstück rutscht zuerst flach durch den Ballon. Wenn du immer schneller drehst, stellt sich die Münze irgendwann auf ihren Rand und rollt hochkant an der Innenseite des Luftballons entlang – seitlich, über Kopf oder schräg, je nachdem, wie du den Ballon bewegst. Dabei fängt der Ballon an zu „singen“: Er gibt einen hohen Ton von sich, der sich mit der Geschwindigkeit des Geldstückes in der Tonhöhe verändert – je schneller die Münze rotiert, desto höher der Ton.

Warum ist das so?

Wenn das Geldstück innen im Kreis rotiert, richtet es sich bei ausreichender Geschwindigkeit durch die so genannte „Zentrifugalkraft" oder „Fliehkraft" wie ein Kreisel auf, der auch am liebsten um seine so genannte „Hauptsymmetrieachse" rotiert. Diese Kraft drückt auch einen Körper, der sich auf einer krummen Bahn bewegt, nach außen – das merkst du im Auto in jeder Kurve. Deshalb kann die Münze auf ihrer Schmalseite an der Innenseite des Ballons entlangrollen.
Das Geräusch dabei entsteht durch die „Zähne" der Münze, die beim Rollen auf die Luftballonhaut schlagen wie auf eine Trommel. Ein 20-Cent-Stück erzeugt tiefere Töne, weil es weniger Zähne hat als ein 10-Cent-Stück. Ein 1-Euro-Stück erzeugt einen hohen, aber leiseren Ton, weil es viele Zähne hat, die aber deutlich kleiner sind.

■ Künstliche Schwerkraft

Stell dir einmal eine Raumstation wie ein großes Rad vor. Wenn sich dieses riesige Rad in der Schwerelosigkeit dreht, werden die Menschen darin nach außen gedrückt. Jetzt kann man innen auf der Außenwand durch die Raumstation laufen. Wenn man mit der Drehung läuft, wird man schwerer, wenn man gegen die Drehung läuft, wird man leichter und kann in riesigen Sätzen springen! Die Zentrifugalkraft ersetzt also die Schwerkraft der Erde: Sie zieht alle Dinge in eine Richtung – nämlich nach außen. Und „außen" empfindet man in der Raumstation dann als „unten". ■

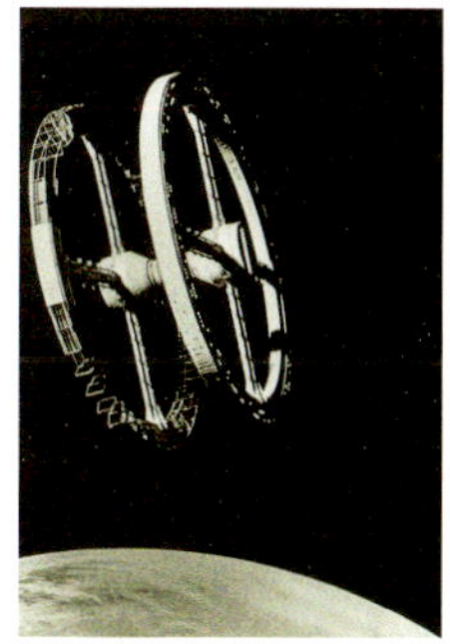

Wo kommt das vor?

Du kannst auch einen Eimer mit Wasser nehmen und im Kreis herumschleudern. Es wird kein Wasser herausfließen, weil es von der Zentrifugalkraft gegen den Eimerboden gedrückt wird.
Im Zirkus oder auf Jahrmärkten gibt es manchmal so genannte „Todeskarussells". Dort fahren Motorradfahrer in einem runden Bretterkäfig im Kreis senkrecht an der Wand, ohne herunterzufallen. Ihnen hilft die Zentrifugalkraft, die Fahrer und Motorrad nach außen gegen die Wand drückt.
Eine andere Attraktion auf Jahrmärkten funktioniert auch nach diesem Prinzip. In einer Art großen Tonne stehen Menschen mit dem Rücken an der Wand. Wird die Tonne in schnelle Drehung versetzt, werden die Menschen an die Wand gedrückt. Jetzt kann man sogar den Fußboden nach unten wegziehen, ohne dass jemand herunterfällt. Man kann sich sogar dabei bewegen.

Das Drehpendel

Langeweile im Restaurant? Die Eltern wollen unbedingt essen gehen, doch die ganze Zeit still am Tisch sitzen ist uninteressant. Aber auf dem Tisch gibt es ja meistens Bierdeckel. Und Schnürsenkel hast du auch dabei …

- [ ] leicht
- [x] mittel
- [ ] schwer
- [ ] nur für Erwachsene unter Aufsicht von Kindern

ZEIT: ca. 5 Minuten

Was brauchst du?

■ 1 Bierdeckel aus dem Restaurant oder 1 großen Knopf
■ 1 Schnur, etwa so lang wie dein Arm (Bindfaden, Zwirn oder Schnürsenkel) ■ Schere, Kugelschreiber oder Gabel

Wie gehst du vor?

Stich zwei Löcher in die Mitte des Bierdeckels, die etwa zwei Fingerbreit auseinander liegen. Dann fädele die Schnur durch das eine Loch und gleich wieder durch das andere zurück (1). Verknote beide Enden. Nimmst du einen Knopf, fädelst du den Faden durch zwei Knopflöcher. Schiebe den Bierdeckel auf die Mitte der Schnur, sodass rechts und links Schlaufen sind. Greife die Schlaufen mit den Händen (2) und halte die Doppelschnur locker gespannt, der Bierdeckel ist in der Mitte der Schnur. Schleudere ihn herum, sodass sich die Schnur verdrillt. Ziehe nun an beiden Enden der Schnur.

1

2

3

Was passiert?

Ziehst du an beiden Enden der verdrillten Schnur, dreht sich der Bierdeckel. Wenn du nun geschickt ziehst und dann wieder locker lässt, verdrillt sich die Schnur immer wieder aufs Neue und der Bierdeckel dreht sich ständig hin und her (3).

Warum ist das so?

Du hast ein Drehpendel in den Händen, eine Art „stehendes Jo-Jo". Wenn die Schnur verdrillt ist und du sie auseinander ziehst, wird sie entdrillt. Dazu müssen sich Bierdeckel oder Knopf drehen und wirken wie ein „Schwungrad": Sie können Schwung – also Bewegungsenergie – aufnehmen und wieder abgeben. Wenn die Schnur nicht mehr verdrillt ist, dreht sich das Schwungrad am schnellsten und hat am meisten Energie gespeichert. Dadurch dreht es sich einfach weiter und verdrillt die Schnur erneut, diesmal andersherum. Dabei kommt es allmählich zum Stillstand, weil es seine Energie abgibt. Das merkst du daran, dass deine Hände zusammengezogen werden. Wenn du die Hände dann auseinander ziehst, steckst du wieder Energie in das Drehpendel und setzt es erneut in Schwung.

Wo kommt das vor?

Jede Dampfmaschine (siehe S. 85) hat ein Schwungrad, das für eine gleichmäßige Bewegung sorgt. Es gibt sogar Versuche, Schwungräder in Autos einzubauen. Beim Abbremsen an der Ampel treibt das Auto das Schwungrad an, steckt also Energie hinein. Beim Losfahren gibt das Schwungrad seine Energie an das Auto zurück und gibt ihm einen „Stups". Das spart Energie – und damit Kraftstoff.
Ein „Jo-Jo" ist auch ein Schwungrad, aber es steht nicht still. Wenn es fällt, wird es immer schneller.

Dampfmaschinen besitzen ein Schwungrad, das für eine gleichmäßige Bewegung sorgt.

Am Ende der Schnur ist es am schnellsten und verbraucht seine Energie, um wieder heraufzukommen. In manchen Jo-Jos sind kleine Lämpchen eingebaut, die im Dunkeln auf Fotos eine Art „Leuchtspur" hinterlassen können.
Auch so genannte „Jahresuhren" besitzen ein Drehpendel, das sich hier jedoch waagerecht hin und her dreht. Es ist an einem schmalen Band, der Drehpendelfeder, aufgehängt. Diese Uhren sind sehr empfindlich, laufen aber auch ausgesprochen reibungsarm. Einmal aufgezogen können sie 400 Tage – also länger als ein Jahr – gehen, daher auch die Bezeichnung „Jahresuhr".

Monster-Seifenblasen

Sie sind dünn, kugelrund, sehr empfindlich und schillern in allen Farben des Regenbogens. Seifenblasen sind immer wieder schön und ziehen alle Blicke auf sich. Erst recht, wenn sie riesengroß werden.

- [ ] leicht
- [ ] mittel
- [x] schwer
- [ ] nur für Erwachsene unter Aufsicht von Kindern

ZEIT: ca. 30 Minuten

Was brauchst du?

■ Polstershampoo, Autoschaumwäsche oder Teppichschaum ■ Glyzerin, 85 % (Apotheke) ■ destilliertes Wasser (Drogeriemarkt) ■ 1 Draht-Kleiderbügel oder Pfeifenreiniger ■ 1 Tasse oder 1 Esslöffel ■ 1 Messbecher

Wie gehst du vor?

Gib 2 Teile Shampoo, 1 Teil Glyzerin und 1 Teil destilliertes Wasser in einen großen Becher (1) und vermische alles gründlich. Dabei kann ein „Teil" ein Esslöffel voll sein, 1 Tasse oder 100 ml. Gieße etwas von dieser Lösung auf einen großen runden Plastikdeckel (2). Biege nun einen Draht-Kleiderbügel zu einem Kreis (3), auch Pfeifenreiniger eignen sich gut, weil sie mit ihren Härchen Flüssigkeit speichern. Tauche nun deinen Ring in die Seifenlösung, sodass der komplette Kreis benetzt wird. Ziehe den Blasring so aus der Seifenlösung, dass er senkrecht steht. Erst wenn du Seifenblasen machen willst, schwingst du den Ring mit der Öffnung durch die Luft (4).

1

2

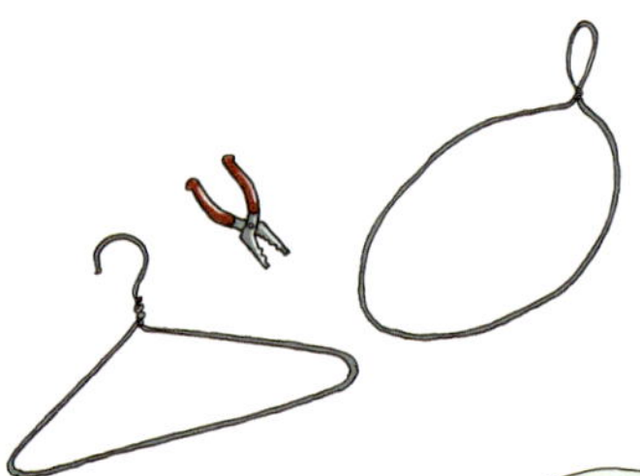

3

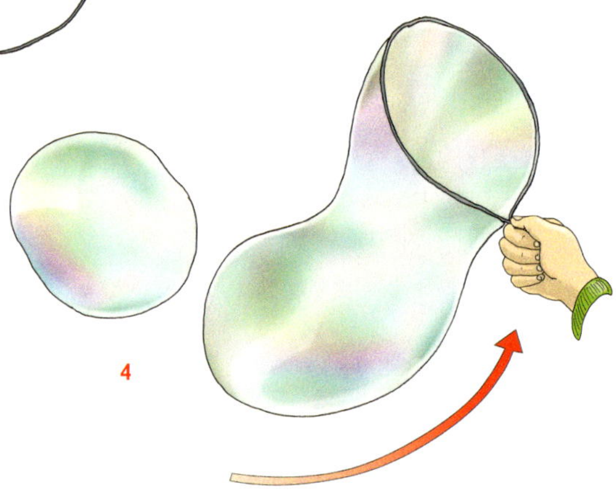

4

Was passiert?

Mit einem Armschwung kannst du die Seifenhaut mit Luft füllen. Dabei bildet sich ein langer Schlauch, der irgendwann abreißt, sich aber wieder schließt und zu einer Kugel formt.

Warum ist das so?

Wasser allein bildet nur kurze Zeit kleine Blasen. Im Zusammenspiel mit Glyzerin und Wirkstoffen aus Reinigungsmitteln (Tensiden) ist die Wasserhaut fester. Innen und außen an der dünnen Wasserschicht lagern sich Moleküle an, welche sie stabilisieren. Seifenblasen in Ruhe sind immer kugelrund. Wegen der Oberflächenspannung nehmen sie die Form mit der geringsten Oberfläche an, um die eingefangene Luft zu umschließen: Im Vergleich zum umschlossenen Rauminhalt (Volumen) hat die Kugel von allen Formen die kleinste Oberfläche (siehe S. 27).

Bei trockenem Wetter platzen Seifenblasen übrigens eher als bei feuchtem, weil das Wasser dann schneller verdunstet.

■ Zerstört Shampoo den Badeschaum?

In der Badewanne bilden Tausende von Seifenblasen den Schaum. Vielleicht ist dir aufgefallen, dass der Badeschaum kaputtgeht, sobald du die Haare wäschst? Aber warum? Badeschaum und Shampoo sind einander doch sehr ähnlich und dürften sich eigentlich nicht beeinflussen. Die Antwort ist: Schmutz und Fett in den Haaren sind dafür verantwortlich. Sie „verbrauchen" die Tenside in Shampoo und Badeschaum, die dann weniger schäumen. Aber Schaum altert auch, weil er nach und nach austrocknet, und löst sich dann leichter auf. ■

Wo kommt das vor?

Viele Artisten jonglieren mit Seifenblasen. Sie stellen sich in mannshohe Seifenblasen, fügen mehrere aneinander oder pusten eine „Seifenblase in der Seifenblase". Aufgrund ihrer hauchdünnen Haut schimmern Seifenblasen in allen Farben.

Architekten experimentieren seit den 1950er-Jahren mit Seifenblasen, um Möglichkeiten zu finden, mit nur wenig Material stabil bauen zu können. Seifenblasen bilden nämlich nicht nur frei schwebend die geringste Oberfläche, sondern auch, wenn sie zwischen beliebigen Rändern aufgehängt sind. Eines der anschaulichsten Ergebnisse ist das Münchner Olympiastadion von 1972, das wie eine riesige Seifenblasenhaut aussieht: Das Gerüst ist ein Netz aus Stahlseilen und in die Zwischenräume sind Scheiben aus Acrylglas mit der kleinstmöglichen Fläche eingesetzt, die das Stadion gegen Wind und Wetter schützen.

In Cornwall, im Südwesten Englands, wurde im Jahr 2000 das „Eden-Projekt" eröffnet. Unter acht 50 m hohen „Blasen" aus Plastikfolie wächst dort ein riesiger botanischer Garten – ein Garten Eden wie im Paradies.

Die Puste des Backpulvers

Was haben Luftballon und Kuchen gemeinsam? Beide lassen sich mit Backpulver aufpusten. Dahinter steckt eine starke chemische Reaktion, die es in sich hat.

- ☐ leicht
- ☑ mittel
- ☐ schwer
- ☐ nur für Erwachsene unter Aufsicht von Kindern

ZEIT: ca. 10 Minuten

1

Was brauchst du?

- 1 kleine Flasche
- 1 Luftballon
- 1 Tüte Backpulver
- Tafelessig

2

Wie gehst du vor?

Fülle etwa zwei Fingerbreit hoch Essig in die Flasche (1). Reiße die Tüte Backpulver oben auf und halte den Luftballon an der Tülle zwischen zwei Fingern fest. Forme mit der Backpulvertüte eine kleine Tülle und fülle das Backpulver in den Luftballon (2). Stülpe jetzt den Luftballon über die Flaschenöffnung. Dabei soll alles Backpulver im Ballon bleiben. Jetzt hängt der schlaffe, mit Backpulver gefüllte Luftballon neben dem Flaschenhals herunter (3). Richte nun den Luftballon so auf, dass das Backpulver in die Flasche und damit in den Essig fällt (4).

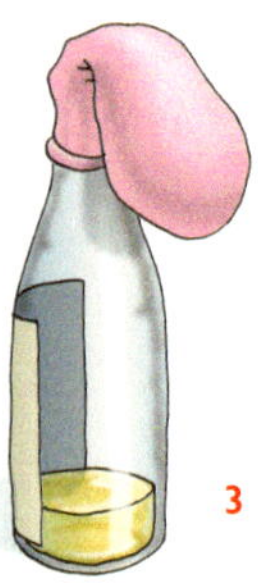

3

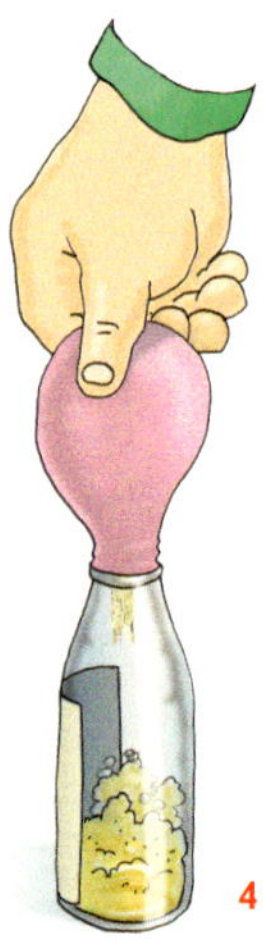

4

5

Was passiert?

In der Flasche gibt es eine ziemlich heftige chemische Reaktion. Es sprudelt und es bilden sich Schaumblasen. Der Luftballon beginnt zu wachsen, er wird aufgepustet (5).

Warum ist das so?

Zwischen dem Essig und dem Backpulver findet eine heftige chemische Reaktion statt. Dabei entsteht das Gas Kohlendioxid (CO_2). Es wird in großer Menge frei, wodurch in der Flasche ein Überdruck entsteht. Das Kohlendioxid steigt durch den Flaschenhals auf und wird von dem Luftballon aufgefangen. Das Gas steht dabei so unter Druck, dass es den Luftballon immer weiter aufbläht – so lange, wie die Reaktion anhält.

Backpulver ist „basisch", Essig hingegen „sauer". Saure und basische Stoffe reagieren umso heftiger miteinander, je weiter ihre pH-Werte (siehe Experiment S. 164) auseinander liegen.

■ Geschichte des Backpulvers

Bevor es Backpulver gab, gab man Hefe in den Teig, damit er „geht". Hefe besteht aus Hefepilzen, die gären und dadurch Gase erzeugen, die den Teig luftig und locker machen. Dabei verbrauchen die Pilze jedoch selbst etwas Teig. Anfang des 19. Jahrhunderts war Brot in Deutschland sehr knapp. Der berühmte Chemiker Justus von Liebig (1803–1873) errechnete damals, dass die Hefe bei der Gärung so viel Mehl verbrauchte, dass man daraus für 400 000 Menschen Brot backen könnte. 1833 kam er auf die Idee, statt Hefe Natron, eine besondere Salzart, in den Teig zu geben. Das Backpulver war erfunden! Um 1900 wurde es dann auch industriell gefertigt. Es ist wesentlich unempfindlicher als Hefe und fast unbegrenzt haltbar. ■

Wo kommt das vor?

Backpulver besteht hauptsächlich aus Natriumhydrogenkarbonat, auch kurz Natron genannt. Es handelt sich dabei um ein in in der Natur vorkommendes Mineralsalz, das zum Beispiel in Afrika am Tschadsee abgebaut wird. Dort wird das natronreiche Seewasser in flache Freilandbecken gefüllt, wo es unter der heißen Sonne verdunstet. Zurück bleiben große Platten getrocknetes Natron, wie im Bild rechts zu sehen ist.

Backpulver zersetzt sich beim Backen durch die Hitze und bildet dabei das Gas Kohlendioxid. Dieses erzeugt im Teig die vielen kleinen Luftblasen, die etwa Kuchen, Brot und Brötchen erst genießbar machen, weil sie den Teig auflockern. Beim Kuchenbacken gibt es also im Backofen jedes Mal eine chemische Reaktion, die durch wenige Gramm Backpulver ausgelöst wird. Die Bäcker unterscheiden beim Backen den „Vortrieb" und den „Nachtrieb". Der Vortrieb ist die Wirkung von Backtriebmitteln schon bei Raumtemperatur im rohen Teig. Der Nachtrieb macht den Großteil der Wirkung aus und setzt erst beim Backen im heißen Ofen ein.

Der Luftballon in der Mikrowelle

Kannst du einen Luftballon ohne Luft aufpusten? Nur mit einem Schluck Wasser? Es geht tatsächlich – das Mikrowellengerät in der Küche hilft dir dabei.

☐ leicht
☐ mittel
☐ schwer
☑ nur für Erwachsene unter Aufsicht von Kindern

ZEIT: ca. 5 Minuten

1

Was brauchst du?

- 1 Mikrowellengerät
- 1 Luftballon
- 1 Haushaltstrichter
- 1 Esslöffel Wasser

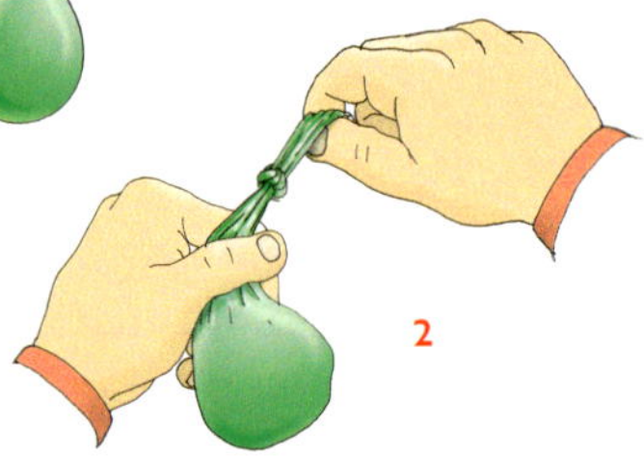

2

Wie gehst du vor?

Stecke den Haushaltstrichter in die Tülle des Luftballons, fülle 1 Esslöffel Wasser ein (1) und knote den Luftballon zu (2). Lege ihn nun auf den Teller im Mikrowellengerät, stelle die höchste Stufe ein (3) und wähle als Zeit etwa eine Minute. Dann schalte das Gerät ein.

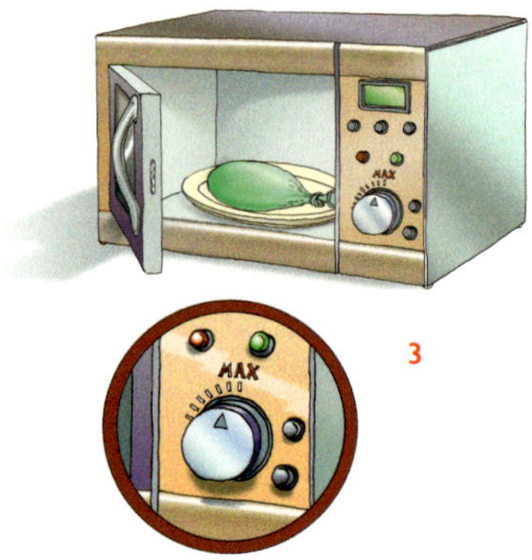

3

4

Was passiert?

Nach kurzer Zeit bewegt sich der Luftballon und wird größer, gerade so, wie wenn er von innen aufgepustet würde. Schließlich stößt er fast an die Decke und wächst nicht mehr weiter. Jetzt kannst du die Türe öffnen und den Luftballon herausnehmen (4). Dazu kannst du ihn getrost an der Tülle vor dem Knoten anfassen, denn dort ist er nicht heiß. Aber Vorsicht: Der übrige Ballon ist heißer als kochendes Wasser – über 100 °C! Außerhalb der Mikrowelle kühlt sich der Luftballon nun ab und schrumpft. Unter kaltem Wasser schnurrt er am schnellsten zusammen.

Warum ist das so?

Die Mikrowelle erhitzt Wasser – und nur Wasser, deshalb bleibt das Gummi der Luftballontülle kalt. Wird Wasser über 100 °C heiß, dehnt es sich sehr stark aus: Es wechselt seinen so genannten „Aggregatzustand", geht vom flüssigen in den gasförmigen Zustand über und wird somit zu Wasserdampf. Als Wasserdampf benötigt es aber etwa 1700-mal so viel Platz wie als flüssiges Wasser, also dehnt sich die Luft im Ballon um ein Vielfaches aus und bläht ihn auf. Die dafür nötige Energie liefert die Mikrowelle. Sie verbraucht Elektrizität und wandelt diese in elektromagnetische Wellen – die Mikrowellen – um, die dann die einzelnen Wassermoleküle schnell hin und her schwingen lassen. Auf diese Weise wird Wärme erzeugt – also das Wasser erhitzt.

Wo kommt das vor?

Der Wasserdampf, den die Mikrowelle erzeugt, verrichtet Arbeit: Er dehnt den Luftballon aus. Das ist auch das Prinzip der Dampfmaschine, die der britische Ingenieur und Erfinder James Watt (1736–1819) im Jahr 1765 erfand: Im Kessel der Dampfmaschine wird mit Kohle Wasser zum Sieden gebracht. Beim Ausdehnen leistet der Wasserdampf Arbeit, die durch eine geschickte Mechanik über Kolben zunächst in eine Hin- und Herbewegung umgesetzt wird. Über eine Kurbel mit angeschlossenem Schwungrad wird diese Bewegung wiederum in eine Drehbewegung, eine Rotation, umgewandelt. Damit wurden Schaufelraddampfer, Traktoren, Eisenbahnen und viele Maschinen in der Industrie angetrieben. Die Dampfmaschine war der Motor der so genannten „industriellen Revolution" im 18. und 19. Jahrhundert. Dadurch konnten in der Industrie erstmals billig große Mengen von Waren mit Maschinen hergestellt und weitertransportiert werden, beispielsweise mit Raddampfern, wie hier auf der Elbe. Raddampfer haben eine Dampfmaschine an Bord, die große Schaufelräder antreibt. Diese sind seitlich am Schiffsrumpf angebracht und greifen ins Wasser. Das Prinzip funktioniert wie eine umgekehrte Wassermühle: Statt dass vorbeifließendes Wasser ein Mühlrad dreht, wird ein Schaufelrad gedreht und stößt sich – ähnlich wie beim Rudern – im Wasser ab.

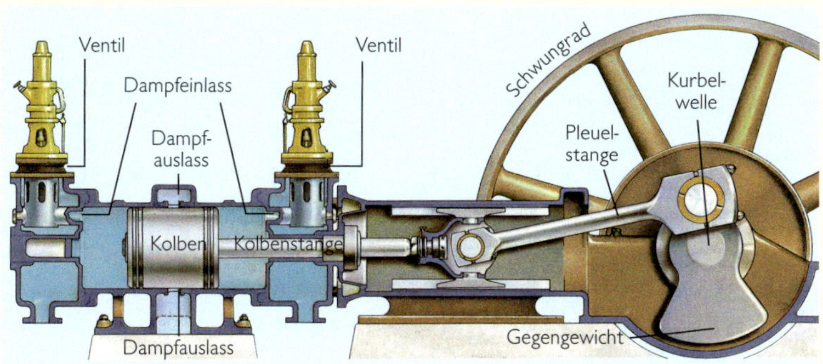

Die Kraft des Eises

Hast du schon einmal eine Getränkeflasche ins Eisfach gelegt, um sie schneller abzukühlen? Sie wird zwar eiskalt, aber sie kann auch kaputtgehen. Gewaltige Kräfte sprengen das Glas.

☑ leicht
☐ mittel
☐ schwer
☐ nur für Erwachsene unter Aufsicht von Kindern

ZEIT: ca. 6 Stunden

Was brauchst du?

- 1 altes Trinkglas
- Wasser
- Gefrierfach

Wie gehst du vor?

Fülle das Trinkglas bis zum Rand mit Wasser (1) und stelle es vorsichtig ins Gefrierfach (2). Besser noch ist es, wenn du es erst ins Gefrierfach stellst und dann mit Wasser füllst, damit nichts verkleckert. Warte mehrere Stunden, bis das Wasser komplett zu Eis gefroren ist (3), und hole das Glas dann wieder raus.

1

2

3

5 bis 6 Stunden

4

Was passiert?

Wenn du das Gefrierfach wieder öffnest, ist das Wasser nicht nur gefroren, sondern auch deutlich über den Rand des Glases hinausgewachsen (4).
Sei beim Herausnehmen des Glases vorsichtig, vielleicht ist es durch die Kraft des Eises gesprungen und hat deshalb scharfe Kanten.

Warum ist das so?

Wenn Wasser gefriert, dehnt es sich um rund ein Zehntel aus. 1 Liter Wasser braucht dann den Raum von 1,1 Litern. Dieses Verhalten nennt man „Anomalie des Wassers" – denn alle anderen Stoffe ziehen sich zusammen, wenn sie kälter werden, nur Wasser dehnt sich beim Gefrieren aus. Damit verhält es sich nicht „normal", sondern „anomal", also anders als man es von den meisten anderen Stoffen her kennt (Quecksilber zeigt z. B. auch dieses Verhalten). Bei 4 °C zieht sich Wasser am meisten zusammen, hat also seine größte Dichte. Erst oberhalb von 4 °C verhält es sich wieder „normal" und dehnt sich mit höherer Temperatur aus, unter 4 °C dehnt es sich ebenfalls wieder aus (siehe S. 10).

Wenn Wasser sich beim Gefrieren ausdehnt, setzt es gewaltige Kräfte frei. Mit bis zu 2200 kg drückt es auf einen Quadratzentimeter – das entspricht dem Gewicht von 2200 Milchtüten auf einem Daumennagel!

Wo kommt das vor?

Nicht nur Flaschen bersten unter dem Druck des gefrierenden Wassers, wenn man sie im Winter nach draußen stellt, auch Straßen und Gehwege leiden. Wasser, das sich in Ritzen und Spalten sammelt, braucht bei Frost mehr Raum und drückt in alle Richtungen. Risse und Beulen entstehen.

Im Gebirge kann Wassereis Stein richtig wegsprengen und verursacht dann oft Steinlawinen. Schon ein haarfeiner Riss reicht aus. Wenn Wasser eindringt und gefriert, „arbeitet" es und drückt das Gestein unerbittlich auseinander. Deshalb soll im Winter die Heizung nie abgestellt werden und die niedrigste Stellung moderner Heizkörperventile ist oft mit einer Schneeflocke gekennzeichnet. Auf dieser Stufe öffnet sich bei Frost das Ventil automatisch und lässt etwas warmes Wasser ein, damit der Heizkörper nicht einfrieren kann. Denn würde das geschehen, könnten sich in den Heizkörpern schnell Risse bilden. Wenn Wasser jedoch nur an einzelnen Punkten der Leitung gefriert, macht das nichts, da es sich nach rechts und links ausdehnen kann. Diesen Effekt nutzt man, um etwa einen Heizkörper auszutauschen. Dazu muss man nicht mehr das gesamte Wasser aus der Heizung ablassen. Wenn die Rohre vor und hinter dem Heizkörper vereist werden, bilden sich dort Eispfropfen, die perfekt abdichten. Dann kann der Heizkörper gewechselt werden, ohne dass viel Wasser ausläuft.

Übrigens: Eis kann nicht nur sprengen, sondern auch zusammenhalten. In der Industrie verwendet man so genannte „Gefriergreifer". Die kleben Dinge zum Transportieren einfach an ihre Arme. Als „Klebstoff" dient eine hauchdünne Schicht Wassereis, die auf Gegenstände gesprüht wird.

Die unsichtbare Hand greift zu

Sprudelflaschen aus Plastik sind ziemlich stabil, denn sie müssen viel Druck von innen aushalten. Trotzdem kannst du sie ganz ohne große Kraftanstrengung zusammendrücken. Eine unsichtbare Kraft hilft dir dabei.

- ☐ leicht
- ☐ mittel
- ☐ schwer
- ☑ nur für Erwachsene unter Aufsicht von Kindern

1

2

ZEIT: ca. 10 Minuten

Was brauchst du?

- 1 leere, dickwandige PET-Plastikflasche (am besten Sprudel- oder Limonaden-Mehrwegflasche)
- 1 Haushaltstrichter
- kochendes Wasser
- Topflappen oder Ofenhandschuhe

Wie gehst du vor?

Stecke den Haushaltstrichter auf die Flasche und fülle sie etwa zu einem Viertel mit kochendem Wasser (1). Sei vorsichtig, dass du dich dabei nicht verbrühst, lass diesen Versuch am besten von einem Erwachsenen machen – natürlich unter deiner Anleitung!

Schraube die Flasche fest zu (2) und schüttele das heiße Wasser innen drin einige Mal hin und her (3). Schütte das Wasser anschließend aus (4) und verschließe die Flasche erneut (5).

3

Was passiert?

Nach etwa einer Minute beginnt die Flasche zu knacken und ihre Form zu verändern: Eine unsichtbare Hand drückt sie mit großer Kraft zusammen (6). Sie wird fast ganz flach oder dreieckig. Wenn du die Flasche hin und her schwenkst, geht es schneller, und wenn du sie in den Kühlschrank und dort ins Gefrierfach legst, verformt sie sich noch stärker als bei Zimmertemperatur.

4

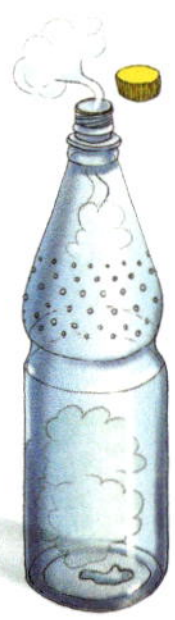

5

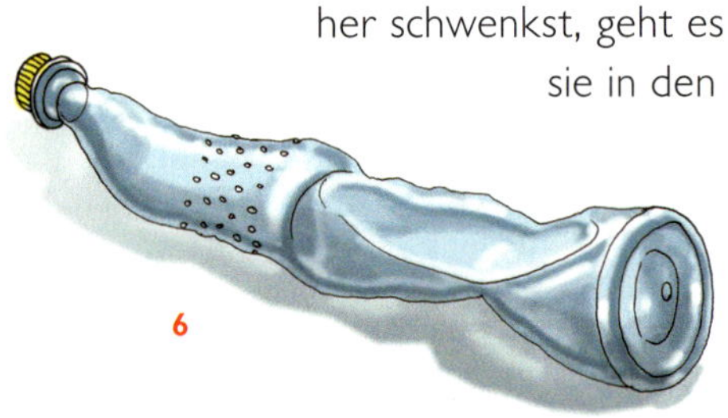

6

Warum ist das so?

Mit dem heißen Wasser hast du die Luft in der Flasche stark erhitzt. Heiße Luft dehnt sich jedoch aus und braucht dadurch Platz. Beim Abkühlen zieht sich Luft – wie überhaupt alle Stoffe – zusammen und benötigt nun in der Flasche weniger Raum als zuvor. Der Luftdruck in der Flasche wird also geringer, ein Unterdruck entsteht. Es ist aber nicht der Unterdruck in der Flasche, der sie zusammenzieht, sondern der Luftdruck außerhalb der Flasche, der sie mit großer Kraft zusammendrückt, weil ihm die abkühlende Luft innen drin immer weniger Druck entgegensetzt.

Wo kommt das vor?

Dieser Versuch macht klar, dass wir am Grund eines riesigen „Luft-Ozeans" leben. Über uns befindet sich die gesamte Erdatmosphäre, die Lufthülle unseres Planeten. Sie reicht hinauf bis in 10 000 km Höhe. Obwohl es sich nur um leichte Luft handelt, hat diese Menge doch ein erhebliches Gewicht. Zum Vergleich: Der Luftdruck der Atmosphäre drückt auf eine runde Pizza mit einem Durchmesser von 30 cm mit der Gewichtskraft von fast 700 kg Masse – das entspricht etwa 700 1-Liter-Kartons Milch! Auch auf uns lastet die Luft, aber wir haben uns auf dieses Gewicht eingestellt und nehmen es gar nicht mehr wahr. Dass wir nicht eingedrückt werden, liegt daran, dass es denselben Druck, wie er in unserer Umgebung herrscht, auch in unserem Körperinneren gibt, z. B. auch in unseren Knochen, die aus lauter kleinen Luftkammern bestehen und uns Stabilität geben.

Der Luftdruck lässt sich gut nutzen. Saugnäpfe halten an der Wand, weil sie zwischen sich und der Wand in einem kleinen Hohlraum Unterdruck erzeugen und deshalb vom Luftdruck an die Wand gedrückt werden. Das Ganze funktioniert nach dem gleichen Prinzip auch unter Wasser. Tintenfische wie die Krake besitzen Hunderte von Saugnäpfen an den Armen, mit denen sie sich oder ihre Beute festhalten. Auf ihnen lastet nicht nur die Luft, sondern zusätzlich auch das Wasser über ihnen.

Übrigens: Im Weltraum würde dieses Experiment nicht funktionieren, da der äußere Luftdruck fehlt. Die Flasche würde nicht zusammengedrückt, wohl aber von dem heißen Wasser aufgebläht.

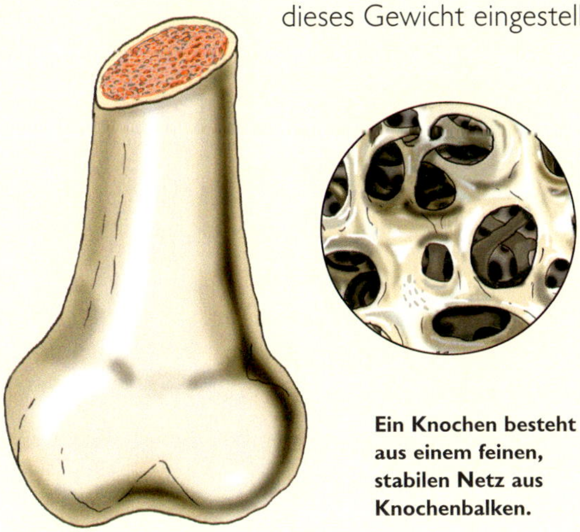

Ein Knochen besteht aus einem feinen, stabilen Netz aus Knochenbalken.

Ein Brotstück taucht ab

Kann Brot unter Wasser tauchen? Und das sogar ferngesteuert? Es geht! Mit ein paar Handgriffen und wenigen Zutaten ist das U-Boot für die Flasche fertig.

- [ ] leicht
- [x] mittel
- [ ] schwer
- [ ] nur für Erwachsene unter Aufsicht von Kindern

ZEIT: ca. 10 Minuten

Was brauchst du?

■ 1 Sprudelflasche aus Plastik (PET-Flasche) ■ 1 kleines Stück Brot ohne Kruste ■ Wasser

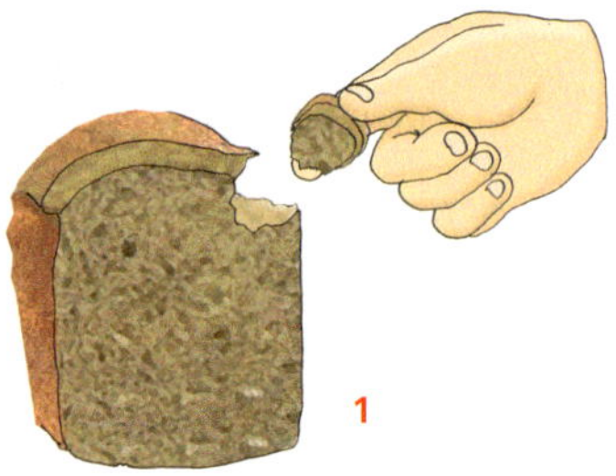

1

Wie gehst du vor?

Brich aus einer Scheibe Brot ein kleines Stück (möglichst ohne Kruste) heraus (1). Fülle die Flasche bis zum Rand mit Wasser, stecke das Brotstück hinein und verschließe die Flasche (2). Drehe den Deckel fest zu und gib dabei Acht, dass möglichst keine Luft in der Flasche bleibt. Am besten drückst du, während du zuschraubst, immer etwas Wasser heraus. Stelle die Flasche nun auf einen Tisch und drücke sie in der Mitte mit den Händen von beiden Seiten kräftig zusammen (3).

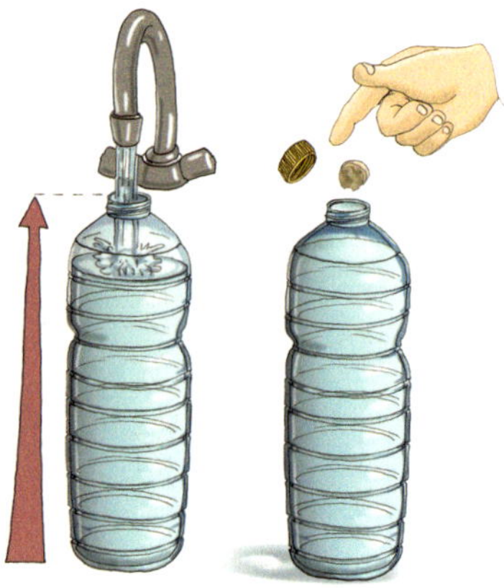

2

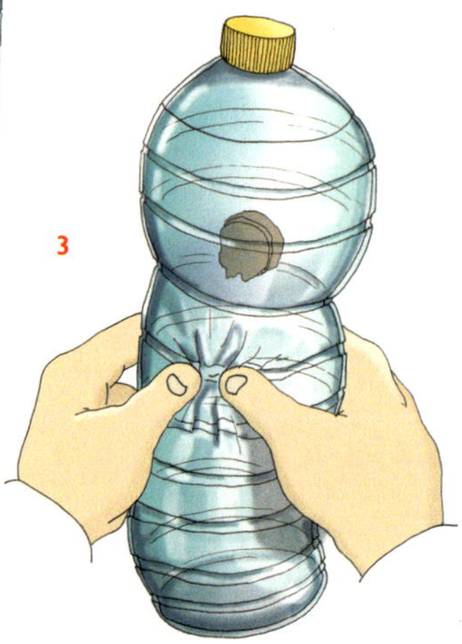

3

Was passiert?

Wenn du fest drückst, sinkt das Brotstück langsam nach unten. Wenn du wieder loslässt, steigt das Brotstück wieder nach oben. Obwohl du seitlich drückst, bewegt sich das Brotstück wie ferngesteuert hoch und runter. Mit etwas Gefühl kannst du es sogar in der Mitte schweben lassen. Wenn es nicht auf Anhieb funktioniert, probiere andere Brotsorten aus. Oder versuche es einmal mit Streichholzköpfen, sogar mit Orangenschalen kann es klappen.

Warum ist das so?

Brot ist porös, das heißt, es hat viele kleine Löcher vom Backen (siehe S. 83). In diesen Löchern ist Luft, die auch darin bleibt, wenn das Brot im Wasser ist. Drückst du aber die Flasche zusammen, werden auch die Luftbläschen im Brot zusammengedrückt und kleiner. Dadurch wird das Brotstück schwerer, verliert an Auftrieb und sinkt nach unten. Lässt du die Flasche los, werden die Luftbläschen wieder größer, das Brot wird leichter, gewinnt an Auftrieb und steigt nach oben. Das Brotstück funktioniert nach dem Prinzip des „kartesischen Tauchers": Das ist ein taucherglockenähnlicher Gegenstand, der in einer Wasserflasche sinkt, wenn von außen Druck ausgeübt wird. Dieses Phänomen des so genannten „Taucherleins" wurde im Jahr 1648 erstmals beschrieben.

Wo kommt das vor?

Die meisten Fischarten haben eine so genannte „Schwimmblase" im Körper, eine Art Luftballon. Mit ihrer Hilfe können sie ihre Schwimmhöhe regulieren und in einer bestimmten Höhe schweben. Allerdings drücken die Fische ihre Schwimmblase nicht zusammen, um zu sinken, sondern machen sie kleiner, indem sie Luft ablassen. Das geschieht über die Blutbahn, über die die Schwimmblase auch wieder mit Luft aufgefüllt wird. Manche Fische können sogar über das Maul Luft ablassen, wenn es mit dem Sinken einmal ganz schnell gehen soll.

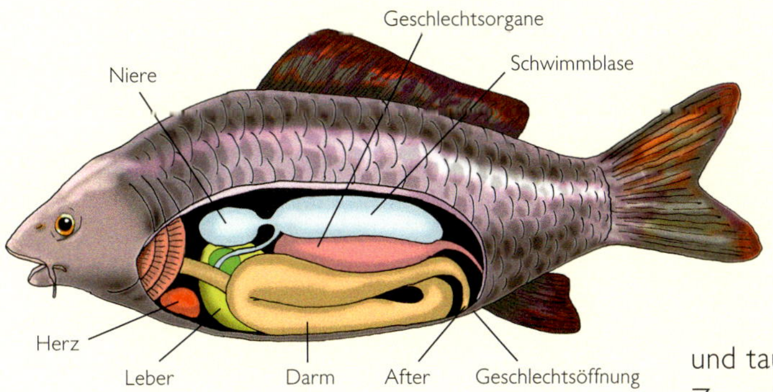

Mit ihrer Schwimmblase können Fische bestimmen, wie tief sie im Wasser schwimmen.

Sporttaucher machen es ähnlich, sie pressen Luft in ihre so genannte „Tarierweste", um im Wasser auf einer bestimmten Höhe zu schweben. U-Boote haben zu diesem Zweck Tanks an der Außenwand, die mit Luft oder Wasser gefüllt werden können. Je mehr Luft in den Tanks ist, desto näher an der Wasseroberfläche taucht das U-Boot. Lässt man hingegen Wasser in die Tanks, wird das U-Boot schwerer und taucht ab.

Zeppeline benutzen ein Gas, das leichter ist als Luft, wie beispielsweise Helium. So können sie in der Luft schweben wie Fische im Wasser.

Der Vulkan aus der Flasche

Die aktiven Vulkane, die wir kennen, liegen glücklicherweise alle weit weg. Mit ein paar Zutaten kannst du dir jedoch einen Mini-Vulkan bauen, der es auch in sich hat.

- [ ] leicht
- [x] mittel
- [ ] schwer
- [ ] nur für Erwachsene unter Aufsicht von Kindern

ZEIT: ca. 10 Minuten

1

Was brauchst du?

- 1 Flasche
- 1 Päckchen Backpulver
- Tafelessig
- Spülmittel
- Wasser

Wie gehst du vor?

Fülle die Flasche zu zwei Vierteln mit Wasser und zu einem Viertel mit Essig. Dann gib noch einige kräftige Spritzer Spülmittel hinein (1). Jetzt ist dein Vulkan bereit zur großen Eruption. Wenn du das Backpulver hineinschüttest (2), nimmt die kleine Katastrophe ihren Lauf. Deswegen machst du das Experiment am besten im Spülbecken.

2

3

Was passiert?

In der Flasche sprudelt es kräftig. Dann quillt oben weißer Schaum heraus (3), der Flaschenvulkan ist aktiv. Wenn du statt Leitungswasser Sprudelwasser nimmst, kannst du den Effekt noch einmal verstärken.

Warum ist das so?
Backpulver reagiert heftig mit Essig und Wasser. Dabei entsteht als Reaktionsprodukt Kohlendioxid (CO_2) in Form von vielen kleinen Bläschen. Dieses Gas braucht Platz, daher baut sich in der Flasche Druck auf. Zusätzlich entsteht durch das Spülmittel Schaum, genauso, wie wenn du eine Flasche Wasser mit Spülmittel kräftig schütteln würdest. Der einzige Auslass, um den Druck abzubauen, ist der Flaschenhals. Weil die gleiche Menge Schaum, die im breiten Flaschenbauch entsteht, in der gleichen Zeit durch den engen Flaschenhals hindurchmuss, muss der Schaum dort schneller fließen und sprudelt kräftig heraus.

■ Zu viel Schaum ist auch nicht gut
Schon wenig Spülmittel erzeugt viel Schaum. Wer schon einmal versehentlich normales Spülmittel (für den Abwasch im Spülbecken) in die Wasch- oder Spülmaschine getan hat, kann ein Lied davon singen. Der Schaum füllt die gesamte Maschine und muss mühsam herausgeschaufelt werden. Damit das in der Maschine nicht passiert, sind in Wasch- und Geschirrspülpulver neben Parfümstoffen, Weichmachern, Farbauffrischern und Weißmachern so genannte Schaumregulatoren enthalten, welche die Schaumbildung bremsen. Auch einfach scheinende Produkte haben es in sich! ■

Wo kommt das vor?

Wie bei deinem Flaschenvulkan baut sich auch bei echten Vulkanen zunächst ein hoher Druck auf, der sich dann in Form einer oft spektakulären Eruption entlädt. Um zu verstehen, wie das zustande kommt, muss man wissen, dass die Erde fast vollständig flüssig ist, bis auf die durchschnittlich 30–45 km dicke Erdkruste (der Boden unter unseren Füßen) und den inneren Erdkern. Durch chemische Prozesse entstehen im Erdinneren Gase, v. a. Wasserdampf, die unter der festen Erdoberfläche einen hohen Druck aufbauen, der sich dann an Schwachstellen (z. B. Rissen) der Kruste entlädt und flüssiges Gestein (Magma) mit nach oben reißt. Wenn dieses Magma an der Erdoberfläche austritt, ist es durchschnittlich etwa 1300 °C heiß. Je nach Höhe des Druckes können Lava (so nennt man das ausgetretene Magma), Asche und Gase viele Kilometer hoch in die Luft geschleudert werden.
Auf der Erde sind uns ungefähr 480 aktive Vulkane bekannt und unter der Meeresoberfläche etwa 80.

Aus Milch wird Plastik

„Milch machts“ heißt es – und tatsächlich ist Milch nicht nur für die Gesundheit gut. Mit dem, was in der Milch steckt, lässt sich eine ganze Chemiefabrik betreiben. Sogar Knöpfe kann man aus Milch herstellen.

☐ leicht
☐ mittel
☐ schwer
☑ nur für Erwachsene unter Aufsicht von Kindern

ZEIT: ca. 20 Minuten

1

Was brauchst du?

■ ¼ l frische Milch (keine H-Milch, keine extra lange haltbare Frischmilch) ■ Tafelessig ■ 1 Kochtopf ■ 1 Herdplatte ■ 1 Esslöffel ■ 1 Teller ■ 1 Kochlöffel ■ evtl. einen Schaumlöffel

Wie gehst du vor?

Gib den Viertelliter Milch zusammen mit etwa 2 Esslöffeln Essig in den Topf (1) und erwärme alles auf der kleinsten Stufe. Rühre dabei ständig um. Die Milch darf auf gar keinen Fall kochen und sollte nur warm, aber nicht heiß werden.

2

Was passiert?

Bald schon gerinnt die Milch: Sie zersetzt sich in einzelne, kleine Flocken, die in einer wässrigen Lösung schwimmen. Je wärmer die Milch wird, desto mehr ballen sich die Flocken zusammen, es bilden sich Klümpchen, die wiederum große Klumpen bilden (2). Irgendwann schwimmen nur noch ein oder zwei große Klumpen im Topf. Nimm den Topf dann vom Herd und schalte die Herdplatte aus. Jetzt kannst du die Klumpen am besten mit einem Schaumlöffel aus dem Topf holen und aus der Masse zum Beispiel einen kleinen Schneemann formen (3). Deine Figur kannst du im Backofen trocknen, allerdings darf sie nicht wärmer werden als 80 °C, sonst zerfällt sie.

3

Warum ist das so?

Der Stoff, den du aus der Milch gewonnen hast, heißt „Kasein". Er besteht aus Proteinen, also dem Eiweiß, das in der Milch steckt. Wenn du Säure – wie die Essigsäure im Tafelessig – in die Milch gibst, gerinnt die Milch, das Eiweiß „fällt aus", was deutlich als Flocken zu sehen ist. Die Proteine bestehen aus langen Molekülketten, die durch Säure und bei Wärme aneinander hängen bleiben und verklumpen, also fest werden, ähnlich wie beim Eikochen (siehe Experiment S. 22), wo ebenfalls das Eiweiß gerinnt. Die gelblich-klare Flüssigkeit, die übrig bleibt, ist Molke. Sie hat durch ihren hohen Vitamin- und Zuckergehalt einen großen Nährwert, weshalb sie als Getränk und Futtermittel dient.
Bei der Herstellung und beim Trocknen darf Kasein nicht wärmer als 80 °C werden, weil die Molekülketten sonst zerbrechen und das Kasein dann nicht mehr so gut zusammenhält. Getrocknetes Kasein ist übrigens geschmack- und geruchlos.

Vom Kasein zum Käse

Aus Kasein wird Käse gemacht, deswegen heißt es auch „Käsestoff". Der Rohstoff für Käse ist Kuh-, Schaf-, Ziegen- und sogar Büffelmilch. Allerdings wird dazu keine Essigsäure in die Milch gegeben sondern „Lab", ein Enzym aus dem Magen eines noch saugenden Kalbes, das heute jedoch meist künstlich mit Bakterien gewonnen wird. Der dann innerhalb von Stunden aus der Milch entstehende so genannte „Bruch" ist eine feste Masse wie das Kasein. Zurück bleibt Molke. Je nachdem, wie der Bruch weiterbehandelt wird, entstehen ganz verschiedene Käsesorten.
Übrigens: Die Löcher im Käse kommen vom Kohlendioxid, das bei der Reifung entsteht. Dieses Gas ist auch für die vielen kleinen Löcher im Brot verantwortlich (siehe S. 83).

Wo kommt das vor?

Kasein ist ein wichtiger Grundstoff in der Industrie. Es ist ein sehr gutes Bindemittel und wird zum Beispiel bei der Herstellung von Wurst, Jogurt, Farben und Klebern eingesetzt. Kaseinfarben sind leuchtend und halten lange. Mit Leim aus Kasein werden Teppiche und Parkettböden verklebt, und noch Anfang des 20. Jahrhunderts wurde Holzleim aus Kasein hergestellt.
Das so genannte „Kunsthorn" oder Galalith ist ein einfacher Kunststoff aus gehärtetem Kasein. Aus ihm wurden im 20. Jahrhundert unter anderem Knöpfe, aber auch Schmuckstücke in allen Farben hergestellt. Galalith ist einer der ersten Kunststoffe und riecht tatsächlich nach angebrannter Milch, wenn er verbrannt wird. Weil sich Galalith so gut verarbeiten lässt, wurde er in der Technik und auch beim Militär verwendet.

Das nackte Ei

Kann man ein rohes Ei ausziehen? Klar, bei einem gekochten passiert nichts, wenn man die Schale entfernt. Aber bei einem rohen Ei? Hier lernst du eine schonende Methode kennen.

- [x] leicht
- [ ] mittel
- [ ] schwer
- [ ] nur für Erwachsene unter Aufsicht von Kindern

ZEIT: ca. 24 Stunden

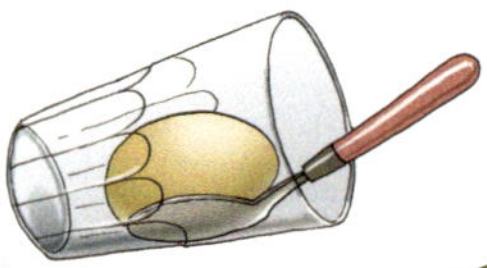

1

2

Was brauchst du?

- 1 rohes Ei (am besten ein braunes)
- 1 Trinkglas
- Tafelessig

Wie gehst du vor?

Lege das Ei in ein Trinkglas. Halte das Glas dabei etwas schräg, damit das Ei beim Reinrollen nicht zerbricht (1). Gieße nun so viel Essig über das Ei, dass es davon einen Fingerbreit hoch bedeckt ist (2). Warte etwas ab und beobachte, was mit dem Ei geschieht.

3

4

Was passiert?

Schon nach wenigen Minuten bilden sich auf der Eierschale viele feine Gasbläschen (3). Nach und nach entsteht ein dichter „Pelz“ aus Bläschen und nach einer Stunde hat sich auf dem Essig eine schmierige Masse gebildet. Du kannst auch einmal vorsichtig mit dem Finger an der Eierschale reiben. Sie fühlt sich seifig an. Ein braunes Hühnerei wird irgendwann weiß. Auf dem Essig liegt dann ein brauner Film. Nach ungefähr einem Tag kannst du den Essig wegschütten und das Ei in deine Hand rollen lassen. Reibe nun die noch übrig gebliebene Eierschale unter fließendem Wasser vorsichtig ganz ab (4), bis das Ei völlig „nackt“ und durchscheinend ist. Hebe das Ei auf, du kannst es bei dem Experiment auf Seite 22 wieder gebrauchen!

Warum ist das so?

Die Eierschale ist etwa einen Drittel Millimeter dick und besteht hauptsächlich aus Kalk (Kalziumkarbonat, $CaCO_3$), einem Mineralstoff, der für den Aufbau unserer Knochen wichtig ist. Säure greift Kalk an und löst ihn auf. Nun enthält Tafelessig etwas Essigsäure (5 %), die die Eierschale angreift und mit der Zeit auflöst. Dabei wird das Gas Kohlendioxid (CO_2) frei, das sich in Gasbläschen auf der Eierschale sammelt. Ist die Eierschale aufgelöst, bleibt eine organische Schwammschicht übrig. Sie hat eine netzartige Struktur, in der die Kalkkristalle eingebaut waren. Mikroskopaufnahmen zeigen das. Gemeinsam mit den zwei inneren Schalenhäuten, die das Eiklar umschließen und sonst beim Pellen der Schale zu sehen sind, ist diese Haut erstaunlich stabil. Das Ei fühlt sich jetzt an wie ein Flummi (ist aber keiner!).

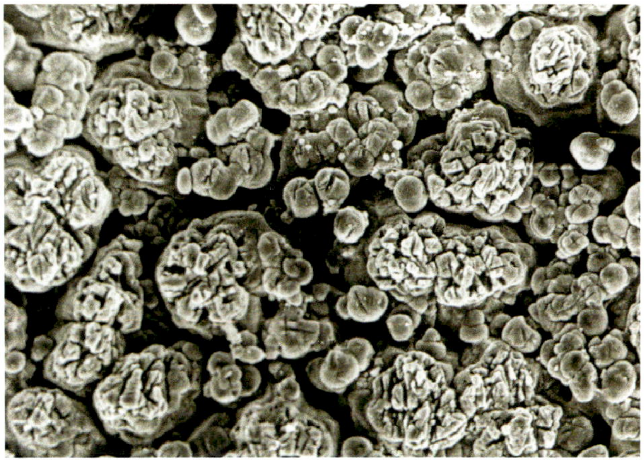

So sieht die Haut des „nackten Eies" bei 500-facher Vergrößerung unter dem Mikroskop aus.

Wo kommt das vor?

Säure ist wichtig und schädlich zugleich. Unsere Magenflüssigkeit enthält sogar die sehr aggressive Salzsäure, damit wir das Essen besser verdauen. Gelangt Magensäure in die Speiseröhre, bekommen wir schmerzhaftes „Sodbrennen" im Hals. Viele Haushaltsreiniger sind „sauer", um die Reinigungswirkung zu erhöhen und beispielsweise Kalkränder im Bad beseitigen zu können. Kaffeemaschinen reinigt man oft mit Zitronen- oder Essigsäure, um die Kalkrückstände des durchgelaufenen Wassers zu lösen.

Unerwünscht sind Säuren im „sauren Regen". Er ist eine Folge der Umweltbelastung durch Schadstoffe, die als Abgase bei der Verbrennung von Kohle, Öl, Gas oder Holz entstehen und in großen Mengen aus Autos oder Heizungsanlagen kommen. In der Luft bilden sie mit der Luftfeuchtigkeit teilweise Schwefel- und Salpetersäure, die mit dem Regen nach unten kommen. Sie schädigen die Natur und verursachen das „Waldsterben", weil sie den Erdboden verändern. Saurer Regen kann sogar Stein anfressen wie der Essig die Eierschale. Das ist besonders schlimm an historischen Steinbauwerken wie dem Kölner Dom, die aufwändig restauriert werden müssen.

Gurken-Batterie

Ohne Batterien funktioniert kein Walkman, keine Taschenlampe und auch kein Handy. Überall dort, wo keine Steckdose ist, liefern Batterien den nötigen „Saft“.

☐ leicht
☐ mittel
☐ schwer
☑ nur für Erwachsene unter Aufsicht von Kindern

ZEIT: ca. 15 Minuten

1

Was brauchst du?

- 1 saure Gurke
- 1 5-Cent-Stück
- 1 Kopf- oder Ohrhöhrer
- Aluminiumfolie
- 1 Messer

2

Wie gehst du vor?

Lege ein etwa handtellergroßes Stück Aluminiumfolie auf den Tisch. Schneide von der Gurke eine ungefähr 5 mm dicke Scheibe ab (1) und lege sie flach auf die Folie. Darauf legst du das 5-Cent-Stück (2). Du hast jetzt einen Stapel aus Aluminiumfolie, saurer Gurke und Geldmünze. Setze nun den Kopf- oder Ohrhörer auf und nimm den Stecker in die Hand. Stelle ihn neben der Gurkenscheibe mit der Spitze auf die Alufolie und verrücke die Münze auf der Gurke so weit, dass sie Kontakt mit dem Stecker hat, und zwar oberhalb des ersten oder zweiten Rings des Steckkontaktes.

3

Was passiert?

Du vernimmst im Hörer ein deutliches Knacken (3). Immer, wenn die Münze Kontakt mit dem Stecker hat, ertönt ein Knacken, Knistern oder Kratzen. Übrigens: Die Gurkenscheibe darfst du nach dem Experiment nicht mehr essen!

Warum ist das so?

Du hast eine einfache Batterie gebaut, ein so genanntes „galvanisches Element“. Es besteht meistens aus zwei verschiedenen Metallen – aus einem unedleren, das Elektronen (aus denen besteht Strom) in den Draht abgibt, und einem edleren Metall, das sie aus dem Draht wieder aufnimmt. Sie bilden die Elektroden. In deinem Experiment sind das die Aluminiumfolie (unedler) und die Kupfermünze (edler). Dazwischen ist die Gurkenscheibe als „Elektrolyt“, deren saurer Saft eine elektrisch leitende Verbindung zwischen Aluminium und Kupfer herstellt. Verbindest du nun die beiden Metalle, fließt ein Strom. Deine Gurkenbatterie erzeugt immerhin 0,7 Volt Spannung, halb so viel wie eine Mignonzelle. Der negative Pol ist das Aluminium, der positive das Kupfer.

■ Die erste Batterie

Die allererste Batterie erfand Graf Alessandro Volta im Jahr 1800. Damals bestand sie aus Kupfer- und Zinkplättchen, zwischen denen sich in Salzwasser getränkte Pappscheiben befanden. Nahm er nun Plättchen mit einem größeren Durchmesser, floss mehr Strom, stapelte er mehrere Paare von Kupfer- und Zinkplättchen mit getränkter Pappe dazwischen übereinander, erhöhte sich die Spannung deutlich. Ihm zu Ehren heißt die Einheit der Spannung seit 1881 „Volt“ (V). ■

Die „Volta'sche Säule“ des italienischen Physikers Alessandro Volta.

Wo kommt das vor?

Alle Batterien bestehen aus galvanischen Elementen. 1,5-V-Batterien aus einem, 4,5-V-Flachbatterien aus drei (nebeneinander in einer Packung) und 9-V-Blöcke aus sechs sehr kleinen.
Sehr verbreitet sind Zink-Kohle-Batterien, weil sie so preiswert sind. Die negative Elektrode besteht hierbei aus einem Zinkbecher, die positive aus Kohle, dazwischen befindet sich Kalilauge als Elektrolyt. Bei einer verbrauchten Batterie ist das unedlere Metall, der Zinkbecher, aufgelöst. Daher „laufen“ alte Batterien schon mal aus.
Bei Batterien wird chemische Energie direkt in elektrische Energie umgewandelt. Dabei „verbrauchen“ sie sich. Dieser Prozess ist unumkehrbar. Nur Akkumulatoren (Akkus) können etwa tausendmal wieder aufgeladen werden. Allein in Deutschland werden für Geräte pro Jahr über zwei Milliarden Akkus und Batterien verbraucht!

Die Autobatterie ist ein Bleiakkumulator. Er besteht aus zwei Bleielektroden, zwischen denen sich Schwefelsäure als Elektrolyt befindet, und liefert die nötige Energie für den Anlasser, der den Motor anwirft. Aufgeladen wird die Autobatterie von der Lichtmaschine, einem Generator, der wiederum vom laufenden Motor angetrieben wird.

Zungen-Batterie

Der Mund ist zum Essen da. Doch dabei kann es einen heftig durchzucken, wenn man zum Beispiel beim Schokoladeessen versehentlich auf etwas Alufolie von der Verpackung beißt.

- [ ] leicht
- [x] mittel
- [ ] schwer
- [ ] nur für Erwachsene unter Aufsicht von Kindern

ZEIT: ca. 5 Minuten

Was brauchst du?

- 1 Stück Aluminiumfolie (ca. 15 cm lang und breit)
- 1 Löffel oder 1 Gabel aus Metall

Wie gehst du vor?

Falte oder rolle die Aluminiumfolie zu einem Streifen, der ungefähr so lang ist wie das Besteck (1). Jetzt musst du den Mund öffnen und die Zunge herausstrecken. Halte den Aluminiumstreifen auf eine Seite deiner Zunge und das Besteck an die andere Seite (2). Dabei sollen sie sich auf der Zunge nicht berühren. Nun bringe Aluminiumfolie und Metallbesteck an dem der Zunge abgewandten Ende zusammen.

1

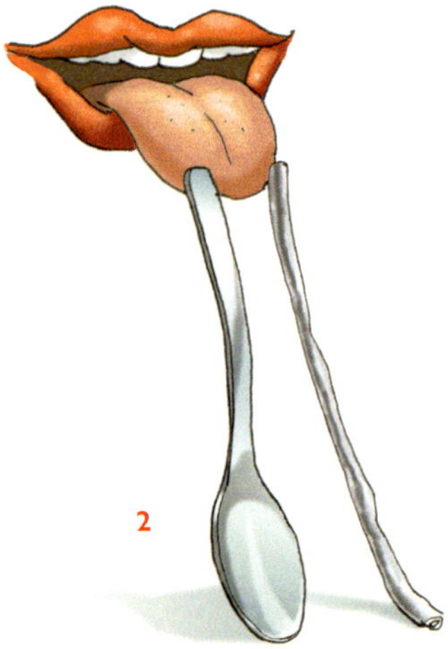
2

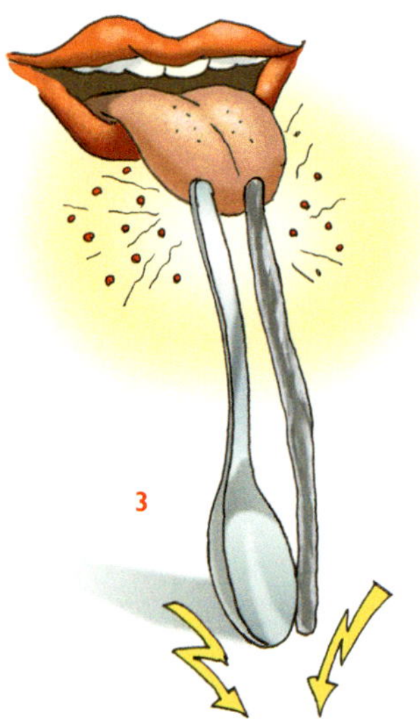
3

Was passiert?

Du spürst deutlich ein Bizzeln auf der Zunge (3), ganz so als ob du deine Zunge an die Kontakte einer Batterie gehalten hättest, nur etwas schwächer. Wenn die beiden Metalle sich nicht mehr berühren, hört das Bizzeln auf. Du kannst das Bizzeln damit ein- und ausschalten.

Warum ist das so?

Du hast ein „galvanisches Element“ im Mund, eine einfache Batterie. Zwei verschieden edle Metalle – unedleres Aluminium als Minuspol und edleren Stahl als Pluspol – und dazwischen ein Elektrolyt, deine Spucke. Dabei bildet sich eine Spannung von ca. 0,8 Volt, je nach Spucke, also halb so viel wie bei einer normalen Mignonbatterie.
Berühren sich die beiden Metalle außerhalb deines Mundes, kommt dies einem Kurzschluss gleich, ganz so als ob du die beiden Pole einer Batterie direkt mit einem Draht verbindest. Was auf deiner Zunge passiert, ist das, was sich im Inneren einer Batterie abspielt. Während sich außen negative Ladungen bewegen, wandern im Inneren der Batterie positive Ladungen vom Aluminium zum Metallbesteck – hier sogar quer über deine Zunge!

■ Ist ein leere Batterie leichter als ein volle?

Nein. Genauso wie eine aufgezogene Uhr nicht schwerer ist als eine leer gelaufene oder eine Tasse heißer Kakao nicht schwerer ist als eine mit kaltem Kakao, obwohl durch die Hitze mehr Energie in ihr steckt. Lediglich die Struktur hat sich geändert, bei heißem Kakao sind die Moleküle mehr in Bewegung.
Bei einer leeren Batterie haben sich Stoffe und damit Ladungen in der Zelle verschoben, aber sie sind nicht verschwunden. Lediglich die chemische Zusammensetzung hat sich verändert, nicht das Gewicht. ■

Wo kommt das vor?

Graf Alessandro Volta, der im Jahr 1800 die Batterie erfand (siehe S. 99), hatte noch keine Messinstrumente zur Hand, um Strom und Spannung zu messen.
Er benutzte dafür seinen Körper – seine Zunge. Wenn du bei einer 9-Volt-Batterie wissen willst, ob sie noch geladen ist, kannst du deine Zunge an die Kontakte halten und spürst dann ein Bizzeln. Genauso machte es Alessandro Volta. Er ließ den Strom durch seine Zunge fließen und registrierte einen mehr oder minder „lebhaft sauren Geschmack“.
Wenn du im Mund metallische Zahnfüllungen hast und beim Schokoladeessen versehentlich auf ein Stückchen von der Aluminiumverpackung beißt, kannst du ein heftiges Ziehen spüren, weil du plötzlich eine Batterie im Mund hast und ein Strom fließt.

Für Aufsehen sorgte 1934 ein Bericht über einen in Brasilien lebenden Mann aus der Ukraine, der behauptete, mit seiner Zahnfüllung Radio hören zu können. Seitdem gibt es immer wieder Berichte, dass Metallfüllungen Radioempfang ermöglichen. Das ist zwar sehr unwahrscheinlich, aber theoretisch möglich. Dann würde die Plombe wie ein einfacher elektronischer Schaltkreis wirken, aus dem auch die allerersten Radios bestanden.

Silber putzen

Silber ist ein edles und teures Material. Von allen Metallen leitet es Strom und Wärme am besten. Es hat nur einen Nachteil: An der Luft bekommt es einen dunklen, unedlen Überzug. Dem kann abgeholfen werden!

- ☐ leicht
- ☐ mittel
- ☐ schwer
- ☑ nur für Erwachsene unter Aufsicht von Kindern

ZEIT: ca. 30 Minuten

Was brauchst du?

- heißes Wasser
- Aluminiumfolie
- Salz
- 1 Kochlöffel
- angelaufenes Silber
- 1 Teelöffel

1

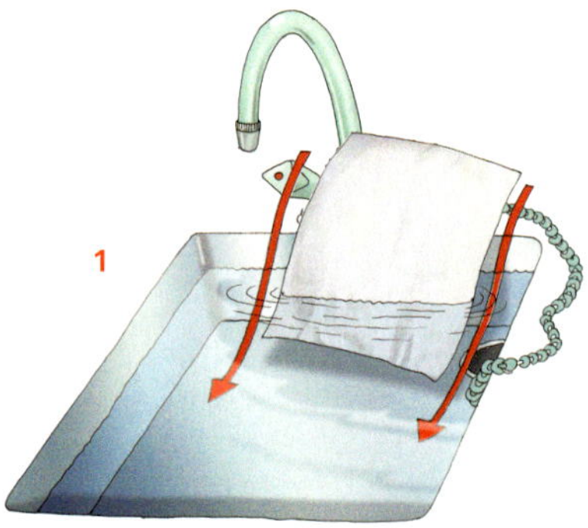

Wie gehst du vor?

Fülle das Spülbecken etwa zur Hälfte mit heißem Wasser. Lege nun den Boden des Spülbeckens mit Aluminiumfolie aus (1) – mit der matten Seite nach oben. Gib zwei Teelöffel Salz in das Wasser und rühre gut um, bis sich das Salz aufgelöst hat (2). Lege Silberbesteck, versilberte Kerzenleuchter oder etwas Ähnliches aus Silber oder mit einer Schicht aus Silber hinein, das angelaufen ist. Schnuppere ab und zu vorsichtig über dem Spülbecken, ob du etwas riechst.

2

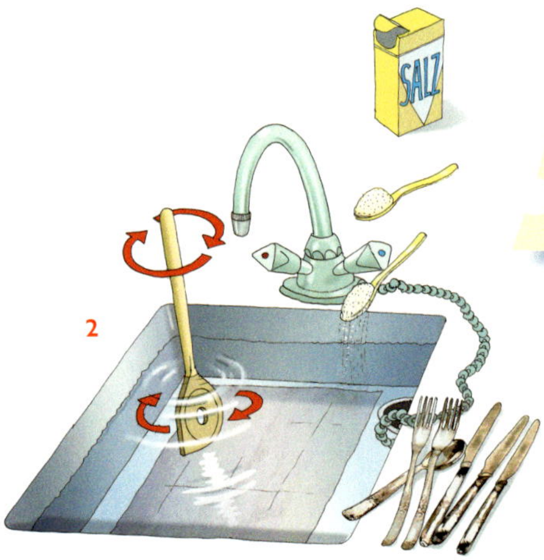

3

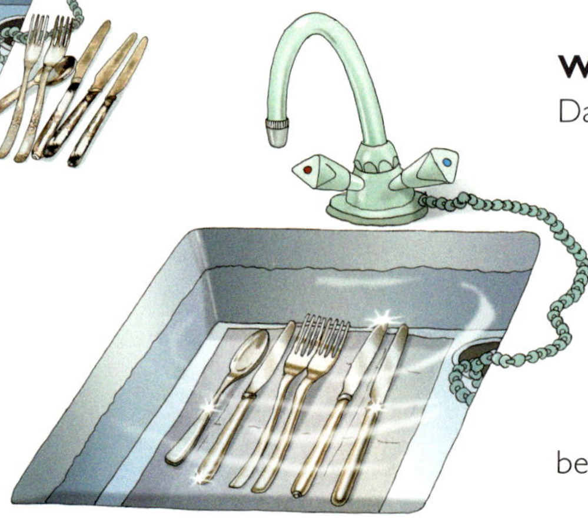

Was passiert?

Das Silber wird im heißen Salzwasser wie von Geisterhand wieder blank. Langsam verschwindet die dunkle Schicht und das Silber glänzt wie neu (3). Je nach Zustand des Silbers ist es schon nach 10 Minuten fertig.
Über dem Wasser riecht es etwas nach faulen Eiern. Die Aluminiumfolie bekommt mit der Zeit dunkle Flecken.

Warum ist das so?

Nun hast du im Spülbecken eine kleine Batterie aufgebaut (siehe auch Experimente S. 98 und S. 100) und zwar aus dem (sehr) edlen Metall Silber und dem unedleren Metall Aluminium. Dazwischen wirkt das Salzwasser als „Elektrolyt", also als elektrisch leitende Verbindung zwischen den Metallen. Es bringt den ganzen Prozess erst in Gang, bei dem das angelaufene Silber wieder blank wird, und der Vorgang, der Silber schwärzt, läuft rückwärts ab. Wenn Silber und Aluminium sich berühren, haben sie elektrischen Kontakt und zwischen ihnen fließt Strom. Gleichzeitig wandert der dunkle Belag aus Silbersulfid durch das Salzwasser auf die Aluminiumfolie. Dabei wird das Gas Schwefelwasserstoff (H_2S) frei, das bereits in geringer Menge stark nach faulen Eiern riecht.

■ Vorsicht: Silber und Ei

Wenn du dein Ei mit einem Silberlöffel isst, wirst du merken, dass er sehr schnell anläuft. Das liegt an den Schwefelverbindungen im Ei, die zum einen in viel größerer Menge als in der Luft enthalten sind und zum anderen hier sehr direkt mit dem Löffel in Kontakt kommen.
Auch auf dem Land läuft Silber schneller an. Dort ist wegen der Landwirtschaft und den tierischen Abfällen wie Mist und Gülle etwas mehr Schwefelwasserstoff in der Luft enthalten. ■

Wo kommt das vor?

Silber ist ein Edelmetall mit einer großen Schwäche: Es läuft schnell an. Das in der Luft enthaltene Gas Schwefelwasserstoff (H_2S) reagiert mit Silber (Ag) zu dem schwarzen Silbersulfid (Ag_2S), das Silberbesteck so unschön aussehen lässt. Schwefelwasserstoff ist in Autoabgasen enthalten, aber auch in menschlichen Abgasen, etwa wenn du pupst.
Der dunkle Überzug ist typisch für altes Silber und bildet eine so genannte „Patina" – eine „durch Einwirkung von Luft entstehende Schicht auf Metallen", wie das Lexikon sagt. Auch Kupferdächer wie auf Kirchen besitzen eine natürliche Patina. Sie bekommen mit der Zeit einen grünlichen Überzug, auch Grünspan genannt, weil Kupfer mit den Gasen Kohlendioxid (CO_2) und Schwefeldioxid (SO_2) in der Luft reagiert. Patina wird oft sogar künstlich erzeugt, um etwa Bronzeskulpturen ein „echtes", altes Aussehen zu geben. Eine genaue Untersuchung der Patina kann deshalb eine Menge über das Alter und die Echtheit von Kunstgegenständen verraten.

Ein Ei kann schwimmen

In Wasser sinkt ein Ei zu Boden, denn es kann nicht schwimmen. Wie kann man ihm mit etwas Salz das Schwimmen beibringen? Und was hat das mit der Schifffahrt zu tun?

☐ leicht
☑ mittel
☐ schwer
☐ nur für Erwachsene unter Aufsicht von Kindern

ZEIT: ca. 10 Minuten

1

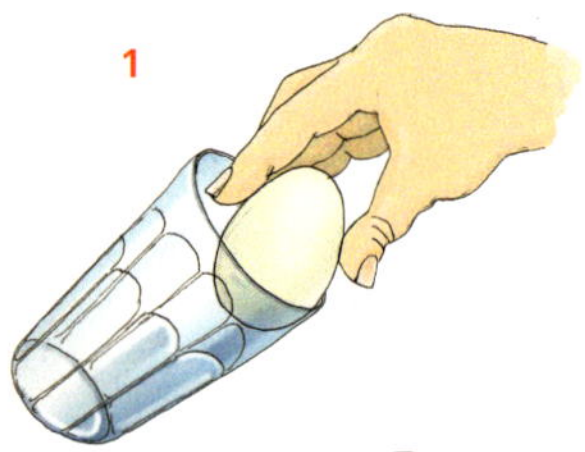

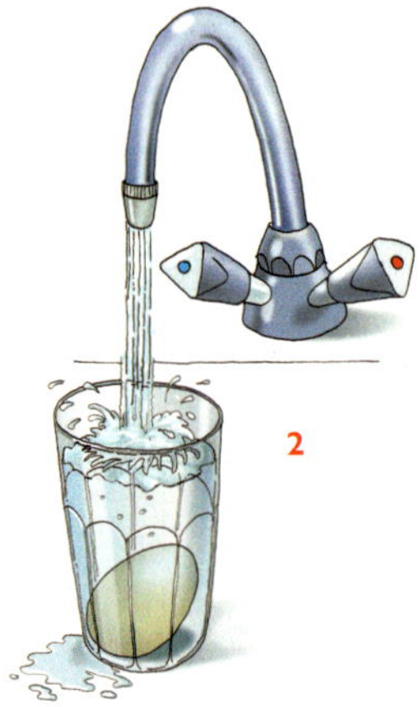

2

Was brauchst du?

- 1 Trinkglas, groß genug für ein Ei
- 1 rohes Ei
- 1 Teelöffel
- Salz
- Wasser

Wie gehst du vor?

Lege das Ei vorsichtig in das Trinkglas. Dabei kannst du den Esslöffel zu Hilfe nehmen und es vorsichtig hineinlegen. Du kannst das Glas auch schräg halten und das Ei hineinrollen lassen (1). Anschließend füllst du das Glas bis einen Fingerbreit unter den Rand mit Leitungswasser (2). Das Ei bleibt am Boden liegen. Gib nun einen Teelöffel Salz ins Wasser (3) und verrühre es, bis es sich aufgelöst hat (4). Wahrscheinlich musst du noch mehr Salz ins Wasser geben, bis sich das Ei bewegt.

3

4

5

Was passiert?

Wenn du genügend Salz im Wasser aufgelöst hast, steigt das Ei allmählich auf (5), bis es schließlich an der Wasseroberfläche schwimmt.

Warum ist das so?
Leitungswasser ist Süßwasser, sonst könnten wir es nicht trinken. Wenn du Salz darin auflöst, entsteht Salzwasser, wie es auch in den Meeren vorkommt. Meerwasser enthält rund 35 Gramm Salz pro Liter. Je mehr Salz du im Wasser auflöst, desto schwerer – oder dichter – wird das Salzwasser (siehe auch Experiment S. 106). Irgendwann hat das Salzwasser eine größere Dichte als das Ei und hebt es nach oben. Man sagt nun, dass das Wasser das Ei „trägt".

■ **Wie kommt das Salz ins Meer?**
Wenn Regen fällt, sickern die Tropfen ins Erdreich. Dort löst das Wasser viele Stoffe, darunter auch Salz, und nimmt sie mit sich. Später fließt es über Bäche und Flüsse ins Meer. Das Meer hat keinen Abfluss und das Salz aus den Zuflüssen sammelt sich hier an, während das Wasser verdunsten kann. Ganz drastisch ist es beim Toten Meer: Es wird von dem Fluss Jordan gespeist und hat ebenfalls keinen Abfluss. Alles Wasser, das hier hineinströmt, wird von der Sonne verdunstet. Im Laufe der Zeit hat sich hier das viele Salz, das der Jordan mit sich führt, sehr stark konzentriert. ■

Wo kommt das vor?

Vielleicht ist dir schon einmal aufgefallen, dass du dich beim Schwimmen im Meer leichter fühlst als im Schwimmbad. Das liegt am höheren Salzgehalt. Das Wasser kann dich besser tragen, weil es dichter ist – wie beim Ei in diesem Versuch. Zwischen Israel und Jordanien liegt das Tote Meer. Es ist so salzig, dass darin keine Tiere und Pflanzen leben können, höchstens ein paar Kleinstlebewesen (Mikroorganismen). Menschen können darin nicht untergehen, weil das Wasser den Körper nach oben drückt. Das Tote Meer enthält sechsmal so viel Salz wie normales Meerwasser!
Schiffe liegen in den Weltmeeren unterschiedlich tief im Wasser. Die so genannte „Freibordmarke" am Schiffsrumpf zeigt an, wie tief das Schiff im Winter und im Sommer, in Salz- und in Süßwasser liegen darf. Danach richtet sich dann die Beladung: Würde man ein Schiff über die jeweilige Freibordmarke beladen, könnte es in anderen Gewässern kentern oder auf Grund laufen, weil es dort zu viel Tiefgang hätte. Denn in tropischen Gewässern liegen Schiffe bei gleichem Gewicht tiefer im Wasser als etwa im kalten Nordmeer, in süßem Flusswasser tiefer als in salzigem Meerwasser. Denn kaltes Wasser ist dichter und damit auch tragfähiger als warmes und salziges dichter als weniger salziges.

Salzwasser läuft nicht über

Die Nordsee ist sehr salzig. In ihrem Wasser sind Millionen Tonnen von Salz gelöst. Was würde passieren, wenn man alles Salz herausnehmen würde? Um wie viel Meter würde der Meeresspiegel sinken?

☑ leicht
☐ mittel
☐ schwer
☐ nur für Erwachsene unter Aufsicht von Kindern

ZEIT: ca. 10 Minuten

Was brauchst du?

- 1 (altes) Trinkglas
- 1 Teelöffel
- Salz
- heißes Wasser (kein kochendes)
- 1 Permanentmarker

Wie gehst du vor?

Fülle das Trinkglas bis etwa einen Fingerbreit unter den Rand mit warmem Wasser und markiere den Wasserspiegel mit dem Permanentmarker am Glas (1). Gib nun einen Teelöffel Salz in das Wasser (2) und rühre um, bis es sich aufgelöst hat (3). Beobachte den Wasserstand. Gib noch einen zweiten und vielleicht einen dritten Teelöffel Salz hinzu und verrühre ihn.

1

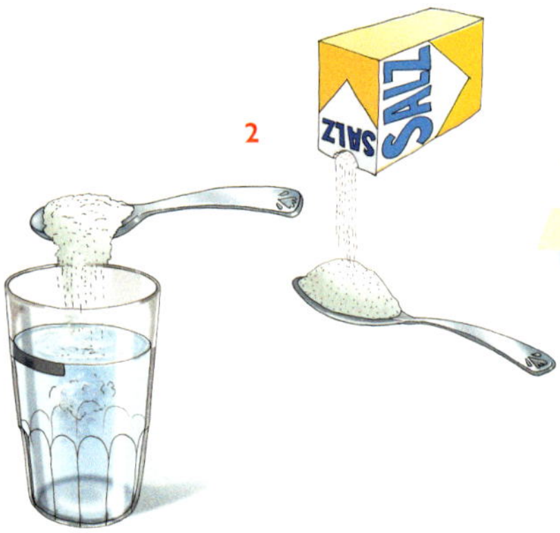

2

3

4

Was passiert?

Nach jedem Esslöffel steigt der Wasserspiegel zunächst an, sinkt dann aber wieder ab, wenn sich das Salz auflöst. Egal, wie viel Salz im Wasser gelöst ist, der Wasserspiegel bleibt immer gleich (4). Das ist schon ziemlich erstaunlich, denn zum Schluss ist eine beachtliche Menge Salz im Wasser enthalten.

Warum ist das so?

Wenn du Salz in Wasser löst, entsteht eine Salzlösung. Weil das Wasser das Salz aufnimmt, nennt man es das „Lösungsmittel“, das Salz ist das „Gelöste“. Dabei beanspruchen die Salzmoleküle (Natriumchlorid, NaCl) nicht mehr Raum, weil sie zwischen den Wassermolekülen (H_2O) ihren Platz finden. Irgendwann kann das Wasser aber kein Salz mehr lösen, dann spricht man von einer „gesättigten Lösung“ – im Gegensatz zu der „ungesättigten“ Lösung, die es vorher war. Wenn du dann noch weiter Salz zugibst, steigt der Wasserspiegel tatsächlich an und das Salz setzt sich am Boden ab. Je wärmer das Wasser ist, desto mehr Salz kann es lösen.

Ein guter Vergleich für eine „Lösung“ ist ein Schwamm, der auch nicht größer wird, wenn er sich mit Wasser vollsaugt, oder dein Zimmer, das auch nicht größer wird, je mehr du in den Schränken und Regalen verstaut hast. Das Einzige, was sich in allen Beispielen ändert, ist das Gewicht. Salzwasser ist natürlich schwerer, also dichter, als Süßwasser, weil zusätzliche Stoffe in ihm enthalten sind (siehe auch Experiment S. 104).

Wo kommt das vor?

Lösungsmittel sind Flüssigkeiten, die feste, flüssige oder gasförmige Stoffe lösen, also in sich aufnehmen können, ohne sich mit ihnen chemisch zu verbinden. Grundsätzlich gilt: Ähnliches wird von Ähnlichem gelöst. Öle werden beispielsweise von Alkohol oder Benzin gelöst. Das sind alles so genannte Kohlenwasserstoffe, die sich in ihrer Molekülstruktur ähneln. Viele Lösungsmittel sind leicht brennbar und mehr oder weniger giftig. Da sie deshalb oft gefährlich sind, trägt ihre Verpackung ein Warnschild.

Wasser ist das beste Lösungsmittel der Welt. Es ist überall vorhanden, ungiftig und einfach zu handhaben. Die meisten Stoffe sind wasserlöslich. Die Lauge beim Waschen ist auch ein Lösungsmittel. Verflüssigtes Kohlendioxid ebenfalls. Es könnte beim Wäschewaschen in der Zukunft das immer knapper werdende Wasser ersetzen.

Umgekehrt wird aber das Salz im Meerwasser auch wieder zurückgewonnen, indem man Meerwasser in flachen Becken verdunsten lässt. Würde man alles Salz aus den Meeren holen, würde der Meeresspiegel um keinen Millimeter sinken. Das Meerwasser würde aber „leichter“, also an Dichte verlieren, und Schiffe würden tiefer im Wasser liegen und könnten nicht mehr so viel Fracht laden.

Wasser-Misch-Maschine

Salziges Meerwasser und trinkbares Süßwasser sind völlig unterschiedlich. Bringst du sie geschickt zusammen, ist jedoch ein interessanter Effekt zu beobachten: Die Flüssigkeiten „schwingen".

- ☐ leicht
- ☐ mittel
- ☑ schwer
- ☐ nur für Erwachsene unter Aufsicht von Kindern

ZEIT: ca. 1 Stunde

Was brauchst du?

- 1 großes Glasgefäß (z. B. Einmachglas)
- 1 Trinkglas
- Salz
- 1 Einwegbecher aus Plastik (am besten durchsichtig) oder Pappe
- 1 Reißzwecke, Pinnwandnadel oder Zirkelspitze
- 1 Teelöffel
- 1 Wäscheklammer
- Wasser

Wie gehst du vor?

Befülle das Trinkglas mit Wasser, gib etwa 2 gehäufte Teelöffel Salz hinzu (1) und rühre um, bis sich alles aufgelöst hat (2). Fülle nun das große Gefäß mit Wasser (3). Stich ein Loch in den Boden des Einwegbechers (4). Halte das Loch im Boden zu und gieße mit der anderen Hand die Salzlösung hinein (5). Hänge anschließend den Einwegbecher in das Einmachglas und befestige ihn mit der Wäscheklammer am Rand des Einmachglases. Ideal ist es, wenn der Wasserspiegel im Einmachglas und der im Becher auf gleicher Höhe sind.

1

2

3
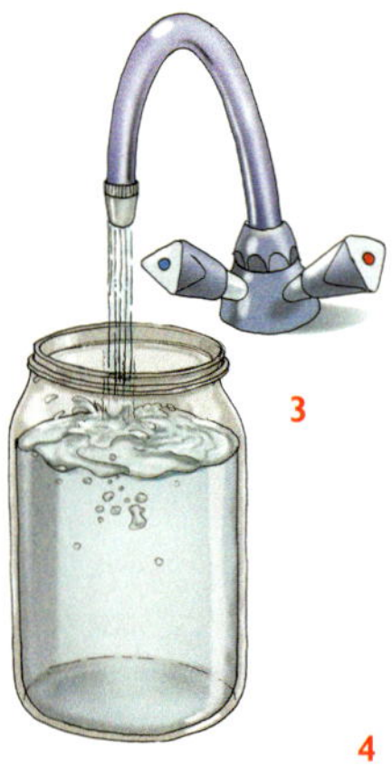

4

5

6

Was passiert?

Wahrscheinlich läuft zuerst Salzwasser aus dem Becher nach unten heraus. Du kannst deutlich den Strahl als „Schliere" sehen (6). Irgendwann wird der Strahl dünner und versiegt. Jetzt strömt Süßwasser von unten nach oben in den Becher hinein und bildet dabei einen hübschen „Pilz". Nach einiger Zeit läuft wieder Salzwasser aus dem Becher nach unten in das Süßwasser. Dieses Hin und Her kann einige Stunden andauern und ebbt langsam ab, wobei die Schlieren immer undeutlicher werden.

Warum ist das so?

Stoffe in unterschiedlichen Konzentrationen wollen sich ausgleichen. Dieser Ausgleich heißt „Diffusion“. Überhaupt möglich wird er durch Wärme, denn Wärme bedeutet, dass sich Teilchen bewegen und dadurch wandern. Nur beim absoluten Nullpunkt, also bei – 273,15 °C, gibt es keine Bewegung und auch keine Diffusion mehr.

Bei der Wasser-Misch-Maschine gleichen sich die unterschiedlichen Konzentrationen von Salz- und Süßwasser aneinander an, bis das Wasser in Einmachglas und Becher gleich süß bzw. gleich salzig ist. Das geschieht aber nicht gleichzeitig, sondern abwechselnd nach dem „Pingpongprinzip“: Erst fließt Salzwasser heraus, dann Süßwasser herein. Das System schwingt also hin und her, es „oszilliert“. Diese Schwingung oder Oszillation wird geringer, je mehr sich die Flüssigkeiten angeglichen haben, und es fließt immer weniger Flüssigkeit immer kürzer hin und her.

Dieses spezielle Phänomen, das du in dem Experiment beobachten kannst, funktioniert jedoch nur bei einer vertikalen, d. h. senkrechten Diffusion durch eine sehr enge Öffnung.

■ Hin und Her

Schwingungen treten immer auf, wenn ein Ungleichgewicht besteht, das Stück für Stück abgebaut wird. Sie kommen vor allem in der Technik vor: beim Schwingkristall in der Quarzuhr, der den Zeittakt angibt, bei den Stoßdämpfern im Auto, wenn es über ein Schlagloch gefahren ist, bei der Schaukel, die sich langsam ausschwingt.

Dass auch Flüssigkeiten schwingen können, wie bei der Wasser-Misch-Maschine, ist selten und eine ganz besondere Erscheinung. ■

Wo kommt das vor?

Der Austausch von Meerwasser in Form von Meeresströmungen spielt in der Natur eine große Rolle. In der Antarktis – also am Südpol – kühlt Meerwasser ab und stürzt in großen Mengen regelrecht in die Tiefe, weil es kälter, damit dichter und schwerer geworden ist. Was hier am eiskalten Südpol passiert, treibt weltumspannende Meeresströmungen an.

Anders verhält es sich bei Nord- und Ostsee, wo bei Sturmfluten frisches, salzhaltiges und sauerstoffreiches Nordseewasser über die verbindenden Meerengen Skagerrak und Kattegatt hereinströmt. Fehlt dieser Nachschub, können einzelne Bereiche in der Ostsee wegen Sauerstoffmangel

regelrecht „umkippen“ und absterben. An der Nordspitze der dänischen Provinz Jütland treffen Ostsee und Nordsee zusammen, aus der Luft ist das gut an den verschiedenen Wasserfärbungen zu erkennen.

Rechentricks mit Köpfchen

30 Cent am Stück

Ein Spiel für zwei: Lege 30 1-Cent-Stücke hintereinander auf einen Tisch. Nun darf jeder abwechselnd mindestens 1, höchstens 6 Münzen wegnehmen. Wer die letzte Münze nimmt, hat gewonnen. Der Trick: Du musst bei jedem Zug darauf achten, dass du und dein Mitspieler insgesamt immer 7 Münzen wegnehmen (nimmt er zum Beispiel 3, nimmst du 4). Das ergibt nach je 4 Zügen 28. Wenn du anfängst, nimmst du 2 Münzen fort, fängt dein Mitspieler an, musst du sehen, dass du diese zwei Münzen bei den ersten Zügen zusätzlich wegnimmst, ohne die Obergrenze zu überschreiten. So bleiben vor dem letzten Zug des Gegners immer 7 liegen und er hat keine Chance zu gewinnen.

Der Trick mit dem Maßband

Du brauchst Büroklammern, 1 Maßband aus dem Nähkästchen und 1 Taschenrechner. Bitte jemanden, sich auf einer Seite des Maßbandes einige Zahlen auszusuchen und sie mit Büroklammern zu markieren. Du schaust nicht hin, denn du willst die Zahlen gar nicht sehen. Bitte nun darum, die Zahlen unter den Büroklammern erst auf der Vorderseite und dann auf der Rückseite des Maßbandes zusammenzuzählen – am besten mit dem Taschenrechner. Lass dir dann sagen, wie viele Büroklammern auf dem Maßband stecken, und du kannst das Ergebnis voraussagen! Der Trick: Die Zahlen auf der Vorder- und Rückseite des Maßbandes sind gegenläufig. Die gegenüberliegenden Zahlen ergeben immer 151 (bei einem 150 cm langen Maßband): 1 + 150 = 151, 2 + 149 = 151, 3 + 148 = 151, ... Das Ergebnis ist die Zahl der Büroklammern mal 151! So hat auch schon der kleine Gauß (siehe rechts) gerechnet.

Würfelturmtrick

Stelle 6 Würfel zu einem Turm aufeinander und frage, wie viele Augen verdeckt sind. Kaum jemand wird es sagen können. Du kannst es: Ziehe von der Zahl 7 die Augenzahl auf dem obersten Würfel ab und zähle 35 (= 5 x 7) dazu! Der Trick: Die Augenzahl auf gegenüberliegenden Seiten des Würfels ergibt immer 7! Bei den fünf unteren Würfeln sind jeweils zwei Würfelseiten verdeckt – macht 5 x 7 Augen –, vom obersten Würfel nur eine – also 7 minus die sichtbaren Augen.

Würfel raten

Lass einen Freund zwei Würfel werfen, ohne dass du hinsiehst. Bitte nun um eine kleine Rechnung: Die Augenzahl des einen Würfels verdoppeln, 5 hinzuzählen und das Ergebnis mit 5 malnehmen. Am Schluss noch die Augenzahl des anderen Würfels dazuzählen. Lasse dir das Ergebnis nennen. Wenn du nun im Kopf 25 abziehst, sind die beiden Ziffern des Ergebnisses die Augenzahlen der beiden Würfel. Wurde 3 und 5 geworfen, ergibt die Rechnung 60 oder 78. Ziehst du 25 ab, kommst du auf 35 oder 53! Was du mit der Rechnung machst, ist, dass du – auf Umwegen – die Augenzahl des einen Würfels einfach mit zehn malnehmen und 25 hinzuzählen lässt. Ohne die 25 ist dann für dich ganz leicht zu erkennen, welche Zahlen gewürfelt wurden.

Erst denken, dann rechnen

Der deutsche Mathematiker, Astronom und Physiker Carl Friedrich Gauß (1777 bis 1855) war schon als Kind schlau. Als sein Lehrer einmal Pause machen wollte, gab er allen Schülern eine Fleißaufgabe: Sie sollten die Zahlen von 1 bis 100 zusammenzählen. Viel schneller, als vom Lehrer erwartet, meldete sich der kleine Gauß. Statt loszurechnen hatte er sich erst Gedanken gemacht und Folgendes bemerkt: 1 + 100 = 101, 2 + 99 = 101, …, 49 + 52 = 101, 50 + 51 = 101. Demnach ist die Summe aller Zahlen von 1 bis 100 genau 50 x 101 = 5050. Damit hatte Gauß die „Summenformel“ entdeckt.

Der brennende Geldschein

Geld kann man ausgeben, vergeuden, zum Fenster herauswerfen oder verbrennen. Eine elegante Methode, Geldscheine ohne Verlust anzuzünden, kannst du hier ausprobieren.

- ☐ leicht
- ☐ mittel
- ☐ schwer
- ☑ nur für Erwachsene unter Aufsicht von Kindern

ZEIT: ca. 20 Minuten

Was brauchst du?

■ Brennspiritus ■ Wasser ■ 1 Teelöffel ■ Glasfläschchen für Chemikalien aus der Apotheke ■ 1 Notizzettel, später auch Geldschein ■ 1 Suppenteller ■ Pinzette oder Grillzange ■ 1 Feuerzeug

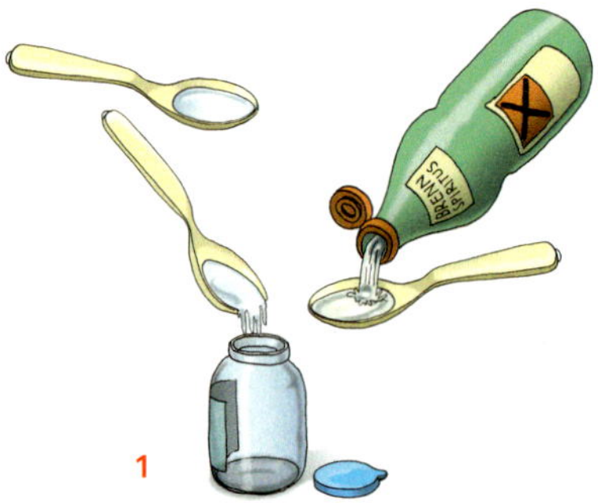

1

Wie gehst du vor?

Mische dir eine Lösung aus ⅓ Spiritus und ⅔ Wasser. Es reicht zunächst, wenn du einen Teelöffel Spiritus und 2 Teelöffel Wasser in das Fläschchen füllst (1) und dieses etwas schüttelst, um die beiden Flüssigkeiten zu mischen. Benetze vorsichtig einen kleinen Notizzettel komplett mit dieser Lösung (2) und lass ihn von einem Erwachsenen mit Pinzette oder Grillzange über dem Teller festhalten. Zünde den Notizzettel an (3). Spiritus und Fläschchen sollten dabei weit weg stehen!

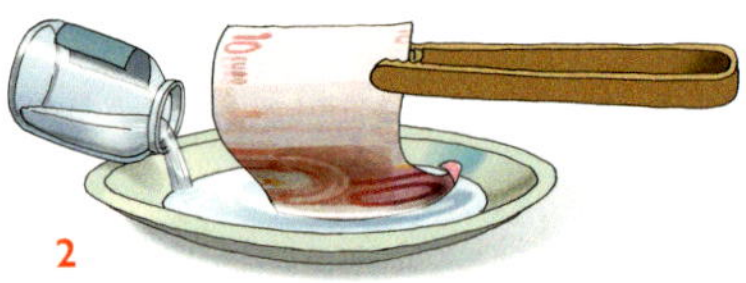

2

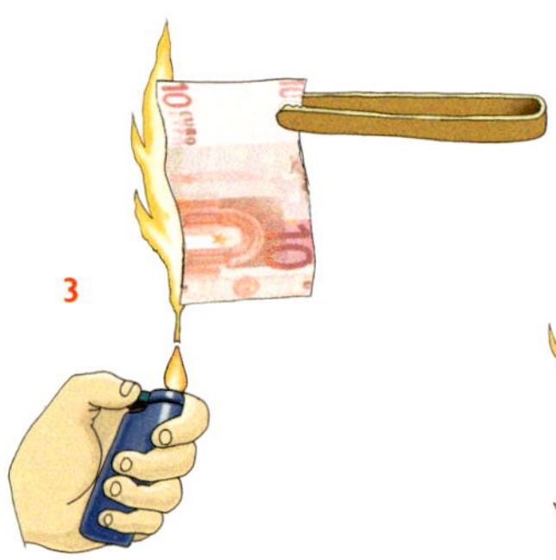

3

4

Was passiert?

Das Papier brennt lichterloh (4), doch die Flamme verlöscht rasch von selbst, ohne dass der Zettel verbrannt ist. Wenn der Notizzettel nirgendwo (!) angebrannt ist, kannst du das Experiment auch mit einem Geldschein probieren. Andernfalls gibst du noch etwas Wasser zu deiner Lösung und testest erneut.

Warum ist das so?

Spiritus ist flüchtiger als Wasser, weil er schon bei 78 °C siedet, also sehr stark verdampft. Kommt das Streichholz in die Nähe des Geldscheins, verdampft die Flamme etwas Spiritus, der dann verbrennt. Diese Flamme verdampft weiteren Spiritus, der wieder verbrennt, so lange, bis sich aller Spiritus verflüchtigt hat. Das Wasser ist träger, es verdampft erst so richtig schnell bei 100 °C und bleibt daher länger im Geldschein. Erst wenn es ebenfalls verdampft ist und der Geldschein trocken ist, kann er selbst anfangen zu brennen. Doch vorher ist der Spiritus schon komplett verbrannt und die Flamme erloschen.

Mit Wasser löschen

Wasser ist ein einfaches und fast überall vorhandenes Löschmittel. Es löscht auf zwei Arten: Zum einen schneidet es dem Feuer die Sauerstoffzufuhr ab und erstickt es. Zum anderen entzieht Wasser dem Feuer durch Verdampfen schlagartig viel Wärmeenergie. Dadurch sinkt die Temperatur unter den Brennpunkt des Brennmaterials. Das Feuer erlischt. Bei Waldbränden werden von Flugzeugen oder Hubschraubern aus so genannte „Wasserbomben“ abgeworfen. Sie erzeugen einen dichten Wassernebel, der augenblicklich sehr viel Hitze aufnimmt und auch größere Brände löschen kann. In vielen Schulen oder Parkhäusern sind an den Decken „Sprinkleranlagen“ installiert, ein Rohrnetz mit kleinen Sprühdüsen. An den Rohrenden sitzen kleine farbige Kapseln, die bei großer Hitze platzen, sodass sich die Düsen öffnen.

Wo kommt das vor?

Ein Brand ist eine lawinenartige Kettenreaktion: Ist erst einmal eine Flamme da, kann sie sich in kürzester Zeit zu einem verheerenden Großbrand ausweiten. Dazu braucht die Reaktion allerdings ständig neues Brennmaterial und Sauerstoff. Wasser kann diesen Kreislauf durchbrechen. Wasser kann aber nicht nur ein bestehendes Feuer löschen, sondern auch verhindern, dass ein Gegenstand in Brand gerät – wie bei deinem Geldschein. Denn dort, wo Wasser ist, kann keine Luft und damit kein Sauerstoff sein – und ohne Sauerstoff kann kein Feuer existieren.
Bei Großbränden besprüht man deshalb angrenzende Gebäude mit Wasser, um sie zu kühlen. Solange sie nass sind, können sie nicht brennen (siehe Experiment S. 18). Bei Wald- oder Buschbränden, die Häuser bedrohen, macht man es genauso und tränkt die Gebäude mit Wasser.

Wie viel Hitze Wasser aufnehmen kann, kannst du schon am Herd bei dir zu Hause erkennen, denn der Wassertopf muss eine ganze Zeit lang auf der Herdplatte stehen, bevor das Wasser kocht und verdampft.

Die „Schlangen des Pharao“

Es ist fast ganz dunkel. Flammen züngeln aus dem Hügel vor dir. Da bewegt sich etwas: Langsam kriechen zwei unheimliche, schwarze Schlangen den Hügel hinab. Genau auf dich zu!

- ☐ leicht
- ☐ mittel
- ☐ schwer
- ☑ nur für Erwachsene unter Aufsicht von Kindern

ZEIT: ca. 30 Minuten

1

Was brauchst du?

■ 1 Teller ■ 1 hitzefeste Unterlage ■ 3 „Emser Pastillen“ ohne Menthol, aber nicht zuckerfrei (gibt es in der Apotheke) ■ Sand (möglichst fein) ■ Brennspiritus ■ Streichhölzer

Wie gehst du vor?

Stelle den Teller auf die hitzefeste Unterlage und schütte einen kleinen Haufen aus Sand darauf (etwa fünf Zentimeter hoch). Alles, was jetzt folgt, lässt du bitte einen Erwachsenen unter deiner Anleitung machen! Gebt etwa fünf Esslöffel Spiritus auf die Spitze des Sandhaufens (1), drückt dann drei „Emser Pastillen“ aus der Packung (2) und stellt sie dicht nebeneinander aufrecht auf den Sandhaufen. Jetzt kann der Hügel angezündet werden, am besten mit einem langen Streichholz (3). Achtung: Die Flamme brennt blau und ist bei Tageslicht nicht gut zu sehen. Beobachtet das Geschehen …

2

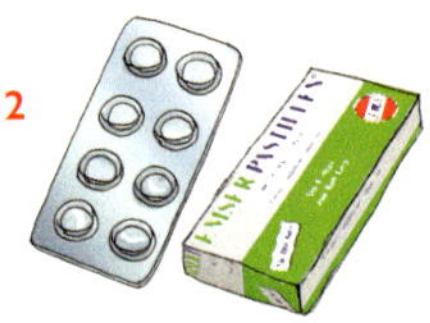

3

4

Was passiert?

Die Pastillen werden an den Rändern erst braun, dann schwarz. Später bilden sich schwarze „Hörner“ an den Seiten. Schließlich wächst eine schwarze Schlange aus den Pastillen heraus (4). Dabei dreht und windet sie sich, so lange die Flamme brennt.

Warum ist das so?

„Emser Pastillen" enthalten vor allem Natriumhydrogenkarbonat ($NaHCO_3$, Backpulver) und Zucker. Beim Erhitzen durch die Flamme schmilzt der Zucker zunächst und wird braun, schließlich verbrennt er und wird zu schwarzem, festen Kohlenstoff (C). Gleichzeitig zersetzt sich das Natriumhydrogenkarbonat, dabei wird Kohlendioxid (CO_2) frei. Dieses Gas bläht den flüssigen Zucker auf, sodass sich eine sehr leichte, aufgeschäumte, aber feste Masse formt, die sich als schwarze Schlange aus der Flamme schiebt, da immer mehr davon gebildet wird. Weil sich das Gebilde bewegt, erweckt das Ganze den unheimlichen Eindruck, dass die Schlange „lebt".
Übrigens: Auch wenn die „Schlangen des Pharao" aus essbaren Pastillen entstehen, sind sie nicht essbar!

■ Emser Pastillen

Eigentlich sind „Emser Pastillen" zum Lutschen gedacht. Wenn du sie probierst, wirst du feststellen, dass sie einen ganz eigenen, ungewohnten Geschmack haben: Sie schmecken süß und salzig zugleich. Das hat sie bekannt gemacht, seit sie 1858 in den Handel gekommen sind. Sie stammen aus dem Heilbad Bad Ems in Rheinland-Pfalz und werden mit Salz aus natürlichen Solequellen, die Kochsalz enthalten, hergestellt. Sie sollen bei Entzündungen in Mund und Rachen helfen, ebenso bei Husten und Heiserkeit, weshalb sie bei Sängern sehr beliebt sind. ■

Wo kommt das vor?

Auch bei der Herstellung von Schaumstoff oder Styropor wird aus wenig Grundmasse ein großes „Volumen" (das also einen hohen Raumbedarf hat) erzeugt, indem die Rohmasse mithilfe von Luft aufgeschäumt wird, sodass das Endprodukt nachher vor allem aus Luft besteht. Deshalb ist sind diese Materialien auch so leicht.
Bei Schlagsahne „schlägt" man durch eine Quirlbewegung Luft in die Flüssigkeit – zum Schluss besteht die steife Sahne zum Großteil aus Luft. Dabei nimmt das Volumen zu, die Masse und damit das Gewicht bleiben jedoch gleich. Genauso schlägt man Eiklar zu steifem Eischnee. Derselbe Trick macht aus Maisstärke, Gelatine und Zucker die runden, weichen Marshmallows, die sich so leicht zusammendrücken lassen.
Setzt man Fenster oder Türen in eine Mauer ein und will sie abdichten, benutzt man dazu meist eine braune, schaumige Masse. Zunächst besteht sie aus zwei Flüssigkeiten, die beim Zusammengeben stark aufschäumen und sofort fest werden. Hierbei wird viel Luft eingeschlossen, die gut wärmeisoliert.
Einige Seifenspender schäumen die Flüssigseife beim Herausdrücken auf. So kann man sich mit ganz wenig Seife die Hände waschen. Das ist sparsam und umweltfreundlich.

Und Zucker brennt doch

Eigentlich brennt Zucker nicht, „uneigentlich“ aber durchaus. Schon etwas Asche verändert die Situation grundlegend, denn sie bringt den Zucker dazu, etwas zu tun, was er sonst nicht tun würde.

☐ leicht
☐ mittel
☐ schwer
☑ nur für Erwachsene unter Aufsicht von Kindern

ZEIT: ca. 15 Minuten

Was brauchst du?

- 1 Stück Würfelzucker
- 1 abgebranntes Streichholz oder Kaminasche
- 1 Feuerzeug oder Streichhölzer
- 1 Teller

Wie gehst du vor?

Lege das Stück Würfelzucker auf den Teller und versuche, es an einer Ecke anzuzünden (1). Sei vorsichtig, dass du dich dabei nicht verbrennst, wenn das Feuerzeug zu heiß wird oder das Streichholz zu weit abbrennt.

Streue als Nächstes etwas Asche von dem abgebrannten Streichholz auf das Zuckerstück (2). Du kannst es auch in Kaminasche hineindrücken. Wichtig ist jedenfalls: Es muss etwas Asche am Zuckerstück haften. Versuche nun, es an dieser Stelle anzuzünden.

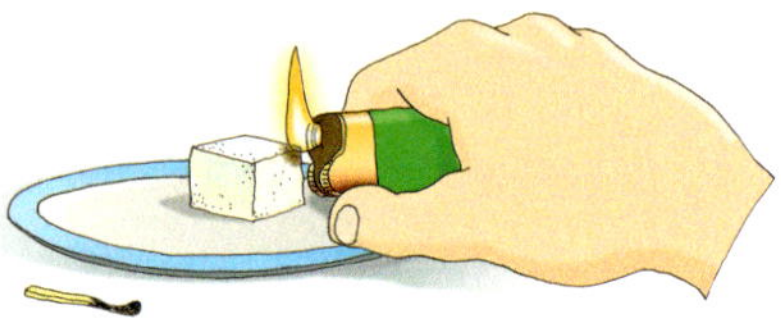

1

2

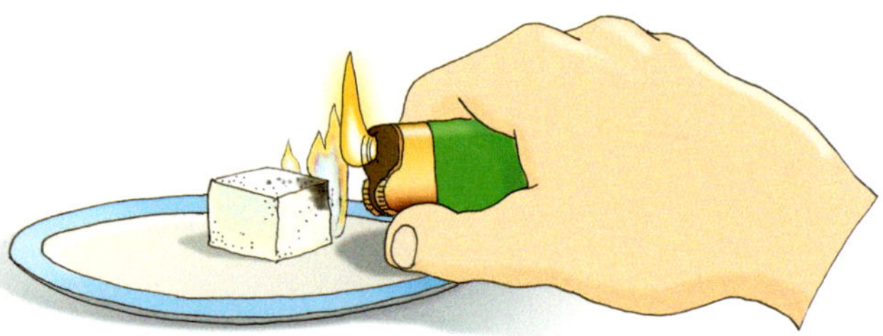

3

Was passiert?

Beim ersten Versuch lässt sich das Zuckerstück nicht anzünden. An der Ecke schmilzt der Zucker zwar und wird braun, aber er brennt nicht.

Mit etwas Asche brennt das Zuckerstück – zwar nicht so gut wie eine Kerze, aber es ist deutlich eine Flamme zu sehen (3). Der Zucker verfärbt sich erst braun und wird dann schwarz.

Warum ist das so?

Der Würfelzucker kann gar nicht brennen, da die Flamme des Feuerzeuges nicht heiß genug ist, um ihn dabei so weit zu zersetzen, dass sich brennbare Gase entwickeln. Erst mit Asche als Hilfsmittel gelingt es, sie wirkt hier als „Katalysator". Katalysatoren sind Stoffe, die eine chemische Reaktion in Gang bringen, beschleunigen oder in eine gewünschte Richtung lenken, ohne dass sie selbst dabei verbraucht werden. Dieser Vorgang heißt „Katalyse".

Die Asche in deinem Versuch ist ja bereits verbrannt, kann sich also nicht weiter verändern oder verbrauchen. Um ganz genau zu sein, wirken hier bestimmte Inhaltsstoffe der Asche – wie z. B. Metalloxide – als Katalysator.

■ Katalysatoren – einmal anders

In unserem Körper wirken Enzyme, Hormone und Vitamine als so genannte Biokatalysatoren. Mit ihnen steuert der Körper den Stoffwechsel, regelt also etwa den Nachschub von neuer Energie in Form von Nahrung oder entsorgt Reststoffe, die für den Körper schädlich sind. Ohne Biokatalysatoren wären wichtige chemische Reaktionen in unserem Körper gar nicht möglich, wie etwa das Aufspalten der Nahrung in ihre Bestandteile.

Enzyme werden inzwischen auch in Waschmitteln als Katalysatoren eingesetzt, um schon bei niedrigen Waschtemperaturen energiesparend und sauber zu waschen. ■

Wo kommt das vor?

Ein wichtiger „Katalysator" befindet sich im Auto. Er besteht aus einem Keramikblock (etwa so groß wie eine 1-Liter-Milchpackung), der von vielen tausend feinen Kanälchen durchzogen ist, wodurch die Oberfläche etwa 7000-mal größer wird. Hier strömen die Abgase durch und reagieren mit einer hauchdünnen Metallschicht aus Platin und Rhodium. Dabei werden Schadstoffe schon bei 250 °C nahezu vollständig verbrannt, ohne dass sich der Katalysator selbst abnutzen würde – oder hast du schon mal gesehen, wie jemand an einer Tankstelle seinen Katalysator nachfüllt?

Der wirkungsvollste Autokatalysator ist der geregelte Dreiwegekatalysator. Er vermindert die schädlichen Abgase Kohlenmonoxid, Kohlenwasserstoffe und Stickoxide auf ein Zehntel, indem er beispielsweise Kohlenmonoxid (CO) und Kohlenwasserstoffe (C_XH_Y) zu Kohlendioxid

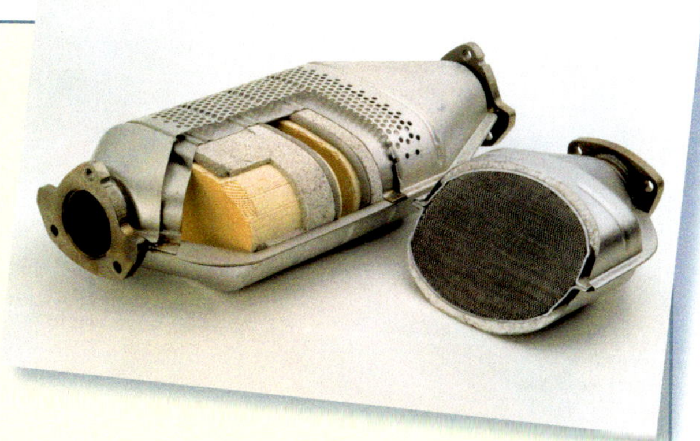

(CO_2) und Wasser (H_2O) umwandelt – auch deshalb tropfen Autos aus dem Auspuff.

Übrigens: Autos mit Katalysator dürfen nur mit bleifreiem Benzin fahren. Sonst würde sich das Blei auf der Katalysatorschicht absetzen, diese damit abdecken und so den gesamten Katalysator unbrauchbar machen.

Der Flammentest

Die dunkle Jahreszeit ist Kerzenzeit. Ob in der Laterne beim Sankt-Martins-Umzug, auf dem Adventskranz oder am Weihnachtsbaum – überall brennen Kerzen mit heißer Flamme. Aber wie sieht eine Kerzenflamme genau aus?

☐ leicht
☐ mittel
☐ schwer
☑ nur für Erwachsene unter Aufsicht von Kindern

ZEIT: ca. 5 Minuten

Was brauchst du?

- 1 Kerze
- 1 Holzstäbchen (z. B. Schaschlikspieß) oder ein abgebranntes Streichholz

Wie gehst du vor?

Zünde eine Kerze an und warte kurz, bis sie richtig brennt. Schwenke das Holzstäbchen quer durch die Kerzenflamme, kurz über dem Docht (1).

Du kannst auch ein abgebranntes Streichholz in die Flamme über dem Docht halten. Es ist jedoch sehr kurz, deshalb sei vorsichtig, dass du dir nicht die Finger verbrennst!

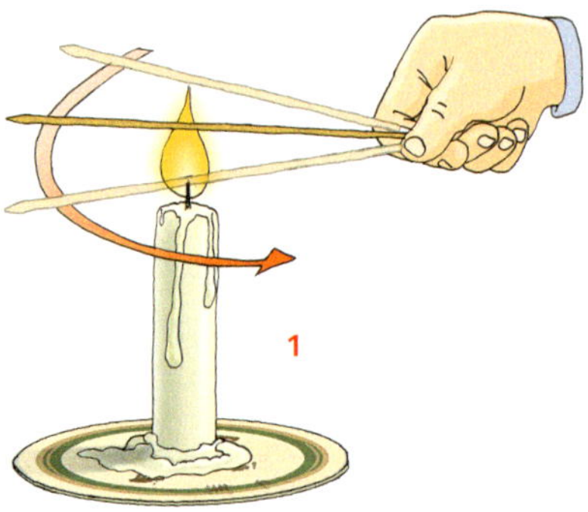

1

2

Was passiert?

Das Holzstäbchen ist an zwei Stellen etwas angebrannt (2). An den beiden etwa einen halben Zentimeter auseinander liegenden schwarzen Streifen kannst du das gut erkennen.

Das abgebrannte Streichholz glüht in der Kerzenflamme an zwei Stellen. Jeweils am Außenrand der Flamme leuchtet es rot.

Warum ist das so?

Eine Kerzenflamme ist nicht überall gleich heiß, sondern besitzt verschiedene Temperaturzonen, die unterschiedlich hell sind und in verschiedenen Farben leuchten. Aber wie kommt sie zustande? Die Hitze der Flamme schmilzt das Wachs. Das flüssige Wachs steigt im Docht nach oben und verdampft in der Nähe der Flamme. Diese Dämpfe verbrennen dann. Wachs besteht hauptsächlich aus den Elementen Kohlenstoff und Wasserstoff und brennt nur, wenn es dampfförmig ist – deshalb brennt keine Kerze ohne Docht, der angezündet werden kann und an dem das Wachs anschließend verdampft.

Wenn sich Wasserstoff und Sauerstoff verbinden, wird viel Energie in Form von Licht und weit mehr in Form von Wärme frei. Auch der Kohlenstoff reagiert mit dem Luftsauerstoff und es entsteht das Gas Kohlendioxid (CO_2). Dabei wird ebenfalls Energie frei. Die Kerzenflamme ist deshalb auch außen am heißesten, weil sie da den meisten Kontakt mit der Luft und somit zu dem zum Brennen nötigen Sauerstoff hat. Das kannst du an den beiden schwarzen Streifen auf dem Holzstab gut erkennen.

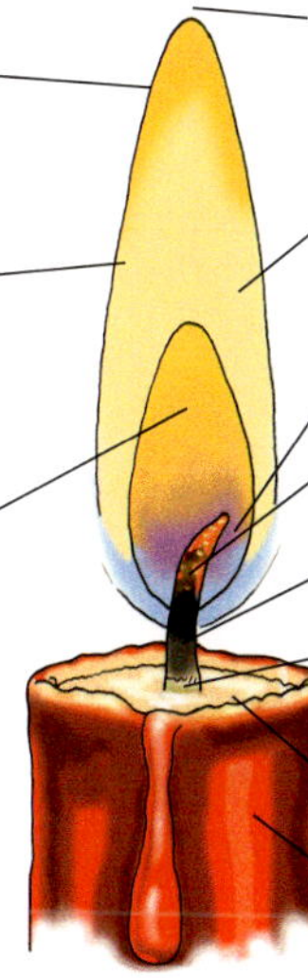

Die Temperaturzonen einer Kerzenflamme

Wo kommt das vor?

Bei fast jeder Verbrennung werden die Elemente Kohlenstoff und Wasserstoff verbrannt. Doch jede Flamme ist anders. Zum Kerzenanzünden reicht die einfache, relativ „kalte“ Flamme von Streichholz oder Feuerzeug.

Zum Glasblasen sind sehr heiße Flammen von über 1000 °C nötig, die man mit einem Gasbrenner erzeugt. Das Glas schmilzt, wird also weich und flüssig und glüht wie heißes Eisen sehr hell. Jetzt lässt es sich leicht verformen und Glasbläser können es mithilfe langer Spezialrohre sogar aufpusten. Beim Abkühlen und Erstarren behält es seine neue Form. Auch zum Schweißen von Metallen werden hohe Temperaturen von bis zu 3500 °C erzeugt, genau wie beim so genannten Schneidbrenner, mit dem sich auch dickes Metall zerteilen lässt.

Eine Kerze doppelt anzünden

Eine Kerze brennt, wenn sie einmal angezündet ist. Aber du kannst sie ein zweites Mal anzünden. Einzige Bedingung: Du musst sie vorher halb löschen.

- ☐ leicht
- ☐ mittel
- ☐ schwer
- ☑ nur für Erwachsene unter Aufsicht von Kindern

ZEIT: ca. 10 Minuten

Was brauchst du?

- 1 Kerze
- 1 Küchensieb aus Metall
- 1 Feuerzeug

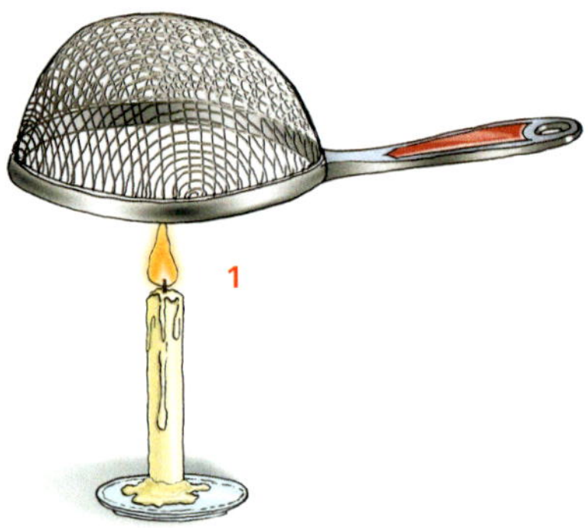

1

Wie gehst du vor?

Zünde die Kerze an und warte, bis sie richtig brennt. Dann nimmst du das Metallküchensieb und drehst es mit der Öffnung nach unten **(1)**. Senke es von oben bis in die Mitte der Kerzenflamme **(2)**. Halte nun die Flamme des Feuerzeugs in den Rauch, der durch das Sieb aufsteigt.

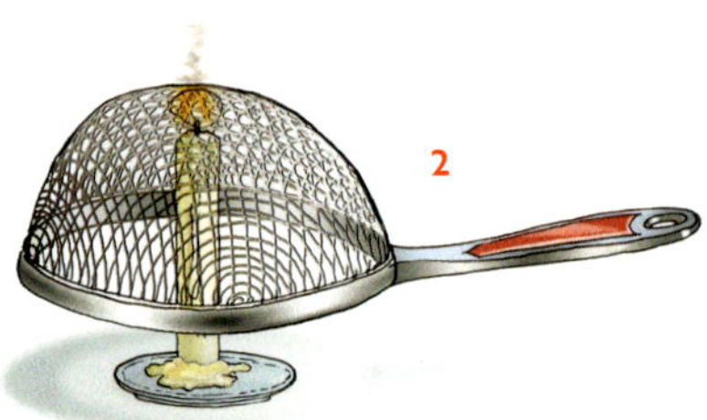

2

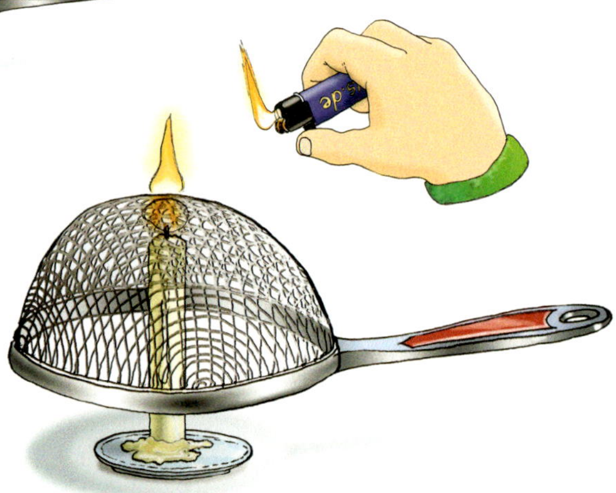

3

Was passiert?

Sobald das Sieb die Kerzenflamme berührt, scheint es sie oben abzuschneiden. Die Flamme brennt nur noch unterhalb des Siebes, ihre Spitze fehlt. Du hast die Kerzenflamme halbiert. Durch das Sieb strömt deutlich sichtbar Rauch nach oben. Wenn du diesen Rauch nun mit dem Feuerzeug anzündest, brennt die Flamme auch oberhalb des Siebes wieder **(3)**. Du hast ein und dieselbe Kerze tatsächlich ein zweites Mal angezündet.

Warum ist das so?

Die Kerzenflamme verbrennt nicht das Wachs, sondern nur die Wachsdämpfe. Sie entstehen, wenn das flüssige Wachs im Docht nach oben steigt und nahe der Flamme verdampft. Damit diese Dämpfe brennen, muss die so genannte „Zündtemperatur" von etwa 200 °C überschritten sein. Das Metallsieb leitet über sein Drahtgeflecht viel Wärme ab und entzieht der Kerzenflamme dadurch so viel Hitze, dass sie teilweise erlischt. Die Wachsdämpfe werden beim Aufsteigen durch das Sieb abgekühlt und ihre Temperatur unterschreitet die Zündtemperatur, sie brennen nicht mehr von selbst. Sie sind aber nach wie vor brennbar. Bringst du eine Flamme heran, lassen sie sich erneut entzünden. Die Hitze, die dabei entsteht, hält die Wachsdämpfe oberhalb des Siebes über der Zündtemperatur. So erhält sich die Flamme selbst.

Wo kommt das vor?

Damit Stoffe brennen, müssen sie bestimmte Temperaturen erreichen (siehe Experiment S. 18). Dieselkraftstoff etwa brennt erst ab 55 °C. Denn dann entwickeln sich so viel Dämpfe, dass sie mit einem Streichholz angezündet werden können. Bei Temperaturen darunter, wie beispielsweise 10 °C, könnte man – rein theoretisch – ein brennendes Streichholz in ein Fass Dieselkraftstoff tauchen und es verlischt. Bei der viermal höheren Temperatur von 220 °C entzündet sich Diesel sogar von selbst. Das wird im Dieselmotor (benannt nach dem Maschineningenieur Rudolf Diesel, 1858–1913) genutzt. Dort werden Luft und Dieselkraftstoff im heißen Motor vom Kolben im Zylinder verdichtet, also zusammengepresst. Dabei erwärmt sich dieses Gemisch auf bis zu 900 °C und explodiert von selbst. Dadurch wird der Kolben nach unten geschleudert und überträgt die Kraft der Explosion über die Kurbelwelle auf die Räder. Deshalb brauchen Dieselmotoren keine Zündkerzen, sondern höchstens Glühkerzen, welche beim Anlassen des kalten Motors die nötige Hitze für die ersten Selbstentzündungen liefern.

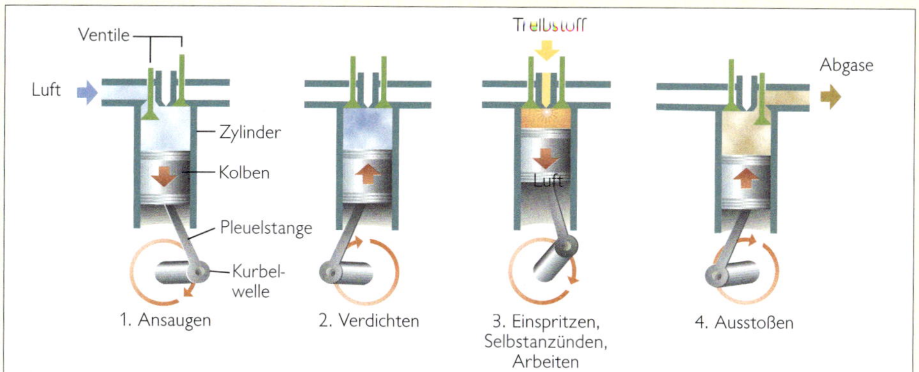

Unsichtbare Zündschnur

Knallfrosch, China-Kracher, Silvesterrakete – sie alle haben eine Zündschnur, um genügend Zeit zwischen Anzünden und Explosion zu haben. Eine unsichtbare Zündschnur fast ohne Zeitverzögerung besitzt jede Kerze.

- ☐ leicht
- ☐ mittel
- ☐ schwer
- ☑ nur für Erwachsene unter Aufsicht von Kindern

ZEIT: ca. 5 Minuten

Was brauchst du?

- 1 Kerze
- 1 Feuerzeug

Wie gehst du vor?

Zünde die Kerze an und warte etwa zwei Minuten, bis das Wachs unter der Flamme flüssig ist und sie richtig brennt (1). Dann muss alles sehr schnell gehen: Puste die Kerze aus und halte das Feuerzeug etwa eine Handbreit vom Docht entfernt in den Kerzendampf, der sich wie eine Schwade in die Luft emporwindet (2). Entzünde das Feuerzeug, sodass die Flamme im Dampf angeht.

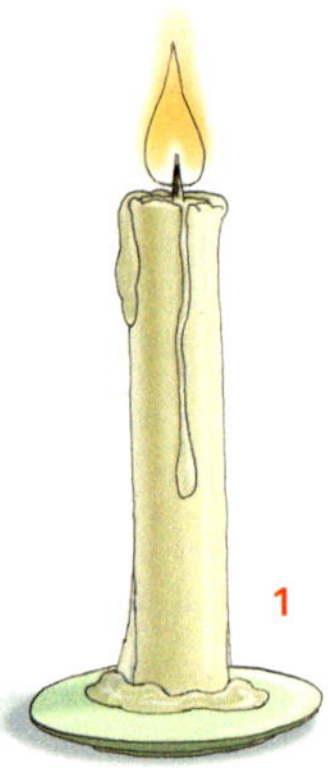

1

2

3

Was passiert?

Die Flamme des Feuerzeugs entzündet die Kerze augenblicklich. Dabei scheint die Flamme des Feuerzeugs regelrecht zum Docht zu springen (3), als ob sie an einer unsichtbaren Zündschnur entlangbrennt.

Warum ist das so?

Die meisten festen oder flüssigen Stoffe verbrennen nicht direkt. Selbst beim hochentzündlichen Benzin brennen nur die Benzindämpfe, nicht aber das flüssige Benzin selbst. So ist es auch bei der Kerze: Das Wachs schmilzt durch die Wärme der Kerzenflamme. Ist es flüssig, wird es im Docht nach oben gesogen. Dicht bei der Kerzenflamme verdampft es. Jetzt erst verbrennt es. Pustest du die Kerze aus, verdampft noch für kurze Zeit weiteres Wachs. Diese Dämpfe sind brennbar, können aber nicht brennen, weil ja keine Flamme mehr da ist. Wenn du jedoch eine Flamme in die Nähe bringst, entzünden sie sich.

Wo kommt das vor?

Jeder Brand beginnt meist ganz klein. Dabei entstehen brennbare Gase, zum Beispiel wenn Holz und Kunststoffe ausdampfen. Erreicht die Temperatur den Zündpunkt kommt es zum „Flash-over“: Die Gase entzünden sich und der Brand erreicht seine volle Stärke. Dieser Moment ist für die Feuerwehrleute sehr gefährlich.

Gefürchtet ist auch der „Backdraft“: Wenn es in einem Zimmer brennt, aber darin nicht genügend Sauerstoff vorhanden ist, können die entstandenen brennbaren Gase nicht verbrennen. Wird jetzt eine Tür geöffnet, kommt Sauerstoff dazu und die Gase entzünden sich auf einen Schlag. Auch bei Holz brennen zuerst die Gase, die bei Hitze freigesetzt werden. Das ist das Prinzip des „Holzvergasers“. Als Benzin knapp war, wurden Autos mit Holzvergaser gebaut, die recht klobig aussahen und Holzstücke verbrannten. Mit ihnen konnte man sozusagen an jedem Waldrand „tanken“. Heute gibt es moderne Holzvergaserkessel zum Heizen, die die Heizungen im Haus mit Wärme versorgen. Darin werden brennbare Gase aus Holzstücken gewonnen und verbrannt: Zuerst wird das Holz durch die Hitze ausgetrocknet. Steigt die Temperatur weiter, werden energiereiche Gase aus dem Holz getrieben. Sie werden in der Brennkammer verbrannt und liefern die meiste Energie. Dabei wird das Holz zu Holzkohle, die schließlich auch verbrennt.

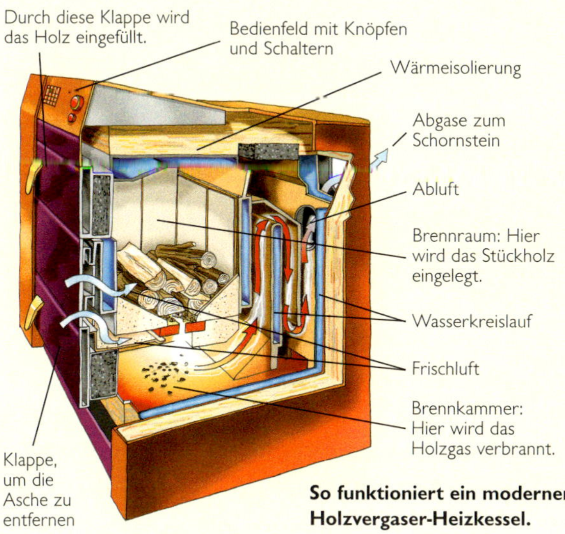

So funktioniert ein moderner Holzvergaser-Heizkessel.

Stichflamme aus der Orange

„Advent, Advent, ein Lichtlein brennt!" Jedes Jahr ist die Weihnachtszeit die Zeit der Kerzen und Orangen. Auf die richtige Weise zusammengebracht, lässt sich ein herrlich weihnachtlicher Duft erzeugen.

- [ ] leicht
- [ ] mittel
- [ ] schwer
- [x] nur für Erwachsene unter Aufsicht von Kindern

ZEIT: ca. 5 Minuten

Was brauchst du?

- 1 brennende Kerze
- 1 Messer
- 1 Orange, Mandarine oder Clementine

Wie gehst du vor?

Schäle zunächst die Orange, Mandarine oder Clementine so, dass sich ein paar schmale Schalenstücke ergeben (1). Nimm eines dieser Stücke zur Hand und knicke es nach innen. Dabei kannst du beobachten, wie feine Spritzer herausgeschleudert werden. Je frischer die Frucht ist, desto mehr spritzt die Schale beim Knicken. Halte die Schale nun in die Nähe einer Kerzenflamme und knicke sie so, dass sie in die Kerzenflamme spritzt (2).

1

2

Was passiert?

Wenn du die Schale vor die Kerzenflamme hältst und knickst, knistert es heftig und es gibt eine kleine Stichflamme. Die Spritzer verbrennen im Flug und es duftet stark nach Orange. Hältst du die Schale selbst in die Flamme, wird sie nur vom Kerzenruß schwarz und verkokelt etwas, brennt aber nicht.

Warum ist das so?
Die Schale von Zitrusfrüchten hat außen zahlreiche Öldrüsen, die ätherische Öle enthalten. Sie werden herausgeschleudert, wenn du die Schale knickst. In der Fruchtschale selbst würde das Öl nicht brennen, weil es in Kammern eingeschlossen ist und keine Verbindung zu dem Sauerstoff in der Luft hat. Durch das Knicken der Schale platzen diese Kammern und geben das Öl in kleinsten Tröpfchen frei. Diese brennen besonders gut, weil sie sehr klein sind und im Vergleich zu ihrer Größe eine große Oberfläche haben. Dadurch kommen sie von allen Seiten mit viel Luft in Berührung.

■ Explosion für Film und Fernsehen
Bärlapp ist eine geschützte heimische, immergrüne Farnpflanze, die sich durch Sporen vermehrt. Bärlappsporen werden auch als „Hexenmehl" bezeichnet: In den Anfängen der Fotografie wurden sie als „Blitzlichtpulver" verwendet, denn sie verbrennen in einer hellen Flamme so heftig wie Schießpulver. Auf der Theaterbühne, im Film- und Showgeschäft werden sie bis heute genutzt, um eindrucksvolle, aber relativ ungefährliche Explosionen zu erzeugen. Dabei entstehen große, beeindruckende Feuerbälle. Bärlapp-Sporen brennen deshalb so gut, weil sie zur Hälfte aus brennbaren Substanzen wie Ölen bestehen. Sie sind nur einen Dreihundertstelmillimeter „groß". ■

Wo kommt das vor?

Feuerspucker arbeiten mit dem gleichen Prinzip und erzeugen ebenfalls einen feinen Tröpfchennebel, den sie nach oben spucken, um nicht von der Hitze der Flamme getroffen zu werden. Das Paraffinöl, das sie verwenden, brennt eigentlich nicht sehr gut. Erst durch das Ausspucken wird es so fein verteilt, dass es mit genügend Sauerstoff aus der Luft zusammenkommt und in einem großen Feuerball auf einmal verbrennt. Normalerweise verbrennt es ziemlich langsam in einer Petroleumlampe mit Docht.
Gefährlich sind die berüchtigten Staubexplosionen. So kann beispielsweise normales Backmehl explodieren, wenn sich die Luft mit feinem Mehlstaub vermischt hat. Dann reicht bereits ein kleiner Funke zur Zündung des Gemisches. Auch Kohlen-, Holz- und Zuckerstaub kann explodieren, wenn er in der Luft fein genug verteilt ist.

Eine Kerze als Wasserpumpe

Ein Geldstück liegt im Wasser. Kannst du es mit den Fingern herausholen, ohne dabei nass zu werden oder das Wasser wegzuschütten? Ein einfaches Teelicht hilft dir dabei.

- ☐ leicht
- ☐ mittel
- ☐ schwer
- ☑ nur für Erwachsene unter Aufsicht von Kindern

ZEIT: ca. 10 Minuten

Was brauchst du?

- 1 großen Teller
- 1 Münze
- 1 Teelicht
- 1 Trinkglas
- 1 Feuerzeug oder Streichhölzer
- 1 Kanne mit Wasser

1

Wie gehst du vor?

Lege das Geldstück auf den Teller und gieße Wasser dazu, bis die Münze gerade davon bedeckt ist (1). Stelle deinen Freunden nun die Aufgabe, die Münze mit den Händen vom Teller zu nehmen, ohne sich die Finger nass zu machen oder den Teller zu bewegen. Außerdem muss das Wasser auf dem Teller bleiben!

Niemand wird es schaffen. Nun schreitest du zur Tat: Du nimmst ein Teelicht, stellst es zwischen Münze und Tellerrand ins Wasser und zündest es an. Brennt die Kerzenflamme, stülpst du das Trinkglas darüber (2).

2

3

Was passiert?

Die Kerze brennt noch kurze Zeit weiter, dann wird sie immer kleiner und verlischt schließlich. Kurz darauf strömt Wasser ins Glas und hebt das Teelicht hoch (3). Das Geldstück liegt jetzt im Trockenen, sodass du es problemlos vom Teller nehmen kannst.

Warum ist das so?
Die Kerzenflamme ist außen über 1000 °C heiß. Dementsprechend stark wird die Luft im Glas erhitzt. Zum Brennen braucht die Kerze allerdings Sauerstoff. Der Sauerstoff in dem kleinen Glas ist jedoch schnell verbraucht und die Kerze erlischt. Nun wird die Luft im Glas nicht mehr erhitzt und kühlt rasch ab. Kühle Luft benötigt aber weniger Raum, es entsteht Unterdruck im Glas. Weil das Glas unten offen ist, kann sich der Druck ausgleichen. Zwischen der äußeren Luft und der Luft im Glas ist aber das Wasser. Deshalb drückt der äußere Luftdruck Wasser in das Glas und damit die Luft im Glas zusammen, bis der Luftdruck innen und außen gleich ist.

Der Sauerstoffkreislauf
Ähnlich wie die Kerze „verbrennen" auch wir Menschen Sauerstoff. Wir atmen ihn als O_2 ein und als CO_2 wieder aus. Der Trick: Verbindet sich Sauerstoff (O_2) mit Kohlenstoff (C) zu Kohlendioxid (CO_2), wird Energie frei, die unser Körper zum Leben benötigt. Bei Pflanzen ist es genau umgekehrt: Sie brauchen Kohlendioxid (CO_2) zum Leben und geben Sauerstoff (O_2) wieder ab. Dazu ist aber Energie notwendig. Die Pflanzen nutzen dafür die „Fotosynthese", bei der sie mithilfe der Energie des Sonnenlichtes das CO_2 in seine Bestandteile C und O_2 aufspalten. So bilden Pflanzen aus dem Kohlendioxid der Luft und dem Wasser aus der Erde so genannte „Kohlehydrate", die Energiebausteine des Lebens. Wir essen also über pflanzliche Nahrung gewissermaßen „gespeicherte Sonnenenergie".

Wo kommt das vor?

Jede Kerze „verbrennt" Sauerstoff. Dabei verschwindet der Sauerstoff aber nicht spurlos, er wird bloß umgewandelt. Zusammen mit dem Element Kohlenstoff (C) aus dem Kerzenwachs verbindet er sich mit Sauerstoff (O_2) aus der Luft zu dem Gas Kohlendioxid (CO_2). Dabei wird viel Energie frei, was in Form der Flamme sichtbar ist. Der Sauerstoff verschwindet also nicht, er liegt bloß in anderer, nämlich gebundener Form vor. Witzigerweise entsteht bei jeder Verbrennung auch Wasser (siehe S. 117). Deswegen beschlägt das kalte Glas innen, wenn die Kerze verlischt. Raketen müssen den Sauerstoff zum Verbrennen des Treibstoffs immer mitnehmen, weil es im Weltraum keine Luft und somit keinen Sauerstoff gibt. An Bord sind deshalb Wasserstoff (H_2) und Sauerstoff (O_2). Verbinden sich beide Elemente, wird viel Energie frei – und liefert den enormen Schub, der Raketen ins All befördert.

Feuerlöscher mit Backpulver-Antrieb

Wenn es brennt, muss ein Feuerlöscher her. Die knallroten Behälter sind in der ganzen Schule verteilt, damit im Notfall einer zur Hand ist. Wenn es mal nicht so eilt, kann man sich selbst einen bauen ...

- [ ] leicht
- [ ] mittel
- [ ] schwer
- [x] nur für Erwachsene unter Aufsicht von Kindern

ZEIT: ca. 15 Minuten

1
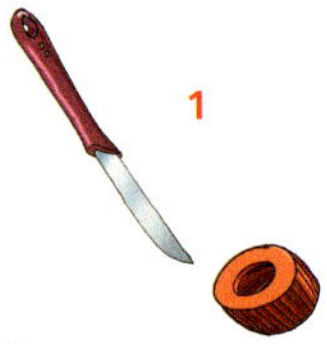

2

3

Was brauchst du?

- 1 kleine Flasche (0,33 oder 0,5 Liter) mit Schraubdeckel
- 1 Trinkhalm mit Knick
- 1 Päckchen Backpulver
- Wasser
- Klebstoff
- Essig
- 1 Messer

Wie gehst du vor?

Bohre mit dem Messer vorsichtig ein Loch in den Flaschendeckel, durch das der Trinkhalm passt (1). Stecke den Trinkhalm so weit durch das Loch, dass er bei aufgeschraubtem Flaschendeckel einen Fingerbreit über dem Flaschenboden endet. Das kurze Ende soll über dem Deckel sein, sodass man es in jede Richtung knicken kann. Klebe den Halm mit Klebstoff im Deckel fest (2). Fülle die Flasche zu ¾ voll mit Wasser (3) und gib noch einen Schuss Essig dazu (4). Dann muss es schnell gehen: Schütte das Backpulver in die Flasche (5) und schraube schnell den Deckel drauf.

4

5

6

Was passiert?

In der Flasche reagieren Wasser, Essig und Backpulver heftig. Es entsteht Schaum und aus dem Trinkhalm spritzt Wasser (6). Mit dem Knick im Halm kannst du bestimmen, wohin es spritzen soll.

Warum ist das so?

Du hast dir einen so genannten „Aufladefeuerlöscher" gebaut. Er wird erst kurz vor dem Einsatz mit dem nötigen Druck „aufgeladen", den er zum Herausdrücken des Löschmittels braucht. Bei der Reaktion von Backpulver und Wasser entsteht Kohlendioxid (CO_2). Das Gas braucht sehr viel Platz und drückt von oben auf den Wasserspiegel, sodass das Wasser von unten durch den Trinkhalm aufsteigt und oben aus der Flasche entweicht.

Wo kommt das vor?

Auch bei echten Feuerlöschern kommen durch Eindrücken des Griffes zwei Stoffe miteinander in Kontakt: Das freigesetzte CO_2 aus der Gasflasche erzeugt so viel Druck im Behälter, dass das Löschmittel weit herausgeschleudert wird und man aus sicherer Entfernung einen Brand bekämpfen kann. Dazu muss bei einigen Feuerlöschern zuerst ein Sicherungsbolzen gezogen oder ein Knopf eingedrückt werden, oder man muss die Gasflasche von Hand aufdrehen. Erst dann ist der Feuerlöscher bereit. Außerdem muss man auch ein Profigerät – wie deinen Feuerlöscher – immer senkrecht halten, da sonst das Steigrohr nicht immer bis in das Löschmittel hineinreicht. Feuerlöschmittel löschen Brände, indem sie Feuer ersticken, den Brandherd abkühlen oder die Verbrennungsreaktion unterbrechen. Bei den meisten Bränden hilft Wasser, aber es gibt auch Pulver-, Schaum- und Kohlendioxidlöscher (siehe S. 131). Sie werden alle für verschiedene „Brandklassen" (A, B, C und D) eingesetzt, die danach eingeteilt sind, welche Stoffe verbrennen, d. h. ob feste Stoffe wie Holz, Kohle oder Gummireifen, flüssige wie etwa Öl, Fett oder Lack, gasförmige Stoffe wie Erdgas oder gar Metalle wie Magnesium, Aluminium, Natrium oder Kalium brennen.

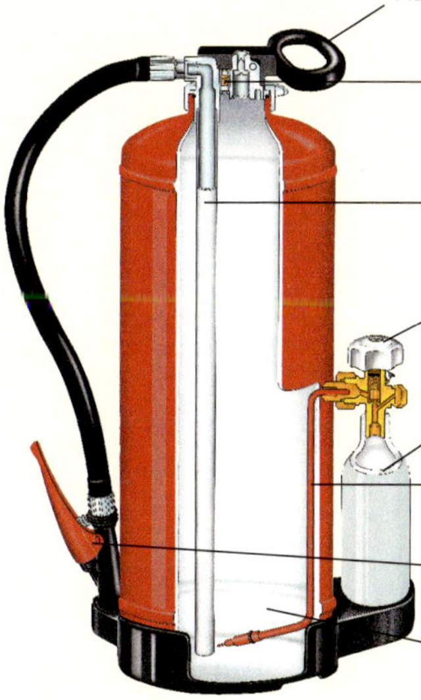

Schnittzeichnung durch einen Pulverlöscher

Feuerlöscher für Kerzen

Um ein Feuer zu löschen, nimmt man einen Feuerlöscher. Doch was nimmt man, um eine Kerze zu löschen? Na klar, einen Kerzenlöscher! Und der funktioniert völlig unsichtbar.

- ☐ leicht
- ☐ mittel
- ☐ schwer
- ☑ nur für Erwachsene unter Aufsicht von Kindern

ZEIT: ca. 5 Minuten

Was brauchst du?

- 1 Teelicht
- 1 Trinkglas
- 1 Päckchen Backpulver
- 1 Kanne
- Tafelessig

1

Wie gehst du vor?

Baue aus Teelicht und Trinkglas ein Windlicht: Setze das Teelicht in das Glas und zünde es an (1). Jetzt hast du eine windfeste Kerze, denn der Wind strömt um das Glas herum (siehe Experiment S. 56) und dringt kaum in das Glas. Dann gib etwa 2 Fingerbreit Essig in die Kanne und schütte das gesamte Backpulver hinein (2). Es schäumt kurz, aber heftig (3). Warte, bis die Reaktion abgeklungen ist. Nun stelle dir vor, die Kanne sei bis zum Rand mit einer unsichtbaren Flüssigkeit gefüllt. Gieße diese unsichtbare Flüssigkeit vorsichtig über das Teelicht, ohne dass Essig ausläuft.

2

3

4

Was passiert?

Die Kerze flackert erst etwas, dann verlischt sie, also ob eine unsichtbare Hand sie ausdrückt (4).

Warum ist das so?
Bei der Reaktion von Backpulver und Essig entsteht das Gas Kohlendioxid (CO_2). Es ist etwa anderthalbmal so schwer wie Luft. Deshalb bleibt es unsichtbar in der Kanne, wo es sich unten ansammelt. Du kannst das Kohlendioxid ausgießen wie eine Flüssigkeit. Weil es ja schwerer ist als Luft, sinkt es auch im Windlicht nach unten, verdrängt dort den leichteren Sauerstoff (O_2) und erstickt die Flamme, indem es ihr sozusagen einen Teil der Nahrung entzieht, welche die Flamme jedoch zum Brennen braucht.
Zur Sicherheit kannst du, während das Backpulver schäumt, auch ein Blatt Papier auf die Kanne legen, damit sich das Kohlendioxid ungestört darin ansammeln kann.

Giftiges Heizen
Das Heizen mit dem Öl-, Kohle- oder Gasofen in der Wohnung kann gefährlich sein. Das Feuer setzt Kohlendioxid frei, das sich in der Wohnung ansammeln kann, wenn die Belüftung schlecht ist. Dann wird es gefährlich, denn CO_2 bemerken wir nicht, weil es farb- und geruchlos ist. Noch gefährlicher ist das ebenfalls farb- und geruchlose Gas Kohlenmonoxid (CO), das bei unvollständiger Verbrennung entsteht. Es ist sehr aggressiv und wird – im Gegensatz zu CO_2 – sogar anstatt Sauerstoff vom Blut aufgenommen und ist deshalb für uns lebensgefährlich.

Wo kommt das vor?

Obwohl wir Menschen Kohlendioxid ausatmen, ist es in gewisser Weise für uns giftig, denn es ist ein Abfallstoff, den unser Körper loswerden muss – sonst ersticken wir. Unser Körper muss also ständig Kohlendioxid gegen Sauerstoff austauschen. Das nennen wir „Atmen".
Auch Feuer produziert Kohlendioxid und braucht frische, sauerstoffhaltige Luft, um weiterbrennen zu können. Wenn Flüssigkeiten wie Benzin, Fett oder Öl brennen, eignen sich Kohlendioxid-Feuerlöscher, um solche Brände zu ersticken. Die Feuerwehrmänner müssen dabei allerdings schweres Atemgerät tragen, um nicht selber Kohlendioxid einzuatmen und zu ersticken.
In Weinkellern kann sich Kohlendioxid ansammeln, das beim Gären des Weines entsteht. Weil der Weinkeller tiefer liegt als die Umgebung, kann das Gas sich hier nur schwer verflüchtigen. Eine Kerze in der Hand, die man in Hüfthöhe hält, kann durch ihr Verlöschen rechtzeitig vor dem Vorhandensein von Kohlendioxid warnen. Während der Winzer dann mit den Beinen schon in CO_2 steht, kann er immer noch Sauerstoff atmen und umkehren. Das ist quasi wie in einem Schwimmbecken: Wenn man nur mit den Beinen im Wasser steht, kann man auch nicht ertrinken – man darf nur nicht hinfallen. Ähnlich ist es im Bergwerk, wo oft Gas aus dem Gestein dringt. Deshalb haben Bergleute früher oft ein Kaninchen im Käfig mitgenommen und in Hüfthöhe vor sich hergetragen, weil Feuer unter Tage verboten ist.

Was ist „warm“?

Unser Gefühl lässt sich täuschen. Denn was wir fühlen, wird von vielen Dingen beeinflusst. Dass selbst unsere beiden Hände ganz unterschiedlich fühlen können, zeigt ein einfacher Versuch.

- [x] leicht
- [ ] mittel
- [ ] schwer
- [ ] nur für Erwachsene unter Aufsicht von Kindern

ZEIT: ca. 10 Minuten

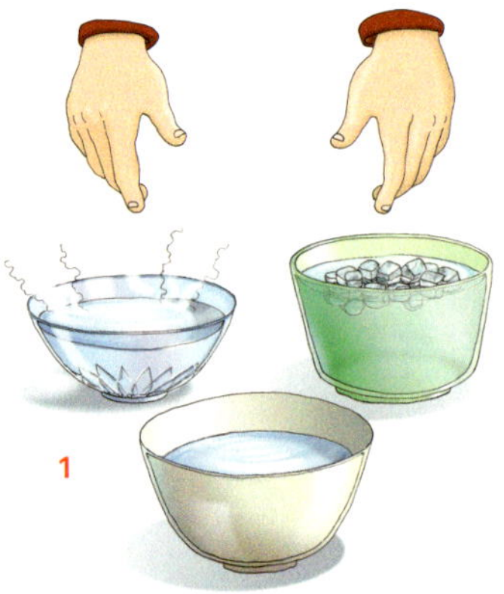
1

Was brauchst du?

- 1 Schüssel mit kaltem Wasser (eventuell mit Eiswürfeln)
- 1 Schüssel mit lauwarmem Wasser (etwa Raumtemperatur)
- 1 Schüssel mit heißem Wasser (in das man aber noch die Hände hineinhalten kann)

Wie gehst du vor?

Stelle die drei Schüsseln vor dir auf den Tisch, wobei die mit dem lauwarmen Wasser in die Mitte kommt (1). Du kannst sie auch etwas dahinter abstellen. Halte deine Hände in die beiden äußeren Schüsseln (2), also eine Hand in heißes und die andere in kaltes Wasser. Warte so etwa eine Minute ab, bis du dich daran gewöhnt hast und deine Hände das Wasser nicht mehr als besonders „heiß“ oder „kalt“ empfinden. Nimm dann beide Hände heraus und tauche sie gemeinsam in die Schüssel mit dem lauwarmen Wasser in der Mitte (3).

2

3

Was passiert?

Obwohl beide Hände jetzt in derselben Schüssel sind, fühlen sie die Temperatur dort völlig unterschiedlich. Die Hand, die vorher im kalten Wasser war, fühlt nun warm, die Hand, die aus dem heißen Wasser kommt, fühlt jetzt kalt. Die Temperaturempfindungen haben sich im Vergleich zu vorher genau umgekehrt.

Warum ist das so?

Die Hand in kaltem Wasser gewöhnt sich an die Kälte. Das sehr unangenehme Gefühl am Anfang verschwindet nach kurzer Zeit, der Körper stellt sich darauf ein. Auch die andere Hand empfindet das Wasser nur am Anfang als heiß, nach kurzer Zeit spürst du es nicht mehr, du hast dich daran gewöhnt. Interessant ist, dass sich die Temperaturempfindung in lauwarmem Wasser an beiden Händen umkehrt: Für die „heiße" Hand ist lauwarm kalt, für die „kalte" Hand dagegen warm. Während die Temperatur des lauwarmen Wassers mit dem Thermometer „objektiv", also unabhängig von deinem persönlichen Gefühl, in Grad Celsius zu messen ist, ist deine Temperaturempfindung „subjektiv", also abhängig von der Temperatur vorher.

■ Hitze-Index

Unser Temperaturempfinden hängt stark von der Luftfeuchtigkeit ab. Bei hoher Luftfeuchtigkeit wie in den Tropen empfinden wir Temperaturen höher als sie – objektiv gemessen – sind. Die „gefühlte Temperatur" bei bestimmten Lufttemperaturen und bestimmter Luftfeuchtigkeit kannst du der Tabelle unten, dem so genannten „Hitze-Index", entnehmen. ■

Lufttemperatur in °C	Relative Luftfeuchtigkeit 40 %	60 %	80 %	100 %
27	27,0	28,1	29,8	31,9
30	30,0	32,9	37,7	44,2
33	33,8	39,5	48,2	59,7
36	39,2	48,2	61,2	78,3
39	45,8	58,7	76,8	100,0
42	53,7	71,2	95,0	124,9

Unter 27 °C spielt der Hitze-Index keine Rolle.

Wo kommt das vor?

Unsere Wahrnehmung hängt davon ab, was wir erlebt haben und wo wir herkommen. Wer gerade erhitzt vom Sport kommt, empfindet ein kühles Zimmer als warm, und wer gerade aus dem warmen Bett aufgestanden ist, als kalt. Wer in die Sauna geht, empfindet es drinnen als heiß, aber nur so lange, bis er sich an die Hitze gewöhnt hat. Geht er dann raus, ist er so überhitzt, dass er es dort nicht kalt findet und sich sogar gerne eiskalt duscht oder in ein Eisloch steigt.

Wir – besser gesagt unser Körper, also letztlich unser Gehirn – reagieren stark auf Veränderungen. Bleiben diese eine Weile, „gewöhnen" wir uns daran und nehmen sie kaum noch bewusst wahr.

Außergewöhnliche Sinne

Fliegen mit dem Kompass im Schnabel

Bereits im Altertum gab es „Luftpost", indem man Brieftauben zur Beförderung von Botschaften einsetzte. Von zu Hause weggebracht, können sie bis 1000 km weit dorthin zurückfliegen. Wie ist das möglich? Orientieren sie sich am Sonnenstand, am Geruch, an der Landschaft, den Gestirnen oder besitzen sie einen eingebauten Kompass? Die Wahrheit: Tauben haben tatsächlich einen „magnetischen Sinn". Kleine Magnetkörnchen in der Nase helfen ihnen, den Weg zu finden. Wie wir Menschen mit dem Kompass orientieren sie sich dabei am Magnetfeld der Erde.

Fühlen, was die Maschine macht

Bei modernen Joysticks, den Schalthebeln für Computerspiele, ist das, was auf dem Bildschirm passiert, am Steuerknüppel als Widerstand beim Drücken spürbar. Dadurch wirkt das Spielerlebnis echter. Auch der Steuerknüppel bei Flugzeugen hat eine solche so genannte Kraftrückkopplung. Da große Flugzeuge heute „fly by wire" fliegen, also elektronisch und nicht mehr über Seilzüge gesteuert werden, erzeugt man diese Kraft im Steuerknüppel künstlich, um dem Piloten ein Gefühl dafür zu geben, wie weit er beispielsweise das Seitenruder noch bewegen kann.

Künstliche Nasen und Zungen

Rauchmelder „riechen" Rauch. Es sind einfache „elektronische Nasen", die nur eine Substanz wahrnehmen, nämlich Rauch. Wir Menschen unterscheiden einige Tausend Düfte, künstliche Nasen schaffen höchstens einige Dutzend. Dabei messen sie auch deren Konzentration. Heute schon können künstliche Nasen Bomben und Minen aufspüren, die Frische von Fleisch feststellen oder den richtigen Reifegrad von Käse erkennen. Künstliche Nasen können sogar geruchlose Stoffe wahrnehmen wie Viren und Bakterien in der Atemluft eines Menschen. So könnte die Lungenkrankheit Tuberkulose demnächst „erschnüffelt" werden.

Mit Spannung unterwegs

Der so genannte Tapirrüsselfisch aus Zentralafrika ist bis zu einem Viertelmeter lang und kann mit seinem Schwanz ein schwaches elektrisches Feld erzeugen, mit dessen Hilfe er sich im Wasser orientieren kann. Der Trick: Jeder Körper in seinem elektrischen Feld verändert die elektrischen Feldlinien dieses Feldes, was der Tapirrüsselfisch wiederum wahrnimmt. So kann er Gegenstände auch ohne Augen „sehen".

Der Zitteraal dagegen lebt in Süßgewässern Südamerikas wie dem Amazonas und kann richtige Stromschläge abgeben – bis zu 150-mal in der Stunde. Dabei kann er Spannungen von bis zu 700 Volt erzeugen und damit Menschen und Tiere betäuben oder gar töten. Vor allem aber kann er sich auf diese Weise im Wasser orientieren, weil Gegenstände um ihn herum die elektrischen Feldlinien beeinflussen.

Wenn Musik nach Schokolade schmeckt

Wenn Menschen Zahlen bunt sehen, Klänge für sie einen Geschmack haben und Gefühle sie an Formen erinnern, dann haben sie eine besondere Eigenschaft: Sie sind so genannte „Synästhetiker". Wenn bei ihnen ein Sinn angesprochen wird, werden gleichzeitig noch andere Sinne angeregt. Vermutlich sind verschiedene Regionen im Gehirn fälschlicherweise miteinander verbunden. Das kann praktisch sein: Wenn jede Ziffer mit einer Farbe verknüpft ist, kann man sich lange Zahlen wie Telefonnummern viel leichter merken. Aber es kann auch unangenehm sein, wenn man bei bestimmten Klängen zum Beispiel das Gefühl hat, Glasscherben im Mund zu haben.

Ein Loch als Lupe

Wer schlecht sieht, fängt an zu blinzeln. So können selbst Brillenträger mit bloßem Auge Dinge erkennen, für die sie sonst die Brille brauchen. Wie funktioniert das schärfere Sehen ohne Brille?

☐ leicht
☑ mittel
☐ schwer
☐ nur für Erwachsene unter Aufsicht von Kindern

ZEIT: ca. 10 Minuten

Was brauchst du?

- 1 Stück Papier oder Pappe (am besten schwarz)
- 1 Stecknadel
- 1 Buch oder 1 Zeitung

1

Wie gehst du vor?

Stich mit der Stecknadel ein Loch in die Mitte des Papier- oder Pappstücks (1). Nimm ein Buch oder eine Zeitung und halte das Loch direkt vor ein Auge. Nähere dich der Schrift (2). Du kannst auch einen Flachbildschirm ins Visier nehmen. Halte nun das Loch dicht vor ein Auge und schaue hindurch auf einen Gegenstand, der weiter weg ist (3). Wenn du eine Brille trägst, setze sie dazu ab!

2

3

Was passiert?

Wenn du durch das Stecknadelloch auf ein Buch, eine Zeitung oder einen Flachbildschirm schaust, hast du eine Art Lupe. Die Buchstaben, die du siehst, sind zwar merklich dunkler, aber auch größer, je näher du herangehst. Mit dem bloßen Auge könntest du aus dieser Nähe gar nichts mehr scharf sehen. Auch wenn du durch das Stecknadelloch in die Ferne blickst, ist alles dunkler, aber schärfer. Wenn du Brillenträger bist, ist die Wirkung umso erstaunlicher. Schaue einmal im Dunkeln ohne Brille durch das Stecknadelloch auf eine Leuchtschrift, die du sonst nicht erkennen kannst!

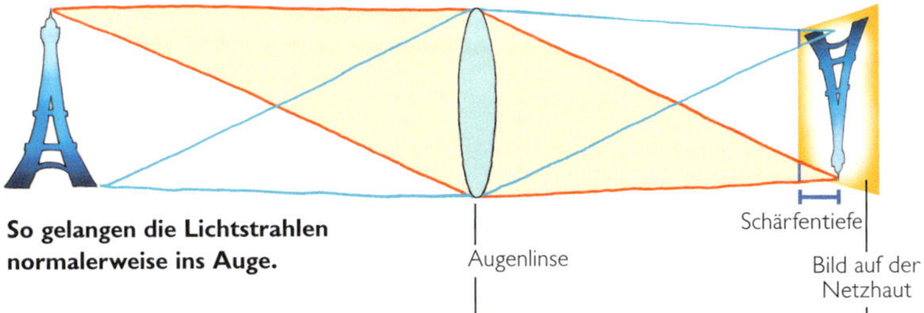

So gelangen die Lichtstrahlen normalerweise ins Auge.

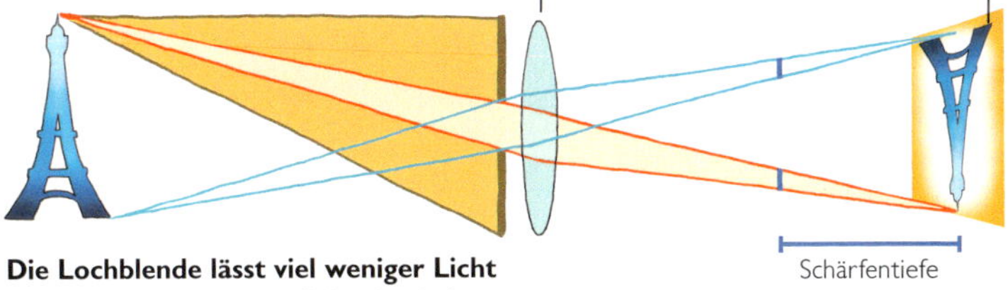

Die Lochblende lässt viel weniger Licht durch. Das steigert die Schärfentiefe.

Warum ist das so?

Das Loch wirkt als feine Blende. Nahe und ferne Gegenstände werden schärfer dargestellt. Diese Eigenschaft wird mit einem Helligkeitsverlust erkauft, weil das Loch nur wenig Licht durchlässt. Dadurch wird aber die „Schärfentiefe" vergrößert, also der Tiefenbereich, in dem wir scharf sehen, d. h. man kann auch an nahe Gegenstände dichter herangehen als mit bloßem Auge, ohne dass sie an Schärfe verlieren. Insofern wirkt diese Lochblende im Nahbereich gewissermaßen vergrößernd.

Wo kommt das vor?

Deine Pupille verändert sich ständig: Im Dunkeln ist sie groß, im Hellen klein, sodass möglichst immer die gleiche Menge Licht ins Auge fällt. Mit der Öffnung der Pupille ändert sich auch die Sehschärfe. Je kleiner die Pupille, desto schärfer ist das Bild. Sie kann zwischen 2 und 8 mm geöffnet sein.
Die einfachste Brille der Welt ist eine Art „Siebbrille". Sie kann einfach aus einem Pappstück mit vielen Löchern bestehen. Kurz- und Weitsichtige können durch sie merklich schärfer sehen – aber nur, wenn es hell genug ist, denn es gelangt nur wenig Licht ins Auge.
Die „Pupille" des Fotoapparates ist die so genannte „Irisblende", eine mechanische Öffnung, die ebenfalls verändert werden kann. Je kleiner die Blende (und je größer die Blendenzahl), desto schärfer, aber auch dunkler ist das Bild. Fotografen sprechen von zunehmender „Schärfentiefe". Weil unsere „Augenblende" – die Pupille – im Dunkeln weit geöffnet ist und sich nicht so schnell wie der Blitz schließen kann, kommt es bei Blitzlichtaufnahmen häufig zum „Rote-Augen-Effekt". Das Blitzlicht fällt dann durch das Auge auf die rote Netzhaut im hinteren Auge und bildet sie ab.
Auch Katzen haben im Hellen enge, fast schlitzartige Pupillen und im Dunkeln große Pupillen. Ihre Augen schimmern dann aber etwas silbern, weil sie hinter der Netzhaut eine reflektierende Schicht besitzen, die das Licht noch einmal zur Netzhaut zurückwirft. Dadurch können sie im Dunkeln besser sehen. Außerdem ist ihre Netzhaut sechsmal so empfindlich wie unsere.

Wasserlupe

Du willst etwas Kleingedrucktes lesen, hast aber keine Lupe zur Hand? Kein Problem – nimm eine Wasserlupe! Sie ist überall einsatzbereit, sehr leicht und selbstreinigend.

☑ leicht
☐ mittel
☐ schwer
☐ nur für Erwachsene unter Aufsicht von Kindern

ZEIT: ca. 5 Minuten

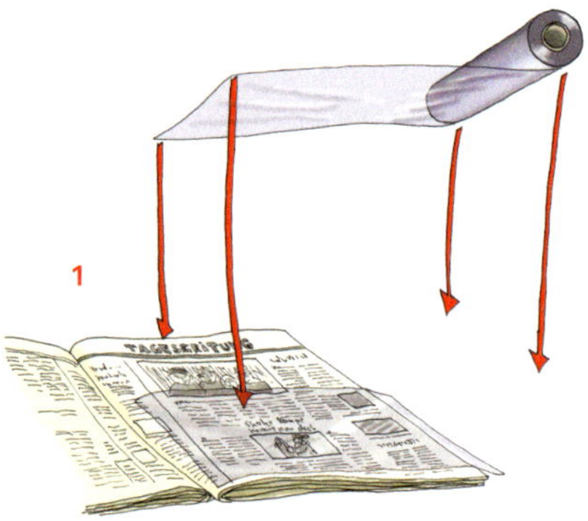

1

Was brauchst du?

- etwas Frischhaltefolie
- 1 Glas Wasser
- etwas zu lesen (Zeitung, Zeitschrift, Buch)

Wie gehst du vor?

Reiße von der Frischhaltefolie ein etwa handbreites Stück ab und lege es vor dir flach auf die Zeitung, die Zeitschrift oder das Buch (1). Tauche einen Finger in das Wasserglas (2), nimm ihn heraus und lass von ihm genau einen Tropfen auf die Mitte der Frischhaltefolie fallen (3). Schiebe die Frischhaltefolie mit dem Wassertropfen auf dem Text hin und her und schaue hindurch.

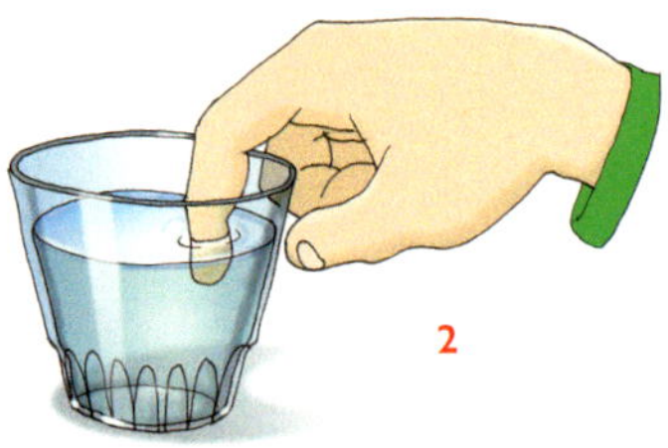

2

3

Was passiert?

Der Wassertropfen wirkt wie eine Lupe. Er vergrößert die Buchstaben des Textes ziemlich stark. Und wenn du die Folie mit ihm beispielsweise über die Tischdecke führst, kannst du die einzelnen Fäden des Stoffes deutlich erkennen. Übrigens: Wenn du aus einer festen Kunststoff-Folie mit einem Bürolocher ein Loch herausstanzt, kannst du einen großen Wassertropfen darin hängen lassen, der dann ebenfalls als Vergrößerungslinse funktioniert. Du kannst sie aber nicht mehr ablegen.

Warum ist das so?
Die Oberflächenspannung des Wassers versucht, die Oberfläche des Tropfens so klein wie möglich zu halten (siehe Experiment S. 26). Die kleinstmögliche Oberfläche ist immer eine Kugel. Ganz kugelrund wird der Tropfen allerdings nicht, da er ja auf der Folie liegt. Durch seine Form wirkt der Tropfen wie die Sammellinse einer Lupe. Für uns scheint es, als ob der Gegenstand, den wir durch die Lupe sehen, größer würde, was natürlich nicht der Fall ist. Doch die Lichtstrahlen werden gebündelt, was den gleichen Effekt hat, wie wenn wir einen Gegenstand – oder wie hier die Schrift – näher ans Auge halten.

Linsen
Es gibt zwei Grundarten von optischen Linsen, aus denen alle Brillen, Fernrohre und Mikroskope bestehen. Die „Sammellinse“ mit ihrer „bikonvexen“, nach außen gewölbten Form ist in der Mitte dicker als am Rand und sammelt einfallendes Licht in einem Punkt. Die „Streulinse“ mit ihrer „bikonkaven“, nach innen gewölbten Form ist innen dünner als am Rand und streut einfallende Lichtstrahlen auseinander. Weit- bzw. Kurzsichtigkeit werden beispielsweise korrigiert, indem man solche Linsen (Brille, Kontaktlinsen) vor das Auge setzt.

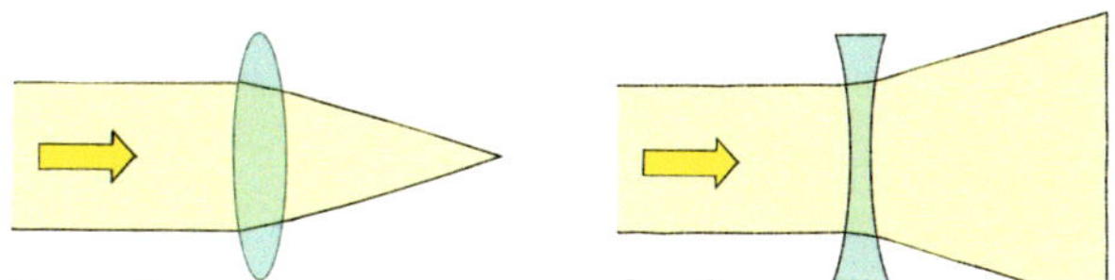

Wo kommt das vor?

Die wichtigsten Sammellinsen tragen wir in unseren Augen mit uns. Es sind besonders weiche und daher flexible Linsen, denn sie können ihre Form und damit ihre optischen Eigenschaften ändern. Betrachtest du einen Gegenstand in der Nähe, zieht sich der so genannte Ziliarmuskel im Auge zusammen und die Augenlinse wölbt sich stärker. Blickst du in die Ferne, entspannt sich dieser Muskel und die Linse wölbt sich weniger. Dieses Scharfstellen des Auges heißt „Akkommodation“. Und so, wie Wassertropfen im Experiment als Lupe wirken, tun sie es auch in der Natur. Deshalb sollte im Sommer tagsüber nicht der Rasen gesprengt werden: Die kleinen Tropfen, die sich etwa auf den Grashalmblättern bilden, wirken wie Lupen und damit wie kleine Brenngläser und bündeln das Sonnenlicht in einem Punkt. Dadurch werden die Blätter versengt und die Pflanze wird beschädigt.
Übrigens: Die ersten Mikroskope im 17. Jahrhundert waren stecknadelkopfgroße Glastropfen, die nach der Entdeckung der Vergrößerung durch Wassertropfen angefertigt wurden.

Wie schnell ist das Licht?

Nichts auf der Welt ist so schnell wie Licht. Doch ist Licht „unendlich" schnell? Nein, und obwohl es wirklich sehr, sehr schnell ist, kannst du mit einem Trick selbst feststellen, dass seine Geschwindigkeit begrenzt ist.

- [x] leicht
- [ ] mittel
- [ ] schwer
- [ ] nur für Erwachsene unter Aufsicht von Kindern

ZEIT: ca. 10 Minuten

Was brauchst du?

■ 1 Fernseh- oder Radiogerät mit Satellitenempfang (SAT-Empfänger mit Satellitenschüssel) ■ 1 Fernseh- oder Radiogerät mit Antennenempfang (normale Luftantenne am Gerät oder auf dem Dach)

Wie gehst du vor?

Schalte sowohl das Gerät mit Satellitenempfang **(1)** als auch das mit Antennenempfang **(2)** ein und stelle ein Fernsehprogramm ein, das beide gut empfangen, sodass auf beiden Geräten dieselbe Sendung läuft.

In Gebieten mit digitalem DVB-T-Empfang ist das analoge Fernsehsignal nicht mehr verfügbar. Wohnst du in so einem Gebiet, kannst du den Versuch auch mit einem per Satellit und einem über Antenne empfangenen Radiosender durchführen.

1

2

Was passiert?

Du hörst einen deutlichen Zeitversatz, so wie ein Echo! Eines der beiden Geräte empfängt sein Programm also etwas später. Wenn du genau hinhörst, kannst du feststellen, dass der Ton aus dem Gerät mit Satellitenempfang deutlich später ankommt. Stellst du die beiden Fernseher direkt nebeneinander, kannst du sogar beobachten, dass ein Bild später als das andere erscheint.

Warum ist das so?

Für das Echo im Versuch ist die so genannte „Laufzeit“ verantwortlich, die das Fernsehsignal braucht, um zu dir nach Hause zu kommen. Dabei sind Antennen- oder Satellitensignal zwar gleich schnell unterwegs, aber das Antennensignal hat einen wesentlich kürzeren Weg. Es muss nur vom nächsten Sendemast auf der Erde zu dir gelangen. Das Satellitensignal hingegen wird erst zu einem Rundfunksatelliten in den Weltraum geschickt und von diesem zu den Satellitenschüsseln auf der Erde zurückgesendet. Dieser Weg ist erheblich länger, nämlich über 70 000 km. Das Fernsehsignal läuft mit Lichtgeschwindigkeit, legt also rund 300 000 km in der Sekunde zurück, sodass es beim Umweg über den Satelliten rund eine Viertelsekunde später ankommt – das ist deutlich als Echo zu hören.

■ Echo und Nachhall

Echo und Hall (auch Nachhall genannt) entstehen, wenn Schall von Gegenständen – wie etwa Wänden – reflektiert wird und dann etwas später ein zweites Mal am Ohr ankommt. Wenn in einem Raum der Schall mehrere Male hin und her geworfen wird, entsteht ein Nachhall, der mit dem Originalgeräusch verschmilzt – es wirkt dann etwas „verschmiert“. Bei großen Konzertsälen liegt die günstigste Nachhallzeit bei insgesamt zwei Sekunden – dann klingt die Musik am besten. Bei einem Echo (auch Widerhall genannt) wird das Geräusch später als beim Hall zurückgeworfen. Dazu müssen die Wände mindestens 34 m voneinander entfernt sein. Du hörst dann deutlich, dass dasselbe Geräusch ein zweites Mal zeitversetzt aufs Ohr trifft. Damit das Ohr Geräusche auseinander halten kann, muss mindestens eine Zehntelsekunde zwischen ihnen liegen. ■

Wo kommt das vor?

Die Lichtgeschwindigkeit ist die höchste Geschwindigkeit, die es nach heutigem Wissen gibt. Entfernungen im All werden in so genannten „Lichtjahren“ angegeben, das ist die Entfernung, die ein Lichtstrahl dort in einem Jahr zurücklegt (1 Lichtjahr = 9 460 500 000 000 km). Auch Radiowellen zur Steuerung von Raumsonden laufen mit Lichtgeschwindigkeit. Zu unserem Nachbarplaneten Mars ist das Licht bis zu 22 Minuten unterwegs, weshalb es auch schwierig ist, Marsroboter zu steuern. Ein Befehl von der Erde wie „Halte an!“ braucht 22 Minuten, bis er auf dem Mars ankommt. In dieser Zeit kann der Roboter längst in eine Schlucht gefallen sein.

Schwierige Manöver, wie etwa die Landung der Weltraumsonde „Philae“ auf dem Kometen Churyumov-Gerasimenko im November 2014, werden deshalb vollautomatisch von der Sonde selbst gesteuert.

Ein silbernes Ei

Ein Ei mit Kerzenruß und eine Telefonleitung haben eine erstaunliche Gemeinsamkeit: Sie reflektieren Licht wie die „Katzenaugen“ am Fahrrad. Ohne dieses Prinzip gäbe es heute kein Internet.

☐ leicht
☐ mittel
☐ schwer
☑ nur für Erwachsene unter Aufsicht von Kindern

ZEIT: ca. 15 Minuten

Was brauchst du?

- 1 Hühnerei (roh oder gekocht)
- 1 Trinkglas mit Wasser
- 1 brennende Kerze

Wie gehst du vor?

Halte das Ei von der Seite her vorsichtig in die Kerzenflamme (1). Mach das nur zusammen mit einem Erwachsenen und achte darauf, dass du dir dabei nicht die Finger verbrennst. Sobald du das Ei in die Flamme hältst, fängt die Kerze an zu qualmen und es legt sich schwarzer Ruß auf die Schale. Halte das Ei jeweils nur für kurze Zeit in die Flamme und lasse es dann wieder abkühlen, dann bekommt es keine Risse. Es reicht, wenn du eine Hälfte des Eis mit Ruß schwärzt. Anschließend hältst du die angerußte Seite vorsichtig in ein Glas mit Wasser.

1

2

Was passiert?

Ist das Ei unter Wasser, schimmern die rußgeschwärzten Stellen silbern (2), obwohl sie ja eigentlich schwarz sind. Das Ei scheint hier mit einer spiegelnden Haut überzogen zu sein.

Warum ist das so?

Ruß besteht fast nur aus Kohlenstoff, ist fettig und deshalb wasserabweisend. Dort, wo Ruß ist, kann das Wasser die Oberfläche des Eis nicht benetzen, weil unter Wasser eine sehr dünne Lufthaut auf der Rußschicht bleibt. Wissenschaftler sprechen von einer so genannten „Grenzfläche", weil sich hier zwei verschiedenartige Stoffe gegenüberstehen, ohne ineinander überzugehen oder sich aufzulösen. Solche Grenzflächen gibt es häufiger: Zwischen Essig und Öl, zwischen Luft und Wasser, zwischen Glas und Luft. An der Grenzfläche zwischen dem Wasser und der Luft auf der verrußten Eierschale kommt es zur so genannten „Totalreflexion": Alles Licht, das auftrifft, wird komplett reflektiert, also zurückgeworfen wie bei einem Spiegel. Du kannst nicht durch die Grenzfläche auf die schwarze Schale hindurchsehen, deshalb sieht das Ei silbern aus.

Wo kommt das vor?

Wenn du tauchst und von unten an die Wasseroberfläche blickst, siehst du eine schimmernde Haut, durch die du nicht hindurchsehen kannst, weil alles Licht – wie bei deinem Ei – von der Wasseroberfläche reflektiert wird.
Die „Totalreflexion" ist auch für Telefon- und Internetleitungen sehr wichtig. Sie bestehen heute aus Kabeln mit Glasfasern, das sind haardünne Glasfäden, über die gleichzeitig bis zu sechs Millionen Telefongespräche mithilfe von Laserstrahlen, also Lichtstrahlen, übertragen werden können. An der Begrenzungsfläche der Glasfaser findet Totalreflexion statt, sodass das Licht im Inneren nicht aus der Glasfaser austreten kann. Es wird an der Außenwand nach innen zurückgeworfen, eben vollkommen – also „total" – reflektiert. So kann Licht in Glasfaserleitungen bis 100 km weit ohne Unterbrechung transportiert werden und kommt noch hell genug an, um am anderen Ende wieder aufgefangen zu werden.
Mit Schall klappt das über kleine Entfernungen ähnlich: Wenn der Arzt dich mit dem Stethoskop abhört, werden die Geräusche durch dünne Schläuche bis zu seinem Ohr geleitet.

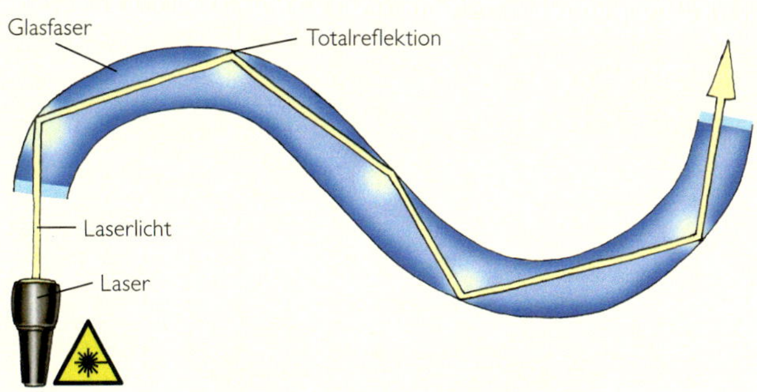

So läuft das Licht durch eine Glasfaser.

Was ist was?

Wenn du erkältet bist, macht das Essen wenig Spaß. Alles schmeckt gleich und nichts richtig gut. Auf der anderen Seite kannst du aber auch die ekligste Medizin schlucken, wenn du dir dabei die Nase zuhältst.

☐ leicht
☐ mittel
☐ schwer
☑ nur für Erwachsene unter Aufsicht von Kindern

ZEIT: ca. 30 Minuten

Was brauchst du?

- 1 Apfel, 1 Kartoffel, 1 Zwiebel
- Küchenmixer oder Reibe
- 3 Teller
- 3 Teelöffel
- Küchenmesser
- Augenbinde

Wie gehst du vor?

Schäle jeweils einen Apfel, eine Zwiebel und eine Kartoffel (1) und schneide sie in Stücke. Nun hast du drei Häufchen (2). Zerkleinere dann die Apfel-, Zwiebel- und Kartoffelstückchen jeweils getrennt in einem Küchenmixer zu Mus (3). Du kannst alles auch per Hand mit einer Reibe klein reiben. Gib allerdings Acht, dass du dir nicht versehentlich die Finger aufreibst. Fülle die drei Mussorten auf drei verschiedene Teller. Bitte dann eine oder mehrere Testpersonen, sich die Augen zubinden zu lassen und die Nase zuzuhalten. Gib nacheinander jeweils eine Löffelspitze Apfel-, Kartoffel- und Zwiebelmus auf die Zunge und frage, wonach es schmeckt (4).

1

2

Was passiert?

Keine Versuchsperson wird alle drei Stoffe richtig erkennen können.

3

4

Warum ist das so?

Wenn du etwas isst, nimmst du es in den Mund und zerkleinerst es mit deinen Zähnen. Außerdem vermengst du die Nahrung mit Speichel zu einem Speisebrei. Dadurch gelangen die Geschmacksstoffe im Mund zu den Öffnungen der etwa 2000 Geschmacksknospen, wo sie aufgenommen werden. Für die verschiedenen Geschmacksbausteine wie süß, sauer, bitter und salzig hast du unterschiedliche Bereiche im Mund, die auf diese Geschmacksrichtungen spezialisiert sind. Viel empfindlicher als der Geschmackssinn ist jedoch der Geruchssinn. Damit kannst du etwa 4000 verschiedene Gerüche auseinander halten. Die Riechschleimhaut dafür sitzt in den Nasenhöhlen. Geschmacks- und Geruchssinn arbeiten eng zusammen. Während der Geruchssinn auch alleine arbeitet, ist der Geschmackssinn auf das Funktionieren des Geruchssinns angewiesen. Wenn du dir also die Nase zuhältst, schmeckst du fast nichts, weil keine Geschmacksstoffe an den Riechzellen vorbeiströmen können. Was wir gemeinhin mit Geschmack meinen, schmecken wir also weniger, als dass wir es riechen!

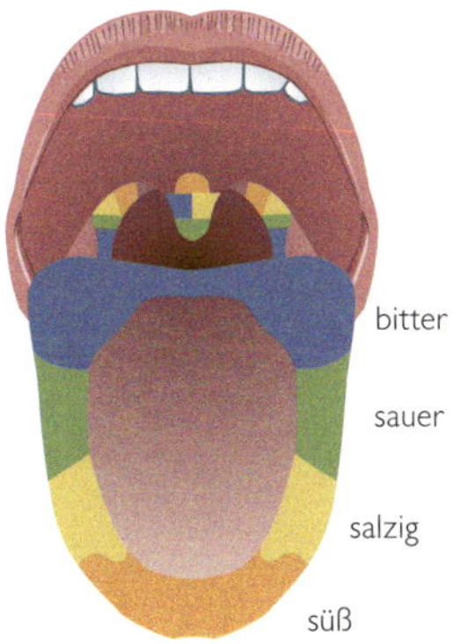

Wo kommt das vor?

Wenn du den Mund mit Zuckerwasser spülst, schmeckt Leitungswasser danach vergleichsweise bitter. Und wenn du Salzwasser in den Mund nimmst, schmeckt Trinkwasser, also Süßwasser, danach tatsächlich „süß". Der Geschmack ist also stark abhängig davon, was du vorher gegessen hast – ähnlich wie bei anderen Empfindungen (siehe Experiment S. 132)

Wenn du erkältet bist, schmeckst du fast nichts. Denn wenn die Nase verstopft ist, kann auch keine Luft hindurch und die Riechzellen von der Art der Speise informieren.

Jeder Mensch hat eine andere Geschmacksempfindung. Das hängt mit den Erbanlagen zusammen, die von Mensch zu Mensch verschieden sind, aber auch mit der Herkunft und damit, wie der Geschmack trainiert worden ist oder ob wir uns vor etwas – warum auch immer – ekeln. Heuschrecken und Maden etwa, die sehr nahrhaft und in anderen Ländern Delikatessen sind, sind bei uns verpönt. Solltest du doch einmal in Verlegenheit kommen, so etwas essen zu müssen, hilft nur eins: Mund auf und Augen und Nase zu. Je mehr Sinne ausgeschaltet werden, desto leichter fällt das Schlucken von unangenehmen Dingen. Bei bitterer Medizin halten wir uns automatisch die Nase zu, dann schmeckt sie beinahe nach nichts.

Die Schallgeschwindigkeit messen

Schall spielt beim Gewitter eine tragende Rolle: Bei Donnerschlägen kann einem Hören und Sehen vergehen. Doch oft scheint das Gewitter näher, als es ist. Die Schallgeschwindigkeit sagt dir die Wahrheit.

- [ ] leicht
- [ ] mittel
- [x] schwer
- [ ] nur für Erwachsene unter Aufsicht von Kindern

ZEIT: ca. 60 Minuten

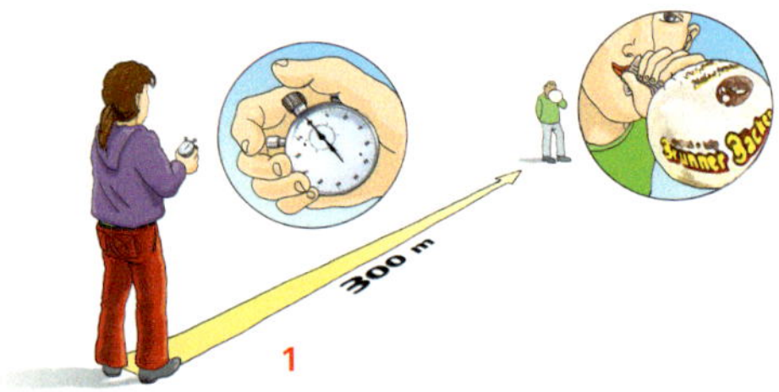

1

Was brauchst du?

- 10–20 Papiertüten, etwa vom Bäcker
- 1 Stoppuhr
- 1 Maßband
- 1 Notizblock mit Stift
- 1 Taschenrechner

Wie gehst du vor?

Geht zu zweit auf eine große Fläche. Messt eine lange Strecke ab, mindestens 300 m. Dein Partner stellt sich an ein Ende und pustet eine Papiertüte auf. Du stellst dich mit der Stoppuhr an das andere Ende (1). Dann gibt dein Partner Signal (2) und schlägt daraufhin die aufgepustete Papiertüte kaputt. Du startest gleichzeitig die Stoppuhr (3). Sobald du den Knall hörst, hältst du die Stoppuhr an (4). Stelle sie aber nicht zurück. Ihr macht das Ganze noch 10- bis 20-mal, dabei drückst du immer wieder auf die Stoppuhr, sodass sich die Zeiten summieren. Zum Schluss notierst du die Gesamtzeit. Das Ergebnis wird umso genauer, je öfter ihr messt.

2

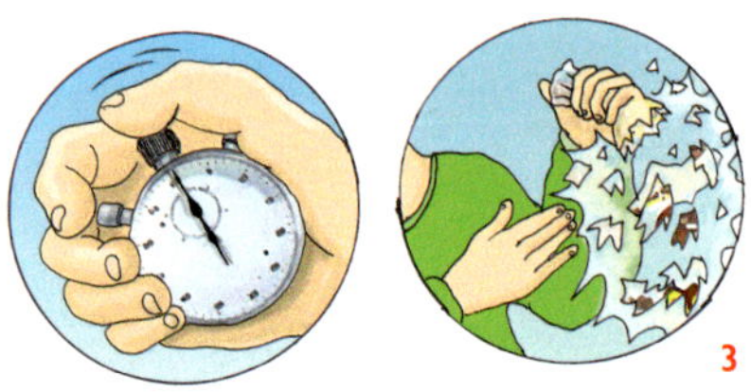

3

4

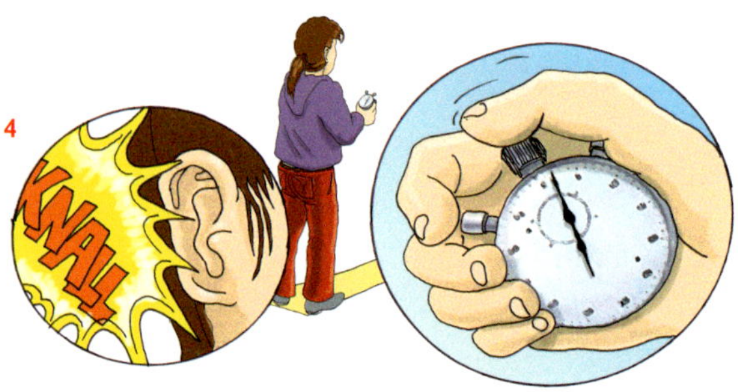

Was passiert?

Die Zeit zwischen dem Platzen der Papiertüte und dem Eintreffen des Knalls an deinem Ohr ist ein Maß für die Schallgeschwindigkeit.

Teile mit dem Taschenrechner die Gesamtzeit, die du gestoppt hast, durch die Anzahl der Versuche. Das Ergebnis ist der Mittelwert aller gestoppten Zeiten und viel genauer als eine einzelne Messung. Dann teilst du die Strecke durch diese Zeit und du erhältst die Schallgeschwindigkeit.

Warum ist das so?

Schall ist ziemlich langsam: 340 Meter legt er pro Sekunde in Luft zurück, das entspricht 1224 km pro Stunde. Das klingt zwar schnell, aber Licht breitet sich fast eine Million Mal schneller aus. Deshalb siehst du praktisch sofort, wenn die Papiertüte kaputtgeht, hörst es aber erst viel später.
Schall kann unterschiedlich schnell sein. Das hängt von der Temperatur und dem Material ab, in dem er sich fortpflanzt. Bei 0 °C beträgt die Schallgeschwindigkeit in Luft 331 m/s, bei – 50 °C in 10 000 Meter Höhe nur noch 300 m/s. In Wasser ist der Schall mit 1464 m/s unterwegs, in Eisen sogar mit 5170 m/s.

■ Verhalten bei Gewitter

Wenn du im Freien von einem Gewitter überrascht wirst, musst du dafür sorgen, dass du nicht der höchste Punkt in der Umgebung bist und möglicherweise vom Blitz getroffen wirst. Eine Bodenmulde etwa bietet Schutz. Die Volksweisheit „Buchen sollst du suchen, Eichen sollst du weichen" ist Quatsch. Meide einzelne Bäume und halte Abstand zu anderen Personen. Hocke dich mit geschlossenen Füßen hin und umfasse mit den Armen die Knie. Lege dich aber nie hin. In Gebäuden ohne Blitzableiter wie Hütten oder Scheunen hockst du dich am besten immer in die Mitte. Bist du gerade im Wald, dann achte darauf, dass du immer drei Meter Abstand von Bäumen und Astspitzen hältst. ■

Wo kommt das vor?

Der Himmel wird schwarz, in der Ferne zucken Blitze, es donnert. Oft hört sich ein Gewitter bedrohlicher an, als es tatsächlich ist. Denn meistens ist es viel weiter weg, als es scheint. Du kannst die Entfernung selbst bestimmen: Miss die Zeit zwischen Blitz und Donnerschlag in Sekunden und nimm sie mit 340 mal – schon hast du die Entfernung der Gewitterfront in Metern.
Übrigens: Wenn du ein Flugzeug hörst und in den Himmel blickst, wirst du es nicht direkt über dir entdecken. Denn der Schall eines Flugzeuges, das in etwa 3 km Höhe fliegt, braucht rund 10 Sekunden, bis er an deinem Ohr ankommt. Wenn du dann sofort nach oben schaust, ist es in der Zwischenzeit etwa 2,5 km weitergeflogen.
Die Geschwindigkeit von schnellen Flugzeugen und Raketen wird in „Mach" angegeben. „1 Mach" bedeutet Schallgeschwindigkeit, „2 Mach" doppelte

Schallgeschwindigkeit. Der Name kommt von dem österreichischen Physiker und Philosophen Ernst Mach (1838–1916), der die Bewegung von Körpern mit Überschallgeschwindigkeit erforschte.

Schnee hörbar machen

In Hörspielen sind sie Pflicht, aber auch kein Film kommt ohne sie aus: Geräusche gehören zum täglichen Leben und bringen erst Atmosphäre in eine Film- oder Hörspielhandlung.

- [x] leicht
- [ ] mittel
- [ ] schwer
- [ ] nur für Erwachsene unter Aufsicht von Kindern

ZEIT: ca. 10 Minuten

Was brauchst du?

- 1 Päckchen Puddingpulver (Kochpudding)
- evtl. 1 oder 2 Trinkgläser
- evtl. 1 Schüssel

Wie gehst du vor?

Lege das Päckchen Puddingpulver flach auf den Tisch. Drücke ein wenig mit den Fingern auf das Päckchen.
Du kannst auch das Puddingpulver aus einem oder mehreren Päckchen in eine Schüssel geben und dann mit einem Glas in das Pulver drücken. Mit zwei Gläsern kannst du wie mit Füßen im Pulver herumstapfen.

Was passiert?

Du hörst es merkwürdig knarren. Schließe die Augen und überlege, woher du das knarrende Geräusch kennst ... Stelle dir eine weite, weiße Winterlandschaft vor!
Mit dem Glas kannst du das Knarren noch etwas verändern, je nachdem, wie du es in das Pulver drückst, ob leicht oder fest oder ob du es dabei hin und her kippst.
Du kannst den Versuch auch mit Soßenbinder probieren.

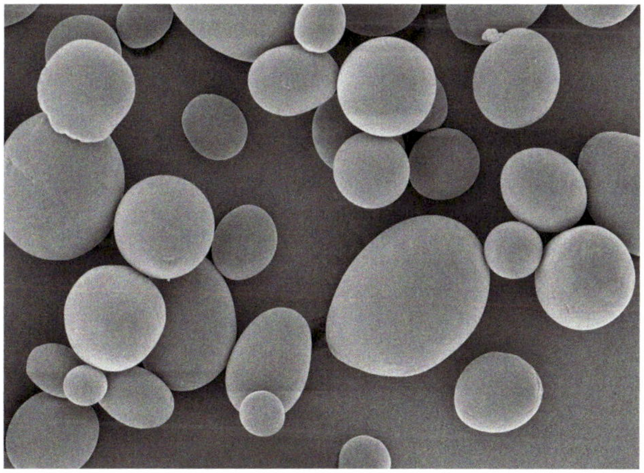

Stärkepulver unter dem Elektronenmikroskop – in 1000-facher Vergrößerung

Warum ist das so?

Puddingpulver besteht zum Großteil aus Stärke in Form von besonders kleinen Körnchen. Durch ihre chemische Zusammensetzung haften die Stärkekörnchen ziemlich gut aneinander. Dieser Effekt wird dadurch verstärkt, dass die Körnchen sehr klein sind und ihre Oberfläche dadurch sehr groß ist, wodurch die Bindungskräfte größer sind. Wird die Bindung zwischen den Körnchen zerstört, entsteht deutlich hörbar Reibung. Das passiert beim Drücken viele Tausend Male pro Sekunde in unregelmäßigen Abständen. Jedes Mal gibt es beim Zerreißen einen kleinen „Knacks" und alles zusammen hört sich nach Schritten im Schnee an, da im Schnee Ähnliches passiert.

Wo kommt das vor?

Auch Sandkörner reiben aneinander, wenn wir darüberlaufen. An manchen Stränden wie etwa bei Binz auf der Ostseeinsel Rügen oder am Red Point Beach auf Prince Edward Island in Kanada quietscht der Sand sogar richtig unter den Füßen. Dabei hat jede Sandsorte ihren ganz eigenen „Klang".

Geräusche bestimmen unser Leben und verstärken das, was wir sehen. In Stummfilmen wie „Dick und Doof" mit den beiden Komikern Oliver Hardy und Stan Laurel werden komische Geräusche zur Untermalung der Handlung eingesetzt.

Auch heute gibt es im Funk- und Filmgeschäft spezielle „Geräuschemacher", die beispielsweise das Geschehen von Hörspielen illustrieren, sodass man den Eindruck hat, mittendrin zu sein. Selbst bei Tonfilmen werden die Geräusche künstlich dazugemischt oder nachträglich verstärkt. Die Geräuschemacher erzeugen die Geräusche künstlich im Studio. Pferdegetrappel ist nichts anderes

als Kokosnussschalen, die auf Stein oder Sand geklopft werden. Stahlbleche, die geschüttelt werden, klingen wie Donnerschläge, trockene Erbsen auf Blech wie Regenprasseln. Schritte im Schnee werden mit zwei Stoffsäckchen erzeugt, in denen sich Stärkepulver befindet – ganz wie in deinem Experiment. Und bei der Filmreihe „Star Wars" beispielsweise stammt das Geräusch der sich kreuzenden Laserschwerter von Schlägen gegen dicke, straff gespannte Stahlseile.

Ohne Schall kein Hören

Ultraschall – mit den Ohren sehen

Wenn Töne so hoch sind, dass wir sie nicht mehr hören können, spricht man von „Ultraschall". Hunde, Katzen, Fledermäuse können Ultraschall hören. Fledermäuse erzeugen sogar Ultraschall. Aus ihrem Rachen senden sie Peiltöne aus, die von der Umgebung zurückgeworfen werden. Aus diesem Echo erzeugen Fledermäuse in ihrem Gehirn ein Bild von ihrer Umgebung, sie können „bild-hören" und wie mit einer akustischen Taschenlampe sehen. Auch ihre Beute orten sie mit Ultraschalltönen. Manche Nachtfalter lassen sich deshalb blitzschnell fallen, wenn sie Ultraschall hören. Wenn man im Sommer unter einer Straßenlaterne mit dem Schlüsselbund rasselt, fallen einige Falter herunter, weil sie denken, eine Fledermaus ist hinter ihnen her. Ein Schlüsselbund erzeugt nämlich auch Ultraschall!

Die Sprache der Elefanten

Unser Hörvermögen hat nicht nur eine obere, sondern auch eine untere Grenze. Ganz tiefe Töne, so genannten „Infraschall", nehmen wir nicht mehr wahr – höchstens als Pochen oder Vibrieren der Luft oder als Brummeln in der Magengegend. Elefanten jedoch können sich mit Infraschall verständigen, er überbrückt große Entfernungen und wird durch Gegenstände wie Felsbrocken oder Bäume kaum abgelenkt. Dort, wo der Rüssel in den Kopf übergeht, kann man bei Elefanten ein leichtes Heben und Senken der Haut beobachten, wenn sie Infraschall aussenden.

„Antischall" vernichtet Lärm

Schall kann mit so genanntem „Antischall" ausgelöscht werden. Es gibt heute Kopfhörer, die Stille für die Ohren erzeugen, indem sie Geräusche machen. Ein Mikrofon nimmt dabei die Außengeräusche auf, eine Elektronik errechnet genau das Gegenteil und gibt es auf die Lautsprecher im Kopfhörer. Der eindringende Schall von außen und der erzeugte Antischall innen heben sich genau auf.
Auch die Innenräume von Autos können so künstlich leise gehalten werden, und in einige Düsentriebwerke werden Lautsprecher eingebaut, welche den Lärm mit Gegenlärm vermindern.

Kann man im All Radio hören?

Ja und nein. Ja, weil man im Weltraum Radiowellen empfangen kann, denn sie breiten sich im luftleeren Raum aus. Die Schallwellen, die wir hören, jedoch nicht. Schall ist an Materie gebunden, also an Stoffe wie Luft oder Wasser, die ihn leiten. Wo es nichts gibt, also ein Vakuum herrscht wie im Weltraum, kann auch kein Schall übertragen werden. Radiowellen dagegen sind elektromagnetische Wellen wie das Licht und durchdringen auch Vakuum. Obwohl im All also zu sehen ist, wie sich die Lautsprechermembran bewegt (ein Zeichen für die Übertragung von Radiowellen), ist nichts zu hören. Daher ist es im Weltall totenstill.

Das Martinshorn und der Dopplereffekt

Wenn ein Wagen mit Sirene an dir vorbeifährt, wechselt die Tonhöhe. Fährt er auf dich zu, ist der Ton höher, als wenn er von dir wegfährt. Das liegt daran, dass sich der Wagen bewegt und Schall relativ langsam ist. Die Schallwellen werden vor dem Auto zusammengedrückt, dadurch ist der Ton höher, hinter dem Wagen aber auseinander gezogen, der Ton ist tiefer. Benannt ist der Effekt nach dem Physiker Christian Johann Doppler (1803–1853). Die Polizei nutzt den Dopplereffekt, um per Radar die Geschwindigkeit von Autos im Vorbeifahren zu messen, die auf das Radargerät zu- oder von ihm wegfahren.

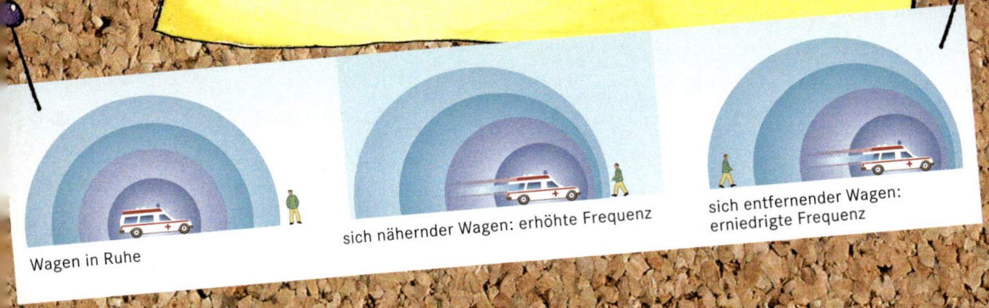

Wasserthermometer

Man hält es an die Stirn, ins Ohr, klemmt es unter die Zunge, unter den Arm oder steckt es in den Po: Das Fieberthermometer misst deine Körpertemperatur. Ein Thermometer kannst du ganz leicht selbst bauen.

- ☐ leicht
- ☑ mittel
- ☐ schwer
- ☐ nur für Erwachsene unter Aufsicht von Kindern

ZEIT: ca. 20 Minuten

Was brauchst du?

- 1 kleines Gefäß mit Schraubdeckel
- 1 Trinkhalm
- Klebstoff
- Wasser
- Tinte
- Schüssel
- Eiswürfel
- Schere
- 1 Permanentschreiber (für die Kalibrierung)

Wie gehst du vor?

Gib einige Tropfen Tinte in das Gefäß und fülle es randvoll mit Wasser (1). Bohre mit der Schere ein Loch durch den Deckel, durch das der Trinkhalm passt (2). Stecke den Trinkhalm nur so weit in das Loch, dass er noch möglichst weit nach oben aus dem Deckel herausragt. Klebe ihn mit Klebstoff fest und ziehe dabei eine Klebenaht um das Loch, damit die Öffnung abgedichtet ist (3). Schraube den Deckel fest auf das Gefäß und achte darauf, dass keine Luftblase mehr in dem Gefäß bleibt. Dann stelle das Thermometer in die Sonne oder auf die Heizung und danach in eine Schüssel mit Eiswürfeln (4).

1

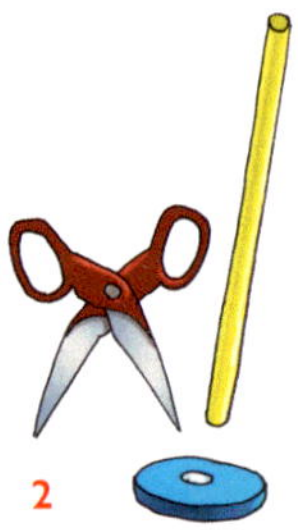
2

3

4

Was passiert?

Wird das Gefäß warm, steigt das Wasser im Trinkhalm nach oben, kühlt es anschließend wieder ab, sinkt auch das Wasser im Halm nach unten.

Warum ist das so?

Wasser dehnt sich beim Erwärmen aus – so wie jeder andere Stoff auch. Weil das Wasser in dem Gefäß dann mehr Platz braucht, drückt es sich im Trinkhalm nach oben.
Je kleiner das Gefäß für dein Thermometer ist, desto schneller reagiert es auf Temperaturänderungen. Und je dünner der Trinkhalm ist, desto deutlicher ist der Ausschlag. Nun musst du dein Thermometer noch kalibrieren, also einmessen, damit du dem Wasserstand im Trinkhalm – also der Anzeige – auch eine Temperatur zuordnen kannst.
Luft sollte nicht in der Flasche sein, sonst arbeitet dein Thermometer gleichzeitig als Barometer (siehe Experiment S. 154) und beide Phänomene – Temperatur und Luftdruck – überlagern sich.

■ Kalibriere dein Thermometer

Der Gefrierpunkt (0 °C) und der Siedepunkt (100 °C) von Wasser bilden die Ober- und Untergrenze des Temperaturbereichs, den du mit deinem Wasserthermometer messen kannst. Zur Markierung des Gefrierpunkts lass einige Eiswürfel schmelzen. Stelle dein Thermometer in das Schmelzwasser mit den Eiswürfeln und markiere den Stand der Wassersäule. Um den Siedepunkt zu markieren, stellst du das Thermometer in kochendes Wasser. ■

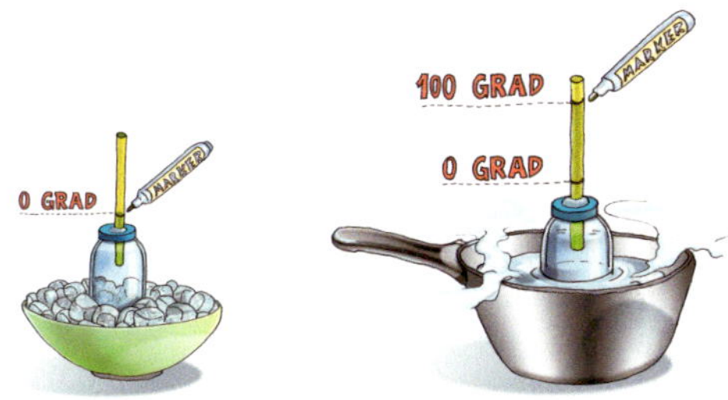

Wo kommt das vor?

Für Flüssigkeitsthermometer nimmt man normalerweise kein Wasser, weil es eine „Anomalie" hat (siehe Experiment S. 87), eine „Abweichung vom Normalen": Wasser zieht sich bei +4 °C am meisten zusammen. Wird es kälter oder wärmer, dehnt es sich wieder aus. Weil es sich also von warm nach kalt nicht gleichmäßig zusammenzieht, ist es eigentlich nicht als Messflüssigkeit geeignet, schließlich steht es bei Temperaturen unter und über +4 °C gleich hoch, sodass man diese Temperaturen nicht mehr unterscheiden kann.
In professionellen Flüssigkeitsthermometern war daher früher giftiges Quecksilber, heute ist es das Lösungsmittel Toluol. Elektronische Thermometer hingegen nutzen die Tatsache, dass sich der elektrische Widerstand im Messfühler ändert. Bei höheren Temperaturen fließt weniger Strom, weil der Widerstand größer wird.

Es gibt viele Spezialthermometer mit verschiedenen Messbereichen und -genauigkeiten: Fieberthermometer messen vor allem zwischen 35 °C und 42 °C, Backofenthermometer von 30 °C bis 300 °C, Bratenthermometer (die man in das Fleisch steckt) für den Grill oder Ofen von 0 °C bis 120 °C und Einkochthermometer für das Marmeladekochen zwischen 40 °C und 180 °C.

Wasserbarometer

Wie wird das Wetter? „Fällt“ das Barometer, bedeutet das ziemlich schlechtes Wetter. Ein Blick in dein eigenes Wetterglas kann dich rechtzeitig vorwarnen.

- [ ] leicht
- [x] mittel
- [ ] schwer
- [ ] nur für Erwachsene unter Aufsicht von Kindern

ZEIT: ca. 1 Tag

Was brauchst du?

- 1 Suppenteller
- 1 Trinkglas
- 3 1-Cent-Stücke
- Wasser
- 1 Permanentschreiber

1

Wie gehst du vor?
Fülle das Trinkglas mit Wasser randvoll und lege den Suppenteller umgekehrt darauf (1). Drehe Teller und Glas zusammen um (2), sodass das Trinkglas nun umgekehrt mit der Öffnung nach unten auf dem Teller steht. Hebe das Trinkglas jetzt so weit an, dass die Hälfte des Wassers auf den Teller läuft, und schiebe die drei Münzen so unter den Glasrand, dass das Glas nicht direkt auf dem Teller steht, sondern ein kleiner Spalt bleibt (3). Stelle das Ganze an einen schattigen Ort, an dem die Temperatur möglichst gleich bleibt, und beobachte, wie sich der Wasserstand mit der Zeit langsam verändert.

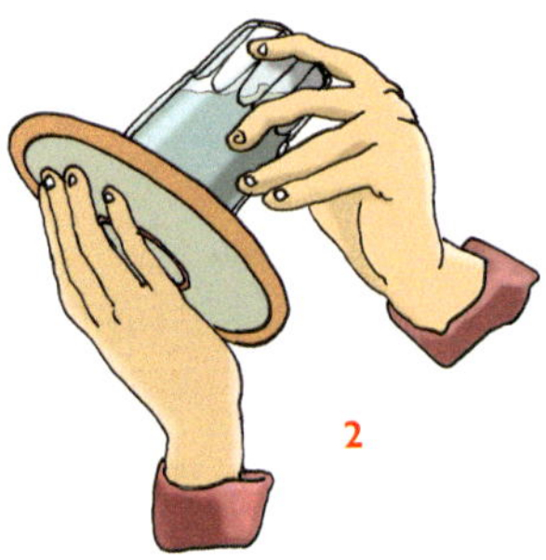

2

3

Was passiert?
Der Wasserstand im Glas verändert sich, er schwankt innerhalb mehrerer Stunden nach oben und unten. Markiere dir den höchsten und niedrigsten Wasserstand mit einem Filzschreiber auf dem Glas.
Dies ist ein Dauerexperiment, du kannst es so lange fortführen, wie du willst. Ab und zu musst du etwas Wasser nachfüllen, damit der Wasserstand außen nie unter den Rand des Glases sinkt.

Warum ist das so?
Das Experiment ist ähnlich wie das mit der „Vogeltränke“ (siehe Experiment S. 62), nur dass du kein Wasser entnimmst. Der Luftdruck drückt auf den Wasserspiegel außerhalb des Glases und hält dadurch das Wasser im Glas. Weil sich der Luftdruck je nach Wetterlage verändert, drückt er unterschiedlich stark, was an der Veränderung des Wasserpegels im Glas sichtbar wird. Zieht ein Hochdruckgebiet heran, steigt auch der Wasserpegel im Glas, weil der höhere Luftdruck Wasser in das Glas drückt. Sinkt der Luftdruck aufgrund eines Tiefdruckgebietes, sinkt auch der Wasserpegel im Glas.

■ So funktioniert ein Barometer
Bei dem heute gebräuchlichen Dosenbarometer (Aneroidbarometer) wird der Boden einer metallenen „Druckmessdose“ durch den Luftdruck mehr oder weniger weit eingedrückt, was auf einen Zeiger übertragen wird. Wenn das Barometer „fällt“, also sehr schnell sinkt, zeigt es auf der Ableseskala ein „Tief“ – ein Tiefdruckgebiet – an, das mit schlechtem Wetter einhergeht. Bei einem „Sturmtief“ mit stürmischen Winden sinkt das Barometer ungewöhnlich tief. ■

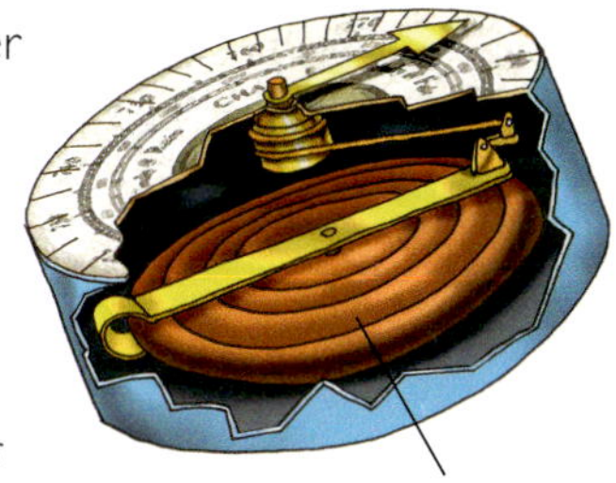

Wo kommt das vor?

Das Wasserbarometer heißt auch „Wetterglas“. Ein sehr schönes Wetterglas ist das „Goethe-Barometer“, das einer Teekanne ähnelt und von dem deutschen Dichter Johann Wolfgang von Goethe (1749–1832) erfunden wurde. Je nach Luftdruck verändert der Wasserspiegel in einem offenen Röhrchen seine Höhe.
Dein Wasserbarometer ist dem ersten Barometer von 1643 nachempfunden, das der italienische Mathematiker und Physiker Evangelista Torricelli (1608–1647) erfand. Dieses funktionierte mit giftigem Quecksilber (Hg), das vom Luftdruck auf Meereshöhe in einem luftleeren Rohr 760 mm hochgedrückt wird (siehe S. 169). Blutdruck wird noch heute in „Millimeter Quecksilbersäule“ (mm Hg) gemessen, während der Luftdruck in Hektopascal (hPa) angegeben wird. Der höchste je gemessene Luftdruck betrug 1083,8 hPa, der niedrigste 856 hPa. Auf Meereshöhe (NN = Normalnull) beträgt der Luftdruck im Mittel 1013,25 hPa. Weil der Luftdruck mit der Höhe abnimmt, dienen Barometer auch als Höhenmesser. Dabei wird allerdings vorausgesetzt, dass sich das Wetter und damit der wetterbedingte Luftdruck während einer Wanderung, Bergbesteigung oder eines Fluges nicht verändert, was nicht immer der Fall ist.

Luftballon als Wetterfühler

Der Luftdruck wechselt – je nach Wetter. Oft ändert er sich schon, bevor du bemerkst, dass sich das Wetter ändert. Ein einfaches „Barometer“ macht dies für dich sichtbar.

- ☐ leicht
- ☑ mittel
- ☐ schwer
- ☐ nur für Erwachsene unter Aufsicht von Kindern

ZEIT: ca. 1 Tag

Was brauchst du?

- 1 Saftflasche mit großer Öffnung
- 1 Luftballon
- Schere
- 1 Gummiring
- 1 Trinkhalm
- etwas Klebstoff

Wie gehst du vor?

Schneide den Luftballon in der Mitte durch (1). Ziehe die Hälfte ohne Tülle über die Öffnung der Flasche (2). Spanne die Luftballonhaut straff über die Öffnung und befestige sie mit einem Gummiring um den Flaschenhals, damit sie die Flasche luftdicht verschließt (3). Auf die Mitte der Luftballonhaut tropfst du etwas Klebstoff und hältst vorsichtig ein Ende des Trinkhalms darauf, bis der Klebstoff so fest geworden ist, dass der Trinkhalm nicht herunterkippt (4). Der Trinkhalm ragt nun waagerecht über die Flasche hinaus (5). Stelle die Flasche an einen schattigen Ort.

1

2

3

4

5

Was passiert?

Mit der Zeit bewegt sich der Trinkhalm! Langsam und daher für unser Auge nicht sichtbar, wandert das überstehende Ende des Trinkhalmes nach oben oder unten, je nach Wetterlage. Zieht ein Hochdruckgebiet über uns hinweg, deutet der Zeiger nach oben, bei einem Tiefdruckgebiet nach unten.

Warum ist das so?
Der Luftdruck in der Flasche bleibt immer gleich, weil du ihn mit der Luftballonhaut eingeschlossen hast. Der Luftdruck außen aber ändert sich ständig. Herrscht bei dir gerade ein „Hoch", ist der Luftdruck hoch. Er drückt auf die Luftballonhaut. Diese wölbt sich etwas nach unten und der Zeiger wandert nach oben. Im Gegensatz dazu herrscht bei einem „Tief" geringer Luftdruck. Nun ist der Luftdruck in der Flasche größer als außerhalb und die Luftballonhaut wölbt sich nach oben – der Zeiger deutet logischerweise nach unten. Wenn du das Luftballon-Barometer vor eine Wand stellst und dort ein Blatt Papier befestigst, kannst du dir die Zeigerstellungen markieren. So entsteht eine Skala, auf der du dir auch den höchsten und niedrigsten von dir gemessenen Luftdruck markieren kannst.

Höhenmesser
Ein Höhenmesser (Altimeter) ist eigentlich ein Barometer, denn er arbeitet genau wie dieser mit dem Luftdruck. Allerdings rechnet er den Luftdruck gleich in Höhenmeter um. Er wird am Erdboden auf null Meter eingestellt und zeigt dann beim Bergsteigen oder im Flugzeug die Höhe an, weil der Luftdruck mit steigender Höhe abnimmt. Er halbiert sich alle 5000 m.
Problematisch wird es, wenn sich dabei das Wetter ändert, weil dann nicht zu erkennen ist, ob die Druckveränderung höhen- oder wetterbedingt ist.

Wo kommt das vor?

Der Luftdruck ist nicht nur vom Wetter abhängig, sondern auch von der Höhe. Wenn du einmal in einem hohen Hochhaus Aufzug gefahren oder mit dem Flugzeug geflogen bist, hast du einen Druck in den Ohren gespürt. Ähnlich wie die Luftballonhaut deines Barometers wölbt sich auch das Trommelfell nach innen oder nach außen. Erst durch Schlucken schaffst du einen Druckausgleich, das Trommelfell ist wieder flach und du spürst keinen Druck mehr. Dafür sorgt die so genannte „Ohrtrompete" (eustachische Röhre), die eine Verbindung zwischen der Außenluft und der Luft im Mittelohr herstellt. Im Flugzeug gibt es deshalb beim Starten oft „Startbonbons" für die Passagiere, da die Druckregelung in der Kabine nie perfekt funktioniert. Beim Lutschen muss man automatisch schlucken und bekommt erst gar keinen Druck auf die Ohren. Solche Bonbons

wären auch im schnellsten Aufzug der Welt – in einem Wolkenkratzer der taiwanesischen Hauptstadt Taipeh – hilfreich, der so schnell fährt, dass man leicht Ohrenschmerzen bekommen kann. Auch beim Tauchen kann der Druck im Ohr sehr schmerzhaft werden. Denn Wasser ist viel schwerer als Luft und drückt schon in geringer Tiefe mit hohem Gewicht auf das Ohr. Hier hilft nur eines: Nase zuhalten und Luft hineinpressen.

Ein Haar misst Luftfeuchtigkeit

Du kannst riechen, fühlen, schmecken, hören und sehen. Aber mit deinem Körper kannst du noch mehr, zum Beispiel mit ihm messen. Dafür genügt ein einziges Haar.

- [ ] leicht
- [ ] mittel
- [ ] schwer
- [x] nur für Erwachsene unter Aufsicht von Kindern

ZEIT: ca. 1 Tag

Was brauchst du?

- 1 Karton DIN A4, z. B. eine Postversandhülle mit Papprücken
- 1 Reißzwecke
- 1 Trinkhalm
- 1 langes Haar
- Klebefilm
- Alleskleber
- Glasreiniger

Wie gehst du vor?

Nimm einen Lappen, besprühe ihn mit Glasreiniger und ziehe ihn am Haar entlang (1). Lege die Reißzwecke etwa 5 cm vom oberen und 5 cm vom linken Rand entfernt mit der Spitze nach oben auf den Karton und befestige sie dort mit einem Stück Klebefilm (2). Piekse den Trinkhalm an einem Ende auf die Reißzwecke, sodass er links 2 cm übersteht und sich ganz leicht drehen lässt. Befestige das Haar mit etwas Alleskleber am linken (kurzen) Ende des Trinkhalms. Halte den Trinkhalm nun waagerecht, führe das Haar senkrecht straff nach unten und klebe das untere Ende des Haars auf dem Karton fest (3). Stelle die Pappe nun hochkant auf (4).

1

2

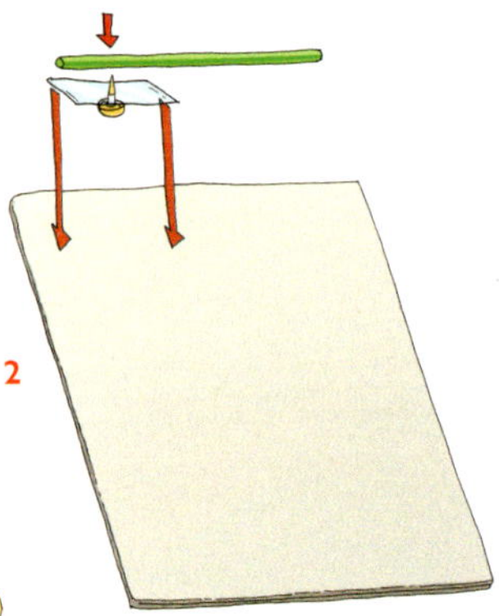

3

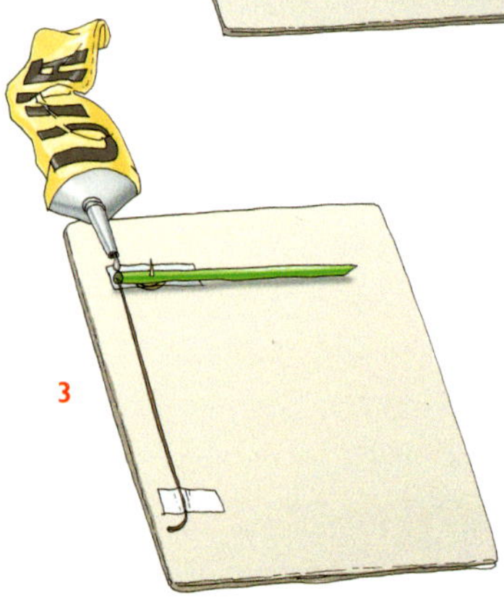

4

Was passiert?

Mit der Zeit verändert der Trinkhalm-Zeiger seine Stellung. Wird es draußen feucht, sinkt er nach unten. Scheint draußen die Sonne, steigt er nach oben.

Warum ist das so?

Haare werden etwas länger, wenn sie Feuchtigkeit ausgesetzt sind. Je länger ein Haar ist, desto stärker macht sich dieser Effekt bemerkbar. Vorher muss das Haar allerdings gereinigt und dadurch entfettet werden, damit die Luftfeuchtigkeit, also der Wasserdampf in der Luft, besser eindringen kann. Der Trinkhalm ist hier nicht nur ein Zeiger – vor allem, wenn du ihn am rechten Ende noch spitz anschneidest –, sondern auch ein „zweiarmiger Hebel“: Er übersetzt eine kleine Längenänderung des Haars am linken kurzen Ende in einen großen, gut sichtbaren Ausschlag am langen rechten Ende des Zeigers. Jetzt hast du schon fast ein „Haarhygrometer“. Wenn du damit richtig messen willst, musst du es allerdings noch kalibrieren.

■ So kalibrierst du dein Hygrometer

Stelle im Badezimmer die Dusche mit Heißwasser an und warte, bis sich Wasserdampf sammelt. Halte dein Hygrometer etwa eine Minute in den Dampf, bis sich der Zeiger nicht mehr weiterbewegt. Der Karton sollte dabei nicht nass werden. Markiere die Zeigerstellung mit „100 %“, denn in der Dusche ist die Luft nahezu vollständig mit Wasser gesättigt. Stelle nun den Backofen auf 50 °C und lege dein Hygrometer hinein. Markiere nach einigen Minuten den Zeigerausschlag, er markiert ungefähr 0 % Luftfeuchtigkeit. Die heiße Backofenluft enthält nämlich kaum Wasser. Zwischen diesen beiden Markierungen kannst du eine Skala von null bis hundert einzeichnen und die Luftfeuchtigkeit ganz genau bestimmen. ■

Wo kommt das vor?

Bei vielen Menschen kräuseln sich die Kopfhaare, wenn sie feucht werden, weil sie sich ungleichmäßig ausdehnen. Das ist besonders gut in den warmen Tropen zu beobachten, wo die Luftfeuchtigkeit sehr hoch ist. Wie viel Wasser die Luft (pro Kubikmeter, m^3) aufnehmen kann, hängt von der Temperatur ab: In den eiskalten Polargebieten sind es im Mittel 1 g/m^3, bei uns etwa 7 g/m^3 und in den feuchtwarmen Tropen über 20 g/m^3. Wie die Luftfeuchtigkeit unser Temperaturempfinden beeinflusst, sagt dir die Tabelle auf S. 133.

Das Haarhygrometer ist übrigens das einzige technische Instrument, in dem noch heute ein Teil des menschlichen Körpers eingebaut ist. Am besten eignen sich dafür lange, blonde Frauenhaare aus der Schweiz, weiß man beim Deutschen Wetterdienst in Offenbach.

Auch Papier wird durch Feuchtigkeit wellig: Die Pflanzenfasern, aus denen es besteht, sind winzige, bis 4 mm lange, zusammengedrückte, schlauchförmige Stücke, die durch Feuchtigkeit aufquellen. Das kannst du gut bei einer nassen Zeitung beobachten. Auch wenn sie wieder trocken ist, bleibt sie wellig, weil die aufgequollenen Fasern nicht erneut plattgedrückt werden.

Wie viel Wasser ist in der Luft?

Gestern war es drückend und schwül, heute ist es angenehm frisch. Beim Blick aufs Thermometer fällt dir auf: Die Temperatur hat sich kaum verändert, trotzdem empfindest du sie heute anders als gestern.

- ☐ leicht
- ☑ mittel
- ☐ schwer
- ☐ nur für Erwachsene unter Aufsicht von Kindern

ZEIT: ca. 20 Minuten

Was brauchst du?

■ 1 langes Thermometer (ca. – 10 °C bis + 100 °C, gibt es in der Apotheke) ■ 1 Teller ■ 1 Föhn ■ 1 Mullbinde ■ Wasser

Wie gehst du vor?

Suche dir drinnen oder draußen einen schattigen Ort. Halte das Thermometer dort etwa 3 Minuten in die Luft bis sich die Anzeige nicht mehr verändert (1), lies die Temperatur ab und notiere sie dir (2). Wickle nun unten am Thermometer eine Handbreit Mull rund um den Messkopf (3). Schütte etwas Wasser in den Teller und tauche die Mullbinde hinein, bis sie ganz feucht ist (4). Schalte jetzt den Föhn ein und blase – mit Kaltluft oder auf der niedrigsten Stufe – so lange auf das Thermometer, bis sich die angezeigte Temperatur nicht mehr verändert (5). Notiere den Temperaturwert.

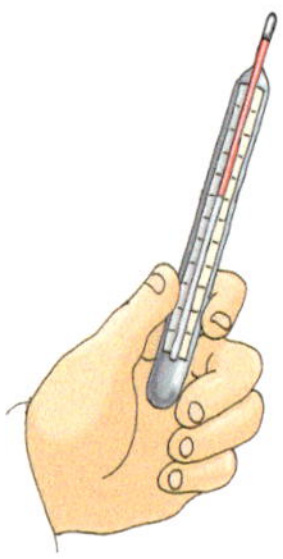

1

2

3

4

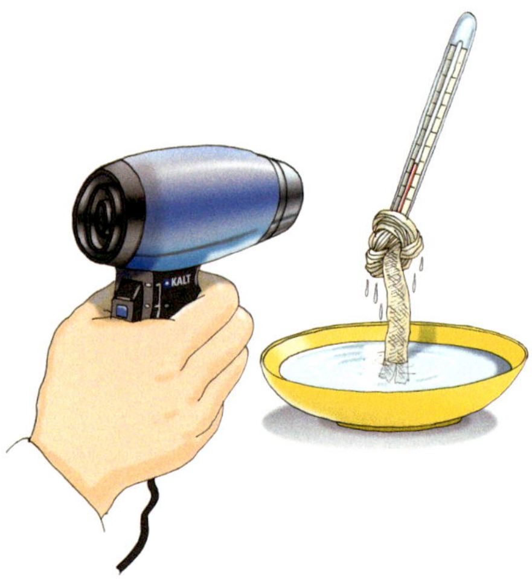

5

Was passiert?

Obwohl du beide Male am selben Ort misst, erhältst du unterschiedliche Temperaturen, wobei die zweite Temperatur mit dem nassen Mull um das Thermometer niedriger ist.

Warum ist das so?

Während du zuerst die Lufttemperatur ermittelst, misst du beim zweiten Mal die durch die so genannte Verdunstungskälte herabgesetzte Lufttemperatur: Aus dem Mull verdunstet Wasser, wodurch die Temperatur am Thermometer sinkt. Je trockener und wärmer die Umgebungsluft ist, desto mehr Wasser verdunstet und desto größer ist der Temperaturunterschied zwischen deinen beiden Temperaturmessungen, bzw. je kälter und feuchter die Luft ist, desto weniger Wasser verdunstet. Das Luftthermometer wird als „Trockenthermometer" bezeichnet, das andere als „Feuchtthermometer".

■ Was ist eigentlich „relative" Luftfeuchtigkeit?

Bei 0 °C kann ein Kubikmeter Luft (1000 Liter) rund 5 g Wasser enthalten, bei 40 °C sogar 51 g. Diese „absolute Luftfeuchtigkeit" gibt das Gewicht des vorhandenen Wassers in einem Kubikmeter Luft an. Die „relative Luftfeuchtigkeit" dagegen ist das Verhältnis der aktuellen Luftfeuchtigkeit zur höchstmöglichen, d. h. sie ist ein Maß dafür, wie viel Wasser die Luft momentan noch aufnehmen könnte, bis sie „gesättigt" ist. Bei 100 % Luftfeuchtigkeit zeigen dann Trocken- und Feuchtthermometer die gleiche Temperatur an, da kein Wasser mehr verdunsten kann. Dann ist die Luft so mit Wasser gesättigt, dass sie nichts mehr aufnehmen kann. 100 % Luftfeuchtigkeit ist etwa dann erreicht, wenn Nebel herrscht. ■

Wo kommt das vor?

Das Trocken- und das Feuchtthermometer bilden zusammen das so genannte „Aßmann'sche Psychrometer", das in vielen der weißen Wetterhäuschen der meteorologischen Messstationen eingebaut ist. Aus dem gemessenen Temperaturunterschied lässt sich mithilfe einer Tabelle die „relative Luftfeuchtigkeit" ermitteln.

Wenn du Fieber hast und Wadenwickel bekommst, kühlt die Verdunstungskälte deinen Körper ab. Genauso ist es beim Schwitzen, wenn dir heiß ist, deine Haut sich aber kühl anfühlt. Auch in diesem Fall braucht das Wasser zum Verdunsten Wärmeenergie, die es deinem Körper entzieht. Diese Kühlfunktion ist für uns lebenswichtig.

Die Verdunstungskälte ist auch im Sommer hilfreich, wenn man beispielsweise beim Zelten

Getränke kühlen möchte, aber keinen Kühlschrank hat. Wenn du dann die Flaschen in nasse Socken steckst und sie irgendwo aufhängst – am besten im Wind –, sind die Getränke ziemlich schnell kühl und erfrischend.

Regen messen

„Bei sinflutartigen Regenfällen fielen heute Nacht bis zu 100 mm Niederschlag …“, heißt es im Wetterbericht. Dass Wasser in Millimetern und nicht in Litern gemessen wird, hat seine Gründe …

- [x] leicht
- [ ] mittel
- [ ] schwer
- [ ] nur für Erwachsene unter Aufsicht von Kindern

ZEIT: ca. 1 Tag

Was brauchst du?

- 1 Küchenmessbecher
- 1 Lineal
- 1 Taschenrechner
- 1 Notizzettel

1

Wie gehst du vor?

Ein einfacher Messbecher aus der Küche wird zum professionellen Regenmessgerät. Miss mit dem Lineal oben an der Öffnung den Durchmesser des Messbechers (in Zentimetern) aus und notiere ihn dir (1). Stelle den Messbecher an einem Regentag nach draußen an eine freie Stelle, wo der Regen ungehindert hineinfallen kann und nicht durch Pflanzen oder Mauern abgeschirmt wird (2). Am besten machst du das morgens und liest dann am darauf folgenden Morgen am Messbecher ab, wie viel Niederschlag gefallen ist. (Auch Profis machen das so und messen über 24 Stunden.)

2

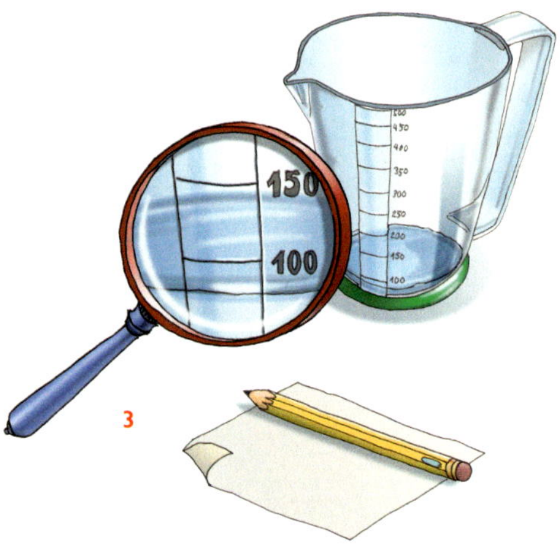

3

Was passiert?

Die Markierung am Messbecher gibt an, wie viel Milliliter Niederschlag in die Öffnung des Messbechers gefallen ist (3). Wie viel nun die von dir in Millilitern (ml) abgelesene Regenmenge in Millimetern (mm) ist, musst du noch berechnen.

Warum ist das so?

Ein kleiner Teil des Niederschlags, der in den 24 Stunden in deiner Umgebung gefallen ist, fiel genau in den Messbecher. Wie viel das genau ist, hängt von der oberen Öffnung deines Messgefäßes ab. Hat der Messbecher oben einen großen Durchmesser, ist die Fläche, über die der Regen eingefangen wird, auch groß. Wie der Becher unterhalb der Öffnung aussieht, ist egal, er kann sich ruhig verjüngen. Wenn aber die Bodenfläche nicht exakt genauso groß ist wie die Öffnung, musst du die eingefangene Regenmenge in Millimeter umrechnen. Die Faustformel dafür ist einfach: Teile die Zahl 13 durch das „Quadrat“ (das ist Durchmesser mal Durchmesser) des von dir gemessenen Durchmessers deines Auffanggefäßes (in cm^2) und nimm dies mit der Menge Wasser (in ml) mal, die du aufgefangen hast.
1 mm Niederschlag entspricht 1 Liter Niederschlag pro Quadratmeter.

■ Wird man bei Regen weniger nass, wenn man rennt?

Ja. Stell dir die beiden Extreme vor: Deine Geschwindigkeit ist Null, du bleibst einfach stehen. Dann bekommst du nur Regentropfen von oben auf den Kopf. Ist deine Geschwindigkeit sehr hoch, bekommst du nur die Regentropfen ab, die vor dir sind, weil du unter denen von oben durchrennst. Alle Geschwindigkeiten dazwischen sind eine Kombination der beiden Extreme. Dabei ist die Menge der Regentropfen, die du auf deinem Weg von vorne abbekommst, gleich, egal wie schnell du bist. Aber die Menge derer, die du von oben auf den Kopf bekommst, hängt von der Zeitdauer ab, die du im Regen läufst. Wenn du schneller läufst, bist du kürzer im Regen und kommst weniger nass an. ■

Wo kommt das vor?

In der „Meteorologie“, der Wetterkunde, wird Niederschlag in Millimetern gemessen. So kann man sich gut etwas darunter vorstellen: 1 mm Niederschlag bedeutet, dass das Wasser überall 1 mm hoch steht, zumindest, wenn es nicht abfließen würde.
Heftige und lang andauernde Niederschläge wie Sturzregen können große Schäden verursachen. An Berghängen spült das Wasser das Erdreich weg und kann dadurch Bergrutsche auslösen. Bäche und Flüsse treten nach kurzer Zeit über die Ufer und verwandeln sich in reißende Ströme, die alles mitreißen, was ihnen im Weg steht. Die trübe, braune Farbe stammt von dem Boden, der von den Fluten weggeschwemmt wird. Noch Wochen später hängen in Baumwipfeln oft Reste von Gegenständen, die die Fluten mitgerissen haben. Auch der Wasserstand von Gewässern wie Flüssen und Seen, der so genannte Pegel, wird in Zentimetern (10 Millimetern) angegeben. Wenn er steigt, liegt das aber natürlich nicht nur an dem gefallenen Niederschlag, sondern z. B. auch an der Menge Schmelzwasser von den Bergen, das sich im Frühling in einem Fluss sammelt.

Rotkohlsaft als Indikator

Ob Rotkohl, Rotkraut, Blaukohl oder Blaukraut – das sind alles Begriffe für denselben Kohl mit seinen lila- bis rosafarbenen Blättern. Er ist nicht nur gesund, sondern liefert einen ganz besonderen Saft!

- ☐ leicht
- ☐ mittel
- ☐ schwer
- ☑ nur für Erwachsene unter Aufsicht von Kindern

ZEIT: ca. 1 Stunde

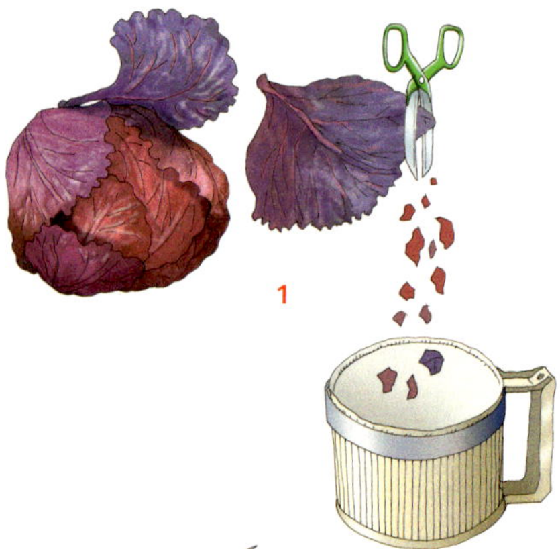

1

2

Was brauchst du?

- frischen Rotkohl
- 1 Kaffeemaschine
- 1 leere Flasche
- mehrere Trinkgläser
- Schere oder Messer
- Lebensmittel wie Zitronensaft, Essig oder Limonade, aber auch Reinigungsmittel wie Spülmittel, Waschpulver, Seife oder Shampoo

Wie gehst du vor?

Befülle die Kaffeemaschine mit Wasser und lege Filterpapier ein. Schneide den Rotkohl in kleine Stücke und gib sie in den Filter (1). Stelle nun die Kaffeemaschine an und brühe damit die Blattstückchen auf (2). Du erhältst einen ziemlich konzentrierten, dunklen lilafarbenen Saft, den du mit Leitungswasser so weit verdünnst, bis er so durchsichtig ist wie bei „pH 7 – neutral" auf dem Foto bzw. der Farbskala. Gieße nun in die einzelnen Gläser verschiedene Stoffe aus dem Haushalt, die du vorrätig hast. Dann gibst du in jedes Glas etwas von dem verdünnten Rotkohlsaft hinzu (3). Beobachte, was passiert.

3

4

Was passiert?

Rotkohlsaft reagiert mit den verschiedenen Stoffen in den Gläsern. Er verfärbt sich ins Rötliche hinein oder wird blau bis grün (4). Übrigens: Mit Rotkohlsaft aus Konserven funktioniert der Versuch nicht!

Warum ist das so?

Rotkohlsaft ist ein „Indikator", ein Anzeigestoff. Mit ihm kannst du den so genannten „pH-Wert" messen. „pH" ist die Abkürzung für das lateinische „potentia hydrogenii", das bedeutet wörtlich: „Stärke des Wasserstoffs". Es ist eine Maßzahl für den sauren oder basischen Charakter einer Lösung und abhängig von der enthaltenen Konzentration an Wasserstoffionen, H^+ – eine sehr komplizierte Angelegenheit. Der pH-Wert von reinem Wasser liegt bei 7 und wird als „neutral" bezeichnet. Niedrigere pH-Werte zeigen saure Lösungen an, Lösungen mit höheren pH-Werten werden basisch genannt. Die gesamte Skala geht von pH-0 bis pH-14. Der Farbstoff in Rotkohl, den du herausgelöst hast, heißt Cyanidin und kommt in der Natur öfters vor, etwa in den Blüten von Klatschmohn, roten Rosen, Hibiskus, blauen Kornblumen und in Preiselbeeren. Er reagiert mit Säuren und Basen.

Übrigens: Auch schwarzer Tee ist ein Indikator. Tropfst du eine Säure wie Zitronensaft hinein, verfärbt er sich ins Gelbliche.

Wo kommt das vor?

Der pH-Wert im Boden kann die Blütenfarbe von Pflanzen beeinflussen: Durch Vergraben rostiger Nägel im Wurzelbereich werden z. B. die Blüten von Hortensien nicht rot, sondern blau. Der pH-Wert ist einer der wichtigsten Werte, wenn man die Eigenschaften eines Stoffes beschreiben möchte. Mit Hilfe des Rotkohlsafts kannst du spielend selbst den pH-Wert von Flüssigkeiten messen. Das Foto bzw. die Farbskala zeigt, welche Farbe der Rotkohlsaft bei welchem pH-Wert annimmt. Der pH-Wert ist wichtig, weil wir nur die Eigenschaften der wenigsten Stoffe in unserer Umwelt mit unseren Sinnen erfassen können. Den Säure- bzw. Basencharakter von Flüssigkeiten kann man zwar schmecken, die allermeisten Stoffe sind aber viel zu gefährlich, um in den Mund genommen zu werden. Wenn man einen Stoff überhaupt nicht kennt, sollte man nie ein Risiko eingehen.

Auch viele andere Dinge blieben uns ohne irgendeine Art von „Indikator" („Anzeiger") verschlossen, weil wir keine Sinnesorgane dafür besitzen: zum Beispiel alles, was mit Elektrizität zu tun hat, wie elektrische Spannung, elektrischer Strom, elektrische und magnetische Felder, elektromagnetische Wellen außerhalb des Bereichs von sichtbarem Licht wie Infrarotlicht, ultraviolettes Licht, Rundfunkwellen und Röntgenstrahlung. Sogar Radioaktivität spüren wir nicht, sondern erst im Nachhinein ihre Folgen. Deshalb brauchen wir dafür spezielle Geräte.

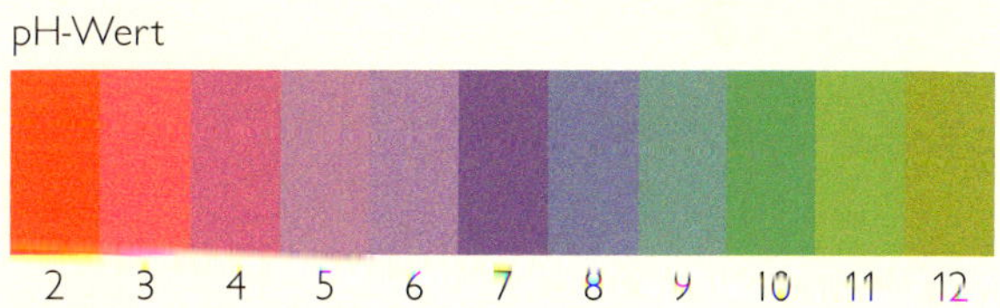

So kommt ein Ei in die Flasche

Passt ein Ei in eine Flasche? Innen ist zwar reichlich Raum, aber wie soll es durch den engen Flaschenhals schlüpfen? Es geht. Und: Das Ei kommt auch wieder heraus!

- ☐ leicht
- ☐ mittel
- ☐ schwer
- ☑ nur für Erwachsene unter Aufsicht von Kindern

ZEIT: ca. 30 Minuten

Was brauchst du?

■ 1 Saftflasche aus Glas mit großer Öffnung (ca. 3,5 cm) und mit Deckel ■ 1 Ei ■ etwas Fett (Butter oder Margarine) ■ 1 Haushaltstrichter ■ kochendes Wasser ■ Topflappen oder Ofenhandschuhe

Wie gehst du vor?

Koche das Ei so, dass das Eigelb noch halb flüssig ist, dazu legst du ein kleines Ei etwa 5–6 Minuten in kochendes Wasser. Pelle das Ei und reibe es mit etwas Fett ein, damit es gleich besser flutscht. Fülle die Glasflasche mithilfe des Trichters etwa zu einem Viertel mit kochendem Wasser (1). Benutze dabei den Topflappen! Schraube den Deckel fest und schüttle die Flasche einige Mal (2). Schütte das Wasser wieder aus (3), stelle die Flasche hin und setze das Ei mit dem spitzen Ende nach unten auf die heiße Flasche (4).

1

2

3

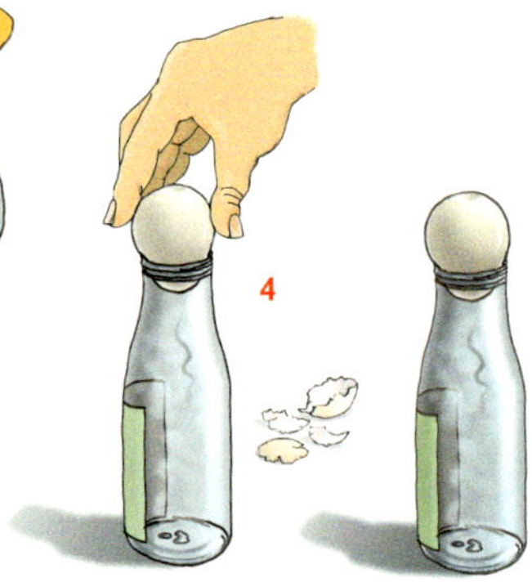

4

5

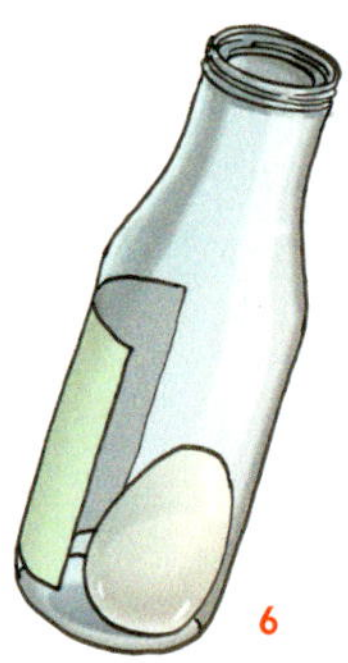

6

Was passiert?

Schon nach einer halben Minute siehst du, wie das Ei in die Flasche gezogen wird (5). Mit etwas Glück und Geschick macht es sich dabei ganz schmal, ohne kaputtzugehen. Schließlich fällt es in die Flasche (6). In diesem Moment solltest du die Flasche etwas schräg halten, damit das Ei nicht auf dem Boden aufschlägt und aufplatzt, sondern an der Flaschenwand hinuntergleiten kann.

Warum ist das so?

Genauso wie bei dem Experiment auf Seite 88, bei dem eine Plastikflasche zerdrückt wird, zieht sich auch hier die erhitzte Luft in der Flasche beim Abkühlen zusammen. Da diese durch das Ei verschlossen ist, entsteht innen ein Unterdruck. Weil du dieses Mal eine Glasflasche verwendet hast, wird sie nicht zerdrückt, stattdessen rutscht das Ei hinein. Es ist allerdings nicht der Unterdruck in der Flasche, der das Ei hineinzieht, sondern der Luftdruck außerhalb der Flasche, der das Ei hineindrückt. Es herrscht also ein Druckunterschied zwischen innen und außen, der sich ausgleichen will. Dabei versperrt das Ei den Weg und bewegt sich nun entsprechend den veränderten Druckverhältnissen in die Flasche hinein.

■ So kommt das Ei wieder aus der Flasche heraus

Wenn du das Ei aus der Flasche herausholen möchtest, kannst du das gleiche Prinzip anwenden: Setze die Flasche an den Mund und halte die Öffnung nach unten. Das Ei rutscht automatisch vor die Öffnung. Puste nun in die Flasche. Das Ei hebt sich etwas, und lässt deine Luft vorbei. Jetzt hast du in der Flasche einen Überdruck erzeugt und das Ei wird durch ihn herausgedrückt. Nun musst du es nur schnell mit deiner Hand auffangen. ■

Wo kommt das vor?

Seit 1853 in London die erste Rohrpostanlage gebaut wurde, macht man sich auch hier das gleiche Prinzip zunutze wie bei diesem Experiment. Befüllbare Kapseln werden durch die Rohrleitung gesaugt, und das mit Geschwindigkeiten von bis zu 54 km/h. Wie bei deinem Versuch wird der Luftdruck auf einer Seite künstlich verringert und der äußere Luftdruck drückt die Rohrpost durch die Leitung. So können Schriftstücke, Medikamente oder andere Kleinteile innerhalb einer Klinik oder Firma rasch transportiert werden. Es gibt richtige Rohrpostzentralen, wie auf dem Bild, von denen aus „die Post abgeht“.
Der Staubsauger funktioniert übrigens ähnlich: Der Luftdruck im Inneren wird künstlich erniedrigt und der äußere Luftdruck drückt Luft hinein. Der entstehende Luftzug reißt Staub und kleine Gegenstände mit sich.

Ähnlich wie das Herausholen des Eies funktioniert das Reifenventil an deinem Fahrrad: Eine kleine Kugel im Ventil wird beim Aufpumpen vom Lufteinlass weggedrückt, sodass Luft von außen in den Reifen strömen kann. Sobald du aufhörst zu pumpen, wird die Ventilkugel vom höheren Luftdruck im Reifen wieder auf den Lufteinlass gedrückt, sodass sie der Luft den Weg nach draußen versperrt. Im Gegensatz zum Ei wird sie aber nicht durchgedrückt, da sie aus hartem Metall besteht.

Was ist „leer“?

Ist eine leere Flasche wirklich „leer“? Was meinen wir mit „leer“ und was ist tatsächlich „leer“? Gibt es auf der Erde die völlige „Leere“, das absolute Nichts? Und wie stellt man es her?

- [x] leicht
- [ ] mittel
- [ ] schwer
- [ ] nur für Erwachsene unter Aufsicht von Kindern

ZEIT: ca. 5 Minuten

Was brauchst du?

- 1 leere Glas- oder Plastikflasche
- 1 Küchentrichter
- Knetgummi
- Wasser

Wie gehst du vor?

Setze den Trichter auf die leere Flasche und dichte ihn außen am Flaschenhals mit Knetgummi ab (1), damit nichts seitlich herauskann. Fülle Wasser in den Trichter (2) und beobachte genau, wie es in die Flasche hineinläuft.

1

2

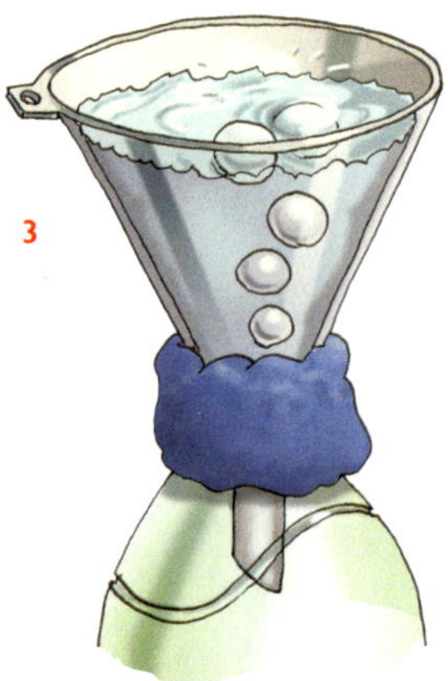

3

Was passiert?

Obwohl die Flasche „leer“ ist, strömt das Wasser nicht ungehindert hinein. Vielmehr fließt es schluckweise in die Flasche. Zwischendurch blubbert es im Trichter, weil erst Luftblasen hochkommen, bevor wieder Wasser in die Flasche läuft (3).
Wenn du das Knetgummi entfernst und den Trichter etwas anhebst, wirst du feststellen, dass das Wasser ohne Probleme ungehindert in die Flasche läuft.

Warum ist das so?

Eine leere Flasche ist alles andere als „leer"! Sie ist voller Luft, und die braucht Platz. Wenn die Flasche mit Wasser gefüllt werden soll, muss diese Luft erst entweichen, Luft und Wasser tauschen also ihre Plätze. Das muss portionsweise geschehen, also abwechselnd, ähnlich wie wenn du eine Flasche ausschüttest (siehe Experiment S. 66), da die Flasche ja durch die Knete luftdicht verschlossen ist. Die Flasche wäre „leer", wenn innen „Nichts" – ein Vakuum – wäre, also nicht einmal Luft. Dann könnte das Wasser in einem Zug in die Flasche laufen.

Wo nichts ist: das Vakuum

Ein Raum, in dem nichts ist – kein einziges Atom –, heißt „absolutes Vakuum". Das gibt es nur im Weltall, im luftleeren Raum. Auf der Erde kommt Vakuum nicht in der Natur vor und kann nur künstlich erzeugt werden. Der erste Mensch, der ein Vakuum und damit ein Stück Weltraum auf der Erde hergestellt hat, war der italienische Mathematiker und Physiker Evangelista Torricelli (1608–1647). Er füllte 1644 ein gut 80 cm langes, unten geschlossenes Glasrohr mit Quecksilber (Hg), hielt die Öffnung oben zu, drehte es um und tauchte es mit dem offenen Ende in eine Schale mit Quecksilber. Dann nahm er seinen Finger von der Öffnung und etwas Quecksilber floss aus dem Rohr in die Schale, aber nur so viel, bis der Druck durch das Quecksilber nicht mehr größer war, als der Luftdruck. Das Quecksilber stand jetzt nur noch 76 cm hoch im Rohr und darüber war ein gut 4 cm langes Stück Vakuum entstanden.
Heute benutzen wir Vakuum beispielsweise in Thermoskannen: Zwischen der Innen- und der Außenwand herrscht ein großer Unterdruck, also ein Vakuum, das sehr gut isoliert. Auch in Glühbirnen herrscht ein geringes Vakuum, damit möglichst wenig Wärme vom Glühfaden nach außen dringt. ■

Wo kommt das vor?

In der Getränkeindustrie hat man sich etwas überlegt, um zu vermeiden, dass beim Befüllen der Flaschen die Flüssigkeit den ganzen Flaschenhals einnimmt und verhindert, dass Luft herauskann. Man befüllt die Flaschen durch ein Rohr, das man tief in die Flasche absenkt. Zwischen Flaschenhals und Rohr kann dann immer Luft entweichen.
Wenn du aus einer Flasche trinkst und dabei immer nur saugst, wirst du irgendwann keinen Tropfen Flüssigkeit mehr herausbekommen. Erst wenn du – z. B. an den Lippen – Luft hineinlässt, kannst du weitertrinken. Aus dem gleichen Grund sticht man auch in Milch- oder Safttüten am besten ein zweites Loch, damit es beim Ausgießen nicht so schwappt. Es geht aber auch, wenn du so gießt, dass über dem ausströmenden Saft noch genug Platz ist, dass Luft in die Tüte hineinströmen kann.
Auch wenn im Badewannenabfluss Wasser steht, weil er etwas verstopft ist, blubbert es kräftig, sobald sich die Verstopfung löst und Luft aus dem Abflusssystem aufsteigt.

Durch eine Postkarte klettern

Urlaubspostkarten sind eine feine Sache – vor allem wenn man sie bekommt und nicht selber welche schreiben muss. Aber kannst du dir vorstellen, durch eine solche Postkarte zu klettern? Probiere es aus!

- [ ] leicht
- [ ] mittel
- [x] schwer
- [ ] nur für Erwachsene unter Aufsicht von Kindern

ZEIT: ca. 30 Minuten

Was brauchst du?

- 1 Postkarte oder 1 Pappkärtchen (DIN A6 oder DIN A5)
- Lineal
- Stift
- Schere
- evtl. etwas Klebefilm

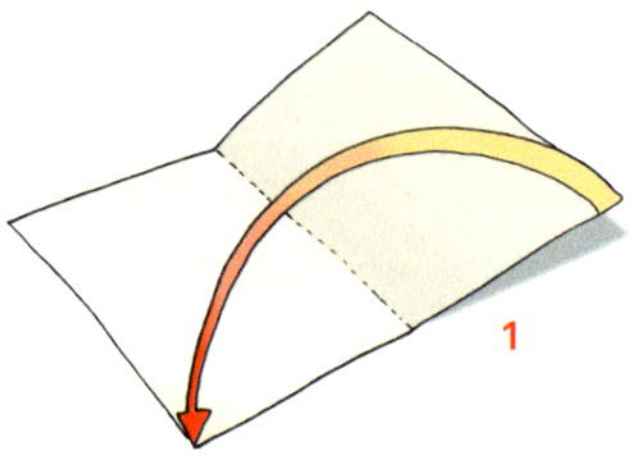

1

Wie gehst du vor?

Falte die Postkarte in der Mitte so, dass das Bild innen liegt (1). Schneide dann zuerst den schmalen Streifen am Knickrand aus (2). Dabei müssen die Stege an den beiden Enden unbedingt stehen bleiben! Zeichne nun auf einer Hälfte außen das abgebildete Strichmuster nach. Anschließend schneidest du die Linien vorsichtig mit der Schere ein (nicht durch!), wobei du die Karte gefaltet lässt (3). Danach kannst du die Postkarte auseinander ziehen, aber pass auf, dass nichts reißt.

Tipp: Etwas stabiler wird die Postkarte, wenn du die Kanten vor dem Schneiden mit Klebefilm verstärkst.

2

3

4

Was passiert?

Die Postkarte lässt sich nun wie eine Ziehharmonika auseinander ziehen und du kannst mit ihr einen großen Ring bilden. Dabei hängen die einzelnen Streifen der Postkarte aneinander. Nun kannst du mühelos hindurchsteigen (4).

Warum ist das so?

Wenn du die zerschnittene Postkarte genau betrachtest, siehst du, dass du sie sehr geschickt in dünne Streifen zerschnitten hast, die alle noch untereinander zusammenhängen, nämlich an den Außenkanten der Postkarte. So kannst du mit der recht kleinen Fläche einer Karte plötzlich eine ziemlich große Fläche umspannen – die sogar groß genug ist, dass du mühelos hindurchsteigen kannst.

■ Eng verschlungen – der Darm

Der Darm ist ein wichtiges Organ, das uns dabei hilft, unsere Nahrung zu verdauen. Über die Darmwand werden Nährstoffe von unserem Körper aufgenommen. Um die Nahrung so gründlich wie möglich zu verwerten, muss die Oberfläche der Darmwand möglichst groß sein, damit sie mit möglichst viel Nahrung in Berührung kommt. Deshalb ist der Darm sehr lang – völlig auseinander gezogen misst er 8 m! Damit er trotzdem in unseren Körper passt, ist er mehrfach raffiniert gefaltet. ■

Wo kommt das vor?

Wenn du verreist, merkst du beim Kofferpacken, dass du viel mehr Kleidungsstücke mitnehmen kannst, wenn du sie ordentlich gefaltet einpackst, wie wenn du sie einfach nur in den Koffer stopfst. Generell sind Dinge, die wenig Platz einnehmen, sich aber bei Bedarf extrem ausdehnen können, äußerst praktisch. Ein normaler Zollstock ist etwa 25 cm lang, 1,5 cm breit, 4 cm dick und passt in die Hosentasche. Auseinander geklappt ist er 8-mal so lang und misst Strecken bis 2 m Länge. Du kannst ihn so aber kaum noch transportieren.

Viele Geschäfte oder U-Bahn-Eingänge haben Eisengitter, die sich scherenförmig auseinander ziehen lassen. Zusammengeschoben sind sie ganz schmal und fallen kaum auf, auseinander gezogen versperren sie den ganzen Eingang. Auch Leselampen oder kleine Badezimmerspiegel sind oft an Scherenarmen montiert und lassen sich verschieden weit von der Wand wegziehen oder wieder zusammenschieben, sobald man sie nicht mehr braucht.

Die Steppennomaden in der Mongolei nutzen Scherengitter, um sich daraus ihr Rundzelt, die so genannte „Jurte“ (das ist Türkisch und heißt Wohnung) aufzubauen. Die Scherengitter werden auseinander gezogen und mit Stoff bespannt, um den Wind abzuhalten. Im Kreis aufgestellt umspannen sie eine große Fläche und obenauf sitzt ein rundes Dach. Jurten können bis zu 30 m groß sein. Zum Transportieren lässt sich alles wieder platzsparend zusammenpacken.

Unsichtbare Nachrichten

Was man schreibt, soll nicht jeder lesen können. Mit „Geheimtinten" kannst du Geschriebenes verbergen. Erst mit Wärme lassen sich deine Botschaften sichtbar machen.

- ☐ leicht
- ☐ mittel
- ☐ schwer
- ☑ nur für Erwachsene unter Aufsicht von Kindern

ZEIT: ca. 15 Minuten

1

Was brauchst du?

■ Zitronensaft, Apfelsaft, Milch oder Zuckerwasser als Geheimtinte ■ 1 Schälchen ■ 1 Wattestäbchen ■ Schreibpapier ■ 1 Bügelbrett ■ 1 Bügeleisen

Wie gehst du vor?

Fülle deine Geheimtinte in ein kleines Schälchen (1) und tunke das Wattestäbchen hinein. Das ist nun dein Schreibgerät. Da es relativ breit schreibt, musst du ziemlich groß schreiben (2), damit die Botschaft später gut zu lesen ist. Du kannst aber auch spezielle Schreibgeräte für Tinte nehmen, die es im Fachhandel gibt und die einen feineren Strich erzeugen. Sehr gut sind Stifte aus Glas, deren Spitze ähnlich wie eine Schraube gedreht ist. Du tunkst sie in den Saft, der dann langsam zur Schreibspitze hinunterläuft. Wenn die Schrift getrocknet ist – also nicht mehr glänzt, wenn du schräg auf das Blatt schaust –, bügelst du das Papier auf höchster Stufe.

2

3

Was passiert?

Langsam kommt die Schrift zum Vorschein (3). Sie ist gelbbraun und sieht aus wie verbrannt.

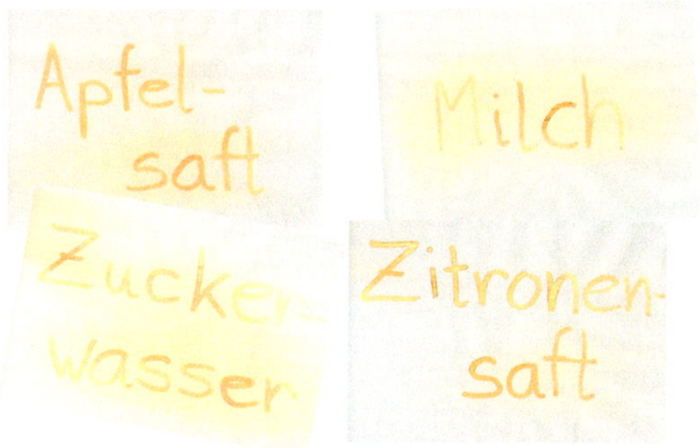

Warum ist das so?

Gleich mehrere Effekte machen deine Geheimtinte sichtbar. Beim Erhitzen mit dem Bügeleisen „karamellisiert“ der Zucker – etwa in Apfelsaft oder Zuckerwasser. Er schmilzt und färbt sich braunschwarz. Die Säure – etwa in Zitronensaft oder Essig – greift das Papier an. Und was schon angeschnittene Äpfel braun werden lässt, bräunt beim Apfelsaft auch dein Papier – der Luftsauerstoff, der die aromatischen Verbindungen im Apfel „oxidiert“, also „rosten“ lässt. Der Vorteil der Geheimtinte ist, dass du deine Botschaft nicht „verschlüsseln“ musst. Du kannst „Klartext“ schreiben, denn niemand ahnt, dass auf einem weißen Blatt Papier eine Botschaft steht. Das Fachwort für eine unsichtbare Botschaft lautet „Semagramm“.

■ **Gar nicht dämlich: „Damentinte“**

„Damentinte“ ist das Gegenteil von Geheimtinte. Sie ist zunächst lesbar, verblasst aber mit der Zeit und wird unleserlich. Botschaften halten auf diese Weise nur eine gewisse Zeit. Eine dieser Tinten besteht aus dem Stoff Phenolphthalein, der zunächst rot ist und unter Einwirkung von Luftsauerstoff durch Oxidation allmählich verblasst. Hofdamen haben damit früher geheime Botschaften ausgetauscht. Wurde solch ein Zettel zufällig entdeckt, war die Schrift darauf meist schon verblasst. Eine spezielle Art „Damentinte“ gibt es als Scherzartikel. Auf die Kleidung anderer Leute gespritzt, wird die rote Farbe nach einer Minute unsichtbar. ■

Wo kommt das vor?

Wenn Geheimtinten lesbar gemacht werden, verändern sie das Papier, etwa durch Säure. Ein ähnlicher Effekt macht Bibliotheken große Sorge. Der so genannte „Tintenfraß“ sorgt nämlich dafür, dass sich alte Schriften langsam auflösen. Bis Ende des 19. Jahrhunderts wurde viele Hundert Jahre lang zum Schreiben Eisengallustinte verwendet, ein Gemisch aus Eisensalzen und dem Saft von Galläpfeln, den erbsengroßen Wucherungen, die sich nach dem Einstich von Gallinsekten an Eichenblättern bilden. In Verbindung mit Luft bildet die Tinte Schwefelsäure und Rost. Das Papier wird durch diese Stoffe zersetzt und löst sich mit der Zeit auf. Gerettet werden kann es beispielsweise

am Zentrum für Bucherhaltung in Leipzig (ZFB). Dort wird das Papier entsäuert, gespalten und von beiden Seiten auf neues, festes Papier aufgezogen.

Information auf den zweiten Blick

Biometrie – Merkmale des Körpers

Fingerabdruck, Stimme und Aussehen sind unverwechselbare Merkmale eines jeden Menschen. Schon in der Antike wurden Dokumente per Fingerabdruck unterzeichnet. In der Kriminalistik wird das Fingerabdruckverfahren (Daktyloskopie) seit dem 19. Jahrhundert angewandt, um Menschen eindeutig zu identifizieren. Inzwischen wurde es um den elektronisch lesbaren „digitalen Fingerabdruck" ergänzt. Dazu legt man die Kuppe des Zeigefingers auf ein Sensorfeld. Auch die Iris, die farbige Regenbogenhaut des Auges, eignet sich zum Identifizieren eines Menschen – hierfür reicht ein Blick in eine spezielle Kamera.

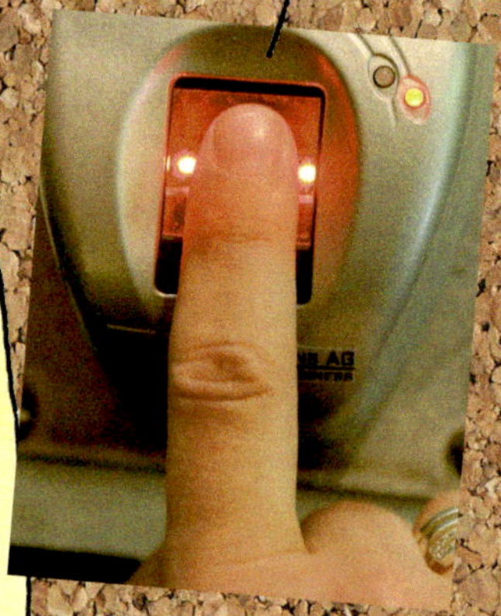

Schutz vor Fälschern und Raubkopierern

Um Dokumente und Daten zu schützen, bekommen sie schwer zu entdeckende und nachzumachende Merkmale. Bei Geldscheinen etwa sind es das Wasserzeichen, das beim Durchblicken auffällt, der Metallfaden und ein Aufdruck, der erst unter ultraviolettem Licht zu sehen ist. Auch elektronisch können Daten mit „digitalen Wasserzeichen" geschützt werden. Bei Bildern werden beispielsweise die Farben an bestimmten Stellen geringfügig verändert. Das fällt beim Betrachten gar nicht auf. Erst mithilfe eines Computers kann dieses digitale Wasserzeichen entdeckt und überprüft werden.

Geheime Botschaften

Schon in der Antike übermittelte man geheime Nachrichten. Der griechische Geschichtsschreiber Herodot (490–425 v. Chr.) berichtet von einem Adligen, der einem Sklaven den Kopf rasieren ließ, um eine Botschaft auf die Kopfhaut zu tätowieren. Nachdem das Haar nachgewachsen war, konnte der Sklave die Botschaft überbringen. Dieses Verfahren nennt man Steganografie. Statt Informationen zu verstecken, kannst du sie auch verschlüsseln, das ist „Kryptografie". Schon wenn du jedem Buchstaben im Alphabet einen anderen zuordnest, kommen unverständliche Texte heraus, die nur du und deine Freunde verstehen. Verschiebst du alle Buchstaben um einen (a = b, b = c, … z = a), wird aus „Wir treffen uns um drei!" „Xjs usfggfo vot vn esfj!".

Fast unbekannt – die Sprache der Navajos

Während des Zweiten Weltkrieges erinnerte man sich in den USA an die Sprache der Navajo-Indianer, die weitestgehend unbekannt war – nur etwa zwei Dutzend Weiße verstanden sie. Zudem ist sie sehr kompliziert, weil die Wörter je nach Betonung und Klangfarbe unterschiedliche Bedeutungen haben. Weil die englischen Funksprüche trotz Verschlüsselung immer wieder geknackt worden waren, setzte die US-Armee ab Mai 1942 rund 400 Navajo-Indianer als Funker ein. Sie verständigten sich untereinander in ihrer seltenen Sprache, welche die gegnerischen Japaner nicht verstehen konnten. Da es viele technische und militärische Begriffe in der naturnahen Navajo-Sprache nicht gab, suchte man nach Hilfsausdrücken. So wurde für den Begriff „Telefonleitung" das Navajo-Wort für „Kupfer" verwendet, also für das Material, aus dem damals die Telefonleitungen bestanden.

Bedeutung beim Militär	Navajo-Begriff	Bedeutung in Navajo
Telefonleitung	Beah-le-cheeh-ih	Kupfer
Generalmajor	So-na-kih	zwei Sterne
2. Leutnant	Olah-nlah-ich-ni-shi	ein Goldstreifen
Erkundungsflugzeug	Ne-na-jah	Eule
Kriegsschiff	Lo-tao	Wal
U-Boot	Beah-lo	eiserner Fisch

Die „Enigma" – eine Maschine für Kryptografie

Im Zweiten Weltkrieg setzte das deutsche Militär die Verschlüsselungsmaschine „Enigma" (griechisch: „Rätsel") ein, um Funksprüche automatisch zu verschlüsseln. Nur wer den gleichen „Schlüssel" – ein bestimmtes Wort – kannte, konnte die Nachrichten mit einer zweiten Enigma entschlüsseln. 1939, zu Kriegsbeginn, wurde in England ein Spezialistenteam eingesetzt, das mit einem der ersten Computer, der Colossus-Maschine, den Enigma-Code knackte. Daraufhin war die Enigma für die Alliierten kein Rätsel mehr. Dies hat maßgeblich zum Ende des Krieges beigetragen.

Schwebender Luftballon

Die Kugel schwebt wie von Geisterhand gehalten. Mit erhobenen Händen dirigiert sie der Magier hin und her, um sie anschließend auf Kommando in die Hand fallen zu lassen. So etwas kannst du auch!

- ☐ leicht
- ☑ mittel
- ☐ schwer
- ☐ nur für Erwachsene unter Aufsicht von Kindern

ZEIT: ca. 10 Minuten

Was brauchst du?

- 1 Luftballon
- 1 Haarföhn
- 1 Knick-Trinkhalm
- 1 Tischtennisball

Wie gehst du vor?

Puste den Luftballon auf und knote ihn zu. Schalte den Föhn auf höchster, aber kalter Stufe ein und halte ihn mit der Öffnung nach oben, sodass er die Luft senkrecht hochbläst. Lege den Luftballon vorsichtig in die Mitte des Luftstrahls und lass ihn los.

Probiere es auch einmal mit einem Knick-Trinkhalm: Nimm das lange Ende in den Mund, knicke das kurze Ende nach oben, lege einen Tischtennisball darauf und blase kräftig hinein.

Was passiert?

Der Luftballon wird nicht einfach fortgeblasen, sondern steigt nach oben und bleibt dort leicht zitternd schweben, fast scheint er auf dem Luftstrahl zu liegen. Wenn dein Föhn stark genug ist, kannst du ihn so vom Boden aus bis zur Zimmerdecke heben. Bewegst du den Föhn hin und her, wandert der Luftballon mit. Erst wenn du eine Hand flach in den Luftstrahl hältst, sinkt der Ballon nach unten in deine Hand. Auch der Tischtennisball schwebt erstaunlich stabil über dem Trinkhalm.

Warum ist das so?

Die Luftströmung drückt den Luftballon nach oben. Dass er dabei nicht herunterfällt, hängt mit der Luftströmung um ihn herum zusammen. In der Mitte des Strahls bewegt sich die Luft am schnellsten, außen am langsamsten. Verrutscht der Luftballon seitlich, entsteht durch die Luft, die nun schneller an seiner gewölbten Außenfläche entlanggleitet, ein größerer Unterdruck, der ihn wieder zur Mitte zieht. In der Mitte des Luftstromes sind alle Kräfte, die rundherum an dem Luftballon ziehen, gleich groß und heben sich also gegenseitig auf. Deshalb ist diese Lage stabil. Genauso verhält es sich auch bei dem Tischtennisball über dem Trinkhalm.

■ **Die „schwebende Kugel"**

Ein beliebter Zaubertrick unter Magiern ist die „schwebende Kugel". Oft ist es ein kleiner, leichter Tischtennisball, der über einem Tisch zu schweben scheint. Was die Zuschauer nicht sehen können, ist die Luftdüse, die am Tisch befestigt ist und den Ball von unten anbläst. Die Musik übertönt die Luftgeräusche. Mit den Händen wird die Kugel scheinbar ferngesteuert. Mit einer schräg gehaltenen Hand kann der Luftstrom abgelenkt werden und die Kugel weicht aus. Mit der Hand unter der Kugel wird der Luftstrom unterbrochen und die Kugel fällt herunter, direkt in die Hand. ■

Wo kommt das vor?

Auf Jahrmärkten oder in Freizeitparks gibt es Anlagen, bei denen von unten ein großer Luftstrom erzeugt wird. Mit einem speziellen, übergroßen Anzug, der einen hohen Luftwiderstand hat, kann man im Luftstrom über dem Gebläse schweben und sogar Purzelbäume in der Luft vollführen.

Auch in der Natur kommen starke Aufwinde vor, wie sie dein Föhn erzeugt. Über sich schnell erwärmenden Flächen wie Sand, Getreidefeldern, Felsen oder Häusern entsteht bei Sonnenschein eine so genannte „Thermik". Diese aufsteigenden warmen Luftmassen werden von Vögeln, aber auch von Segelfliegern und Paraglidern (rechts) genutzt, um sich in großen Schleifen in die Höhe zu „schrauben" oder mühelos länger über einer Stelle zu kreisen.

„Duftballon“

Luftballons sind bunt, schön anzusehen und lassen sich groß aufpusten. Aber riechen tun sie nur nach Gummi. Ein „Duftballon“ sieht nicht nur gut aus, er riecht auch gut!

- [x] leicht
- [ ] mittel
- [ ] schwer
- [ ] nur für Erwachsene unter Aufsicht von Kindern

ZEIT: ca. 20 Minuten

1

Was brauchst du?

- 1 Luftballon
- Duftstoff (Parfüm, Rasierwasser, Backaroma, Vanillezucker)

Wie gehst du vor?

Fülle etwas Duftendes in den Luftballon: 1 Tütchen Vanillezucker, einige Tropfen Backaroma (Vanille, Zitrone) oder einen Spritzer Parfüm (1). Puste den Luftballon anschließend vorsichtig auf und knote ihn zu. Drücke die Nase gegen den Ballon und schnuppere. Riechst du etwas? Lege den Ballon nun an einen ruhigen Platz und lass ihn dort eine Viertelstunde ruhen.

2

Was passiert?

Vielleicht riechst du von außen sofort schon etwas von dem, was du in den Ballon getan hast. Doch spätestens nach einer Viertelstunde kannst du es deutlich wahrnehmen (2). Lässt du den Luftballon noch länger an einem Ort liegen, duftet bald die gesamte Umgebung nach Vanille, Parfüm, Rasierwasser oder Backaroma. Du hast einen echten „Duftballon“ geschaffen!

Warum ist das so?

Die Gummihaut des Ballons ist eher ein Netz aus winzigen Gummifäden und hat viele Lücken, sie ist also durchlässig. Kleinste Teilchen können deshalb aus dem Luftballon schlüpfen. Da wir Duftstoffe auch in kleinen Mengen wahrnehmen – also riechen – können, merken wir sofort, dass der Ballon durchlässig ist.
Wenn Teilchen durch eine halbdurchlässige Haut, eine so genannte „semipermeable Membran" wandern, spricht man von „Osmose". Hier im Experiment gelangen die Moleküle der Duftstoffe im Luftballon nach außen, denn jeder Stoff will sich gleichmäßig im Raum verteilen. Es ist, als ob die Duftmoleküle drinnen „wüssten", dass draußen noch keine sind, und deshalb durch die Membran diffundieren, also wandern. Für die Osmose braucht der Luftballon übrigens keinen Überdruck zu haben – den hat er auch kaum: Ein Autoreifen hat einen etwa 100-mal höheren Druck als ein aufgeblasener Luftballon.
Dass ein Luftballon Luft verliert, hängt dagegen durchaus mit dem wenn auch nur geringen Überdruck der Luft im Ballon zusammen. Spätestens nach ein paar Tagen siehst du dann auch, dass die Gummihaut luftdurchlässig ist: Er ist dann meist verschrumpelt.

Riechen, was man glaubt

Der Wissenschaftsjournalist Ranga Yogeshwar hat vor Studenten einmal gezeigt, wie sich unser Geruchssinn „verführen" lässt. Er stellte ein Fläschchen mit einer giftgrünen Flüssigkeit vorne aufs Pult, nahm den Deckel ab und erklärte, es handele sich um eine stark riechende Substanz und wer etwas rieche, solle die Hand erheben. Sofort reckten sich in der ersten Reihe Hände in die Höhe, wenig später auch dahinter und ganz hinten. In dem Fläschchen befand sich aber nur gefärbtes Wasser. Die Studenten konnten nichts riechen, meinten jedoch, etwas riechen zu müssen, und hoben daher die Hand. Diese starke Beeinflussung nennt man „Suggestion".

Wo kommt das vor?

Unser Blut wird in der Lunge mit Sauerstoff versorgt, der dort über kleine Bläschen ins Blut diffundiert. Umgekehrt diffundiert Kohlendioxid aus dem Blut in die Lungenbläschen und wird von uns letztlich ausgeatmet. Die Lunge hat – mit all den kleinen Lungenbläschen – eine Oberfläche von bis zu 100 m² (das entspricht der Fläche einer größeren Wohnung), sodass gleichzeitig sehr viel Sauerstoff und Kohlendioxid ausgetauscht werden können. Einige Tiere wie etwa Amphibien – zum Beispiel Salamander – atmen sogar über die Haut. Wenn bei Menschen die Nieren gar nicht oder nicht richtig funktionieren und Giftstoffe nicht mehr abgeben können, hilft nur eine Blutwäsche.

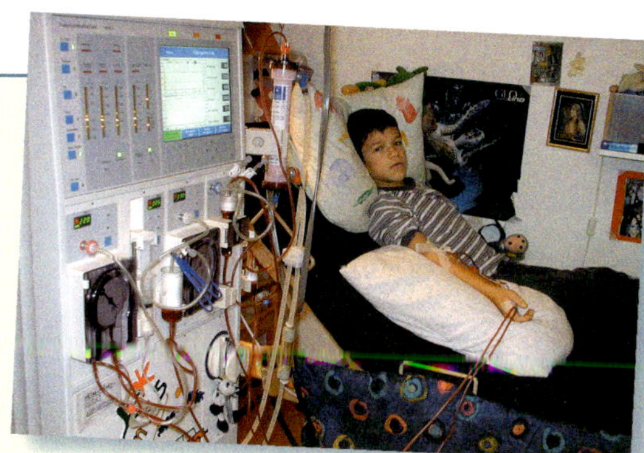

Bei dieser „Dialyse" filtert eine komplizierte Maschine nach dem Prinzip der Osmose giftige Stoffe aus dem Blut heraus. Das Blut strömt an einer Membran vorbei, durch die unerwünschte Stoffe abwandern.

„Unkaputtbarer“ Luftballon

Ein Luftballon ist ein dehnbares, aber empfindliches Gebilde. Wehe, du hast einen spitzen Fingernagel oder kommst der Haut mit einer Nadel zu nahe. Doch mit einem „Pflaster“ hält der Luftballon einiges aus.

- ☐ leicht
- ☑ mittel
- ☐ schwer
- ☐ nur für Erwachsene unter Aufsicht von Kindern

ZEIT: ca. 10 Minuten

Was brauchst du?

- 2 Luftballons
- Klebefilm oder Alleskleber
- 1 Nadel, Reißzwecke oder Pinwandnadel

Wie gehst du vor?

Puste beide Luftballons auf. Stich in den einen eine Nadel und beobachte, was passiert.
Den zweiten Luftballon beklebst du an verschiedenen Stellen mit Klebefilm. Du kannst ihn aber auch mit Klebstoff betupfen (1), dann dauert es jedoch länger, bis dieser getrocknet und fest geworden ist. Dann stichst du an den Stellen mit Klebeband oder Klebstoff Nadeln in den Luftballon (2).

1

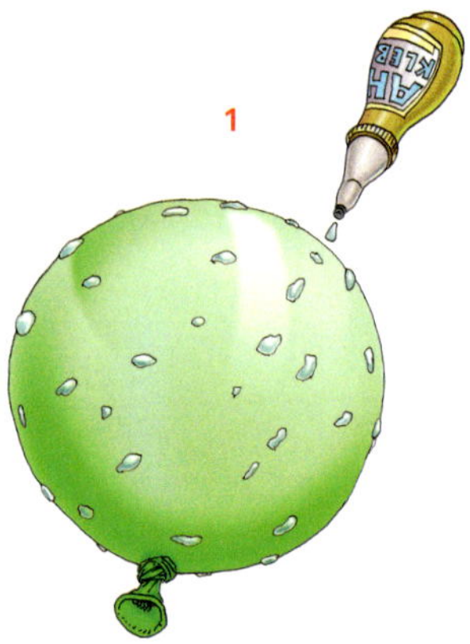

2

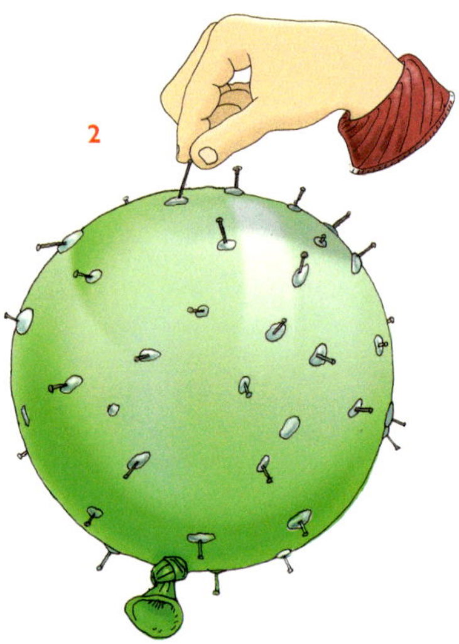

3

Was passiert?

Natürlich platzt der erste Luftballon, wenn du die Haut mit einer Nadel durchstichst. Der mit Kleber präparierte Luftballon hält jedoch stand und platzt nicht (3). Ziehst du allerdings die Nadeln wieder heraus, bleiben Löcher zurück, durch die Luft ausströmt, und der Luftballon schrumpft zusammen.

Warum ist das so?

Die Haut des aufgeblasenen Luftballons steht unter großer Spannung, denn sie ist um ein Vielfaches gedehnt. Jeder Punkt der Gummihaut wird von seiner direkten Umgebung innerhalb der Haut nach allen Seiten gezogen. Wenn ein Loch hineingestochen wird, fehlt die Kraft in Richtung Loch und die Haut reißt das Loch immer größer auf: Eine kleine Unregelmäßigkeit reicht also und die Haut reißt, deswegen platzt ein schlechter Luftballon schon beim Aufpusten. Stichst du mit der Nadel hinein, verletzt du die gespannte Haut. Von der Einstichstelle breiten sich dann mit hoher Geschwindigkeit (bis Schallgeschwindigkeit!) Risse aus, die die Haut zerteilen und den Ballon zerstören.
Der präparierte Luftballon hat auf der gespannten Haut eine zweite Haut, die nicht unter Spannung steht, da sie ja erst nach dem Aufblasen aufgeklebt wurde. Außerdem ist diese zweite Haut aus einem anderen Material, das sich nicht so leicht verformt wie Gummi. Sie hat also noch „Kraftreserven" und kann den Luftballon trotz Einstich zusammenhalten.

■ **Warum lassen sich Luftballons so schwer aufpusten?**
Der erste Puster ist immer der schwerste. Mit ihm dehnst du die Luftballonhaut am stärksten aus, das heißt, ihr Widerstand ist am größten. Jeder weitere Puster geht immer leichter. Je größer der Luftballon ist, desto weniger muss sich die Haut mit jedem Puster dehnen. Aber: Irgendwann kann sie sich nicht weiter dehnen, das Pusten geht wieder schwerer und plötzlich reißt sie. ■

Wo kommt das vor?

„Luftballonlaternen" bestehen aus aufgeblasenen Luftballons, die mit Papierschnipseln beklebt sind. Die Schnipsel halten den Ballon in Form, auch wenn man ihn aufschneidet, um eine Kerze hineinzustellen.
„Luftballonbälle" sind Luftballons in einer Stoffhülle. Mit ihnen kann man richtig Fußball spielen, weil die Stoffhülle sie vor Beschädigungen schützt wie eine zweite Haut. Auch bei Fußbällen befindet sich die aufgepumpte Gummiblase in einer stabilen, schützenden Haut aus Leder.
Beim Fahrrad ergänzen sich der luftgefüllte Schlauch und der stabile Mantel. Nur die Kombination von beiden ist ein tragfähiger Fahrradreifen.

Autoreifen sind zwar aus dehnbarem Gummi, aber in ihnen ist ein Metallgeflecht eingearbeitet, das die Gummihaut sehr widerstandsfähig macht. So dehnen sich die Reifen auch bei hohem Innendruck kaum aus.

Murmel durchdringt Münze

Was ein Magier kann, kannst auch du zu Hause ausprobieren: Ein Gegenstand durchdringt einen anderen auf geheimnisvolle Art und Weise. Dahinter steckt keine Zauberei, sondern Wissenschaft.

- ☐ leicht
- ☑ mittel
- ☐ schwer
- ☐ nur für Erwachsene unter Aufsicht von Kindern

ZEIT: ca. 10 Minuten

Was brauchst du?

■ 1 Flasche ■ 1 Murmel, die durch den Flaschenhals passt ■ 1 5-Cent-Stück, das gerade eben nicht durch den Flaschenhals passt (oder 1 Plastikchip vom Einkaufswagen) ■ 1 Blatt Papier (DIN A4) ■ Klebefilm

Wie gehst du vor?

Nimm eine leere Flasche und rolle das Papierblatt längs zu einem Röhrchen, dessen Durchmesser nur knapp größer ist als der Flaschenhals. Klebe das Röhrchen an der Längsseite zusammen (1). Lege das 5-Cent-Stück auf die Flaschenöffnung (2). Stecke das Papierröhrchen auf den Flaschenhals, es sollte dort jetzt stramm aufsitzen. Nimm nun die Murmel und lass sie von oben in das Röhrchen hineinfallen (3). Sie sollte möglichst direkt nach unten auf die Münze fallen und nicht gegen die Papierwand kommen.

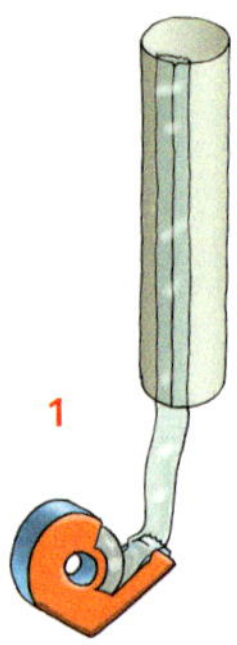
1

2

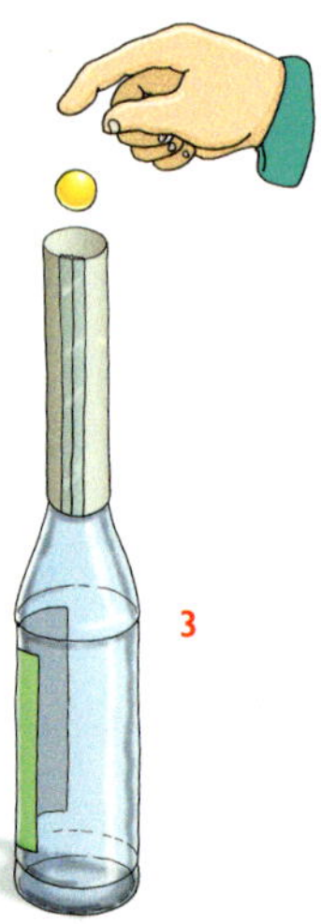
3

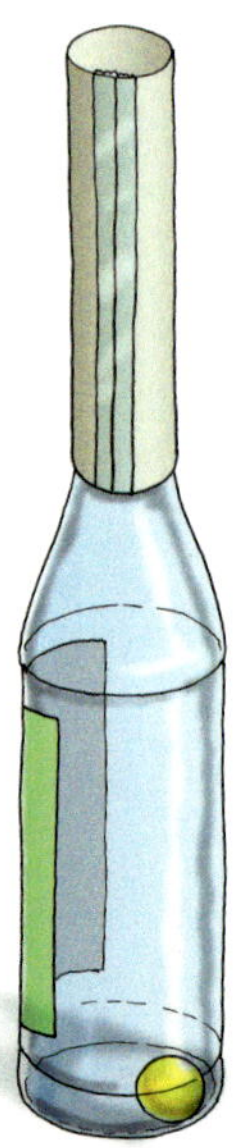
4

Was passiert?

Es klappert und die Murmel fällt in die Flasche (4). Es scheint so, als habe sie das Geldstück durchdrungen, denn wenn du das Röhrchen von der Flasche nimmst, liegt die Münze scheinbar unverändert auf der Flaschenöffnung.
Klappt es bei dir nicht auf Anhieb, versuche es mit einer 10-Cent-Münze oder rolle das Papierröhrchen enger zusammen.

Warum ist das so?

Wenn du das Röhrchen aus durchsichtiger Folie rollen würdest, könntest du sehen, was passiert, wenn die Murmel auf die Münze fällt: Die Murmel prallt zurück, die Münze springt nach oben, dreht sich dabei und lässt die Murmel passieren. Wenn die Murmel dann durch den Flaschenhals fällt, liegt die Münze wieder auf der Flaschenöffnung.

Die Münze ist hochgesprungen, weil die Murmel auf sie gestoßen ist. Bei diesem Stoß hat die schwere Murmel Energie – einen so genannten „Impuls“ – an die leichte Münze übertragen, wodurch beide hochgesprungen sind. Weil die Münze leichter ist als die Murmel, springt sie höher. So ist es sehr wahrscheinlich, dass sie kurz hochkant steht und die Murmel an ihr vorbeifallen kann.

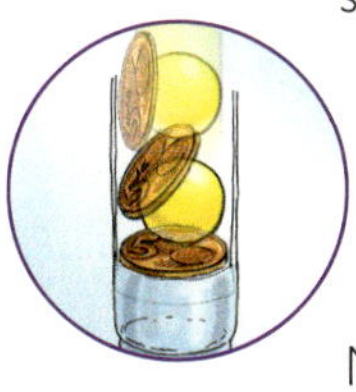

■ Das Newton’sche Mehrkugelpendel

Ein schönes physikalisches Spielzeug ist das „Kugelpendel“ des englischen Mathematikers, Physikers und Astronomen Sir Isaac Newton (1643–1727). Von einigen Metallkugeln, die waagerecht dicht nebeneinander hängen, wird außen eine weggezogen und losgelassen. Sie stößt gegen die anderen Kugeln, bleibt selbst still hängen, die folgenden Kugeln ebenfalls, und nur am Ende der Reihe schwingt eine Kugel weg. Der elastische Stoß wurde von Kugel zu Kugel weitergegeben. Die letzte Kugel kann den Impuls nicht an eine andere weitergeben und wird deshalb selbst abgestoßen. ■

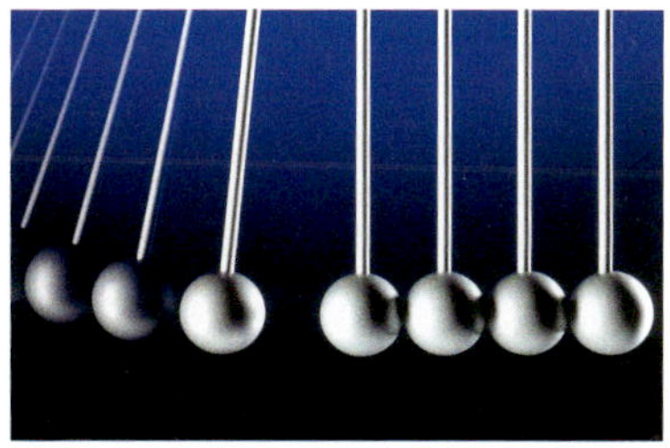

Wo kommt das vor?

Stöße kommen zustande, wenn zwei Gegenstände aufeinander prallen. Hierbei ändern sie ihre Geschwindigkeit und Richtung. Entweder behalten sie ihre Gestalt bei oder verformen sich für immer – je nachdem spricht man von einem „elastischen“ oder einem „unelastischen“ Stoß.

Kein Fußball, Tennis- oder Tischtennisspiel könnte ohne elastische Stöße von Fuß oder Schläger gegen Bälle funktionieren.

Gefährlich sind Stöße bei Unfällen. Hier soll sich das angestoßene Auto möglichst wenig wegbewegen, insofern soll der Stoß möglichst unelastisch sein. Die Folge: Es muss viel kaputtgehen, da die Energie des Stoßes vernichtet werden muss.

Zu diesem Zweck haben Autos, aber auch Züge vorne „Knautschzonen“, die sich bei einem Zusammenprall ganz gezielt verformen, um möglichst viel Bewegungsenergie abzubauen, die dabei in ungefährliche Wärme umgewandelt wird.

Durch Schütteln beim Transport ...

... verringert sich die Füllhöhe, heißt es auf der Kakaopackung. Warum liegen dort immer große Kakaoklumpen obenauf? Und warum liegen beim Müsli immer die Nüsse oben?

- [x] leicht
- [ ] mittel
- [ ] schwer
- [ ] nur für Erwachsene
- [ ] unter Aufsicht von Kindern

ZEIT: ca. 10 Minuten

Was brauchst du?

- 1 Trinkglas
- 1 Murmel
- Reis

Wie gehst du vor?

Lege die Murmel auf den Boden des Glases (1) und schütte Reis darauf (2), bis das Glas halb voll ist. Die Murmel liegt jetzt unter dem Reis und wird von den Reiskörnern bedeckt (3). Dann schiebe das Glas auf einem Tisch schnell hin und her, und zwar so, dass die Reiskörner innen drin hin und her gerüttelt werden (4).

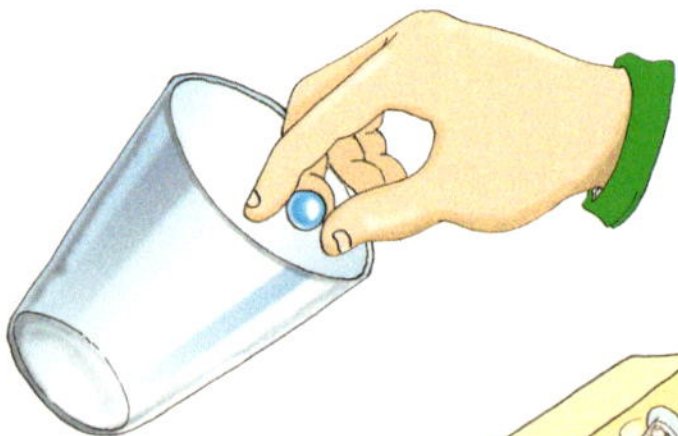

1

2

3

4

5

Was passiert?

Beim Hin- und Herschütteln steigt die Murmel langsam nach oben, bis sie schließlich ganz oben auf den Reiskörnern liegt (5). Das ist erstaunlich, denn du hast das Glas waagerecht hin und her bewegt, die Murmel ist aber senkrecht nach oben gestiegen. Außerdem ist die Murmel schwerer als Reis, denn sie wiegt mehr als die gleiche Menge Reis und müsste deshalb doch eigentlich untergehen ...?

Warum ist das so?

Obwohl du Murmel und Reiskörner gleich schnell hin und her bewegst, verhalten sie sich unterschiedlich. Die kleineren und leichteren Reiskörner sind flinker und bewegen sich schneller als die Murmel, die größer, schwerer und träger ist. Das kannst du deutlich sehen: Während die Murmel relativ ruhig an ihrem Platz bleibt, sind die Reiskörner stark in Bewegung und schwappen hin und her. Dabei schieben sie sich unter die Murmel und drücken diese nach oben. Für die Murmel stellen die dicht gepackten Reiskörner unter ihr eine ziemlich feste Unterlage dar. Das Gewicht der Murmel reicht nicht aus, um die Körner zur Seite zu schieben, die aufgrund der großen Reibung zwischen ihnen nicht zur Seite gleiten (siehe Experiment S. 38).

■ Treibsand

Nicht immer trägt Sand schwere Gegenstände. Der berüchtigte Treibsand ist so ein Beispiel. Treibsand ist eine Mischung aus Sand und Wasser, das ihn ständig durchströmt und dadurch durchmischt. Kleine Störungen reichen bereits aus, den Sand in Bewegung zu setzen – er „treibt" dann sozusagen haltlos. Denn durch den hohen Wassergehalt liegen die Sandkörner so lose aufeinander, dass sie leicht verrutschen können. So sieht Treibsand zwar fest aus, verhält sich aber flüssig. Wie das funktioniert, kannst du bei Sandbildern sehen, wo der feine Sand im Wasser tatsächlich richtig fließt.
Wenn ein Mensch in Treibsand gerät, kann er sehr tief einsinken, oft bis zum Bauchnabel. Doch nur wenn er sich weiter bewegt, sinkt er tiefer. Ohne fremde Hilfe ist es allerdings sehr schwierig bis unmöglich, sich aus dieser Lage zu befreien. ■

Wo kommt das vor?

Mancher Landwirt ärgert sich über die Steine auf seinem Acker. Diese gelangen durch Bewegungen des Erdreichs – wie beispielsweise beim Pflügen – nach oben und sammeln sich dort an. Und auch am Strand bleiben die größeren und schwereren Gegenstände wie Steine und Muscheln oben liegen, anstatt im weichen Sand zu versinken.
Beim Müsli setzen sich die größeren Bestandteile wie Nüsse und Rosinen oben ab. Schuld daran ist das Schütteln beim Transport auf Straße oder Schiene. Auch beim Kakao bleiben die Klumpen deshalb oben liegen.
Das Gegenteil passiert bei Postpaketen, in denen der Inhalt zum Schutz vor Stößen von Styroporflocken umgeben ist. Da Styropor sehr leicht und die Flocken relativ groß sind, verhalten sie sich anders und lassen das schwerere Transportgut sinken. Nur wenn sie fest ins Paket gepresst sind, verhaken sie sich und verrutschen nicht.

Glossar

Hier kannst du jederzeit einige Begriffe nachschlagen, die dir beim Lesen in diesem Buch begegnen. Begriffe mit einem Pfeil davor werden an anderer Stelle im Glossar genauer erklärt.

Adhäsion das Aneinanderhaften von zwei verschiedenen Stoffen. Beispiele sind Wassertropfen auf der Fensterscheibe, Kreide an der Tafel oder das Kleben mit Klebstoff. Das, was einen Stoff in sich selbst zusammenhält, heißt **Kohäsion.** Wegen ihr zerreißen Dinge beispielsweise nur schwer. Ein Beispiel dafür ist die → Oberflächenspannung beim Wasser. Adhäsion und Kohäsion ermöglichen auch das Hochsteigen von Wasser in dünnen Röhrchen (Kapillaren), die **Kapillarität.** Das Wasser zieht sich nach oben, weil es von der Innenwand angezogen wird (Adhäsion) und selbst stark in sich zusammenhält (Kohäsion).

Aggregatzustand der Zustand von Stoffen auf der Erde. Die drei häufigsten Aggregatzustände sind: fest, flüssig und gasförmig. Welchen Zustand ein Stoff einnimmt, hängt von Druck und Temperatur ab. Jeder Zustand kann direkt in jeden übergehen, zum Beispiel durch **Verdunstung** vom flüssigen in den gasförmigen Zustand. Jeder Stoff hat bestimmte Temperaturen, bei denen er fest, flüssig oder gasförmig wird: den Schmelzpunkt oder **Gefrierpunkt**, und den Kondensationspunkt oder **Siedepunkt.**

Anomalie des Wassers die Besonderheit des Wassers, sich nicht wie andere Stoffe zu verhalten. Fast alle Stoffe dehnen sich stetig aus, wenn sie wärmer werden, und ziehen sich zusammen, wenn sie kälter werden. Das heißt, sie werden immer dichter, je kälter sie werden. Wasser hingegen hat bei 4 °C seine größte Dichte und dehnt sich sowohl dann aus, wenn es wärmer, als auch dann, wenn es kälter als 4 °C wird. Eine andere Anomalie des Wassers ist, dass es schmilzt, wenn man es unter → Druck setzt. Alle anderen Stoffe werden dann fester.

Auftrieb wirkt der → Gewichtskraft entgegen und ist in Wasser so groß wie die Wassermasse, die von einem Gegenstand verdrängt wird. Verdrängt dieser Gegenstand mehr Wassergewicht, als er selbst wiegt, schwimmt er. So kann selbst ein Schiff aus Eisen schwimmen, weil sein großer, aber hohler Schiffsrumpf mehr Wassergewicht verdrängt, als er selbst wiegt.

Base → Säure

chemische Reaktion findet statt, wenn Stoffe zusammenkommen und dabei neue Stoffe bilden. Dazu muss manchmal Energie zugeführt werden, indem man z. B. die Stoffe erhitzt. Manchmal wird auch Energie frei, z. B. bei einer Explosion, einer sehr heftigen chemischen Reaktion.

Dichte das Verhältnis von → Masse zum → Volumen eines Körpers. 1 kg Blei nimmt zum Beispiel viel weniger Raum ein als 1 kg Luft. Blei ist also viel „dichter" als Luft.

Diffusion ein Mengenausgleich, bei dem Teilchen (aufgrund der natürlich vorhandenen Wärmebewegung) von einem Ort mit vielen Teilchen zu einem Ort mit weniger Teilchen ihrer Sorte wandern, um sich gleichmäßig zu verteilen.

Druck das Verhältnis von einer Kraft zu einer Fläche, auf die sie drückt. Z. B. drückt die Luft auf die Erde. Den Luftdruck misst man mit dem Barometer. Er beträgt normalerweise etwa 1 kg pro Quadratzentimeter oder rund 1000 Hektopascal (hPa). 1 Hektopascal ist dasselbe wie ein Millibar (mbar). Die erste Messung des Drucks wurde mithilfe eines quecksilbergefüllten Röhrchens durchgeführt. Damals gab man den Luftdruck nicht mit 1000 hPa an, sondern mit „760 Millimeter Quecksilbersäule" (mm Hg). In dieser Einheit wird heute noch oft der Blutdruck angegeben.

elektrische Ladung wird überall um uns herum durch winzige Teilchen verursacht. Ladung kann positiv oder negativ sein, gleichnamige Ladungen stoßen sich ab. Bewegen sich elektrische Ladungen, also die negativ geladenen **Elektronen,** z. B. in einem Draht, fließt ein elektrischer **Strom.** Wo mehr Elektronen sind, ist der Minuspol (–), wo weniger sind, der Pluspol (+). Zwischen + und – kann man eine elektrische **Spannung** messen.

Elektrode → Elektrolyt

Elektrolyt eine elektrisch leitende Flüssigkeit. Sie stellt z. B. im Inneren von Batterien eine elektrische Verbindung zwischen Plus- und Minuspol her, den zwei Elektroden. Verbindet man die beiden **Elektroden** auch außerhalb der Batterie, kann zwischen + und – ein Strom fließen.

Elektron → elektrische Ladung

Gefrierpunkt → Aggregatzustand

Gewichtskraft → Masse

Kapillarität → Adhäsion

Katalysator ein Stoff, der eine → chemische Reaktion in Gang bringt, beschleunigt oder in eine bestimmte Richtung lenkt, ohne dass er dabei verbraucht wird. Dieser Vorgang heißt Katalyse.

Kohäsion → Adhäsion

Lösung eine Substanz, in der ein oder mehrere Stoffe gelöst sind, z. B. Salzwasser. Ungesättigte Lösungen können noch mehr an Stoffen lösen, gesättigte nicht mehr. Die Konzentration (immer zwischen 0 % und 100 %) einer Lösung gibt an, wie viel von dem Stoff in der Substanz, dem Lösungsmittel, gelöst ist.

Luftdruck → Druck

Masse die Ursache für das Gewicht und die Trägheit eines Körpers. Jeder Körper besitzt eine bestimmte Masse. Durch die Erdanziehungskraft (Gravitation), die die Masse anzieht, wiegt ein Körper auf der Erde etwas. Die Kraft, mit der der Körper angezogen wird, nennt man **Gewichtskraft.** In der → Schwerelosigkeit des Weltraums wiegen Massen nichts, auf dem Mond nur ⅙ so viel wie auf der Erde. Bei einem Astronauten, der auf der Erde 100 kg auf die Waage bringt, zeigt sie auf dem Mond nur rund 17 kg an.

Membran eine meist poröse, dünne Haut oder Wand, die Flüssigkeiten oder Gase trennt, aber bestimmte Moleküle durchlässt.

Molekül ein kleines Teilchen, das aus zwei oder mehr Atomen der chemischen Elemente besteht. Wasser besteht aus Wassermolekülen (H_2O), die jeweils aus zwei Wasserstoffatomen (H_2) und einem Sauerstoffatom (O) bestehen. Moleküle sind nach den Atomen die nächstgrößeren Bausteine im Universum.

Oberflächenspannung bildet bei Flüssigkeiten wie z. B. Wasser eine dünne Haut an der Oberfläche. Verursacht wird sie durch die gegenseitige Anziehung (→ Kohäsion) der → Moleküle, die dadurch so stark zusammenhalten, dass sie nach außen eine erstaunlich stabile Grenze bilden. Deswegen formt sich Wasser auch zu Tropfen.

oxidieren die chemische Reaktion, die das chemische Element Sauerstoff (O) mit einem anderen Element verbindet. Dabei bildet sich ein „Oxid", das meist ganz andere Eigenschaften als der Sauerstoff bzw. das andere Element hat. Z. B. oxidiert Eisen an Luft zu Rost, der viel brüchiger als das ursprüngliche Eisen ist.

Reibung der Widerstand, den ein Körper von einer Oberfläche erfährt, wenn er sich über sie bewegt. Dabei wird Bewegungsenergie in Wärme umgesetzt und der Körper wird langsamer. Deshalb ist Reibung beim Fahren unerwünscht, beim Bremsen jedoch wichtig, da man sonst nicht anhalten könnte.

Säure eine Flüssigkeit, die andere Stoffe chemisch angreifen und sogar auflösen kann. Säuren haben einen pH-Wert unter 7 und lassen sich mit **Basen** (pH-Wert über 7) neutralisieren, also unwirksam machen. Sprudelwasser und Limonaden sind leicht sauer, da sie so genannte Kohlensäure enthalten. Verletzungen mit Säure können gefährlich sein und sollten sofort mit Wasser ausgespült werden.

Schall unsichtbare Wellen vor allem in Luft, aber auch in allen anderen Stoffen (z. B. Wasser, Eisen). Schallwellen mit 16 bis 20 000 Schwingungen pro Sekunde können wir hören, darunter (Infraschall) und darüber (Ultraschall) nicht.

Schwerelosigkeit gibt es auf der Erde nicht wegen der **Schwerkraft** (auch Erdanziehung oder Gravitation), die alle → Massen in Richtung Boden zieht. Deshalb werden wir nicht von der Erde geschleudert, obwohl sie sich dreht. Im Weltall, außerhalb der Anziehungskraft von der Erde oder anderen Planeten, herrscht Schwerelosigkeit. Hier wiegen Massen nichts, weil sie nicht angezogen werden, und schweben frei im Raum.

Schwerkraft → Schwerelosigkeit

Schwerpunkt ein gedachter Punkt, den man sich als Mittelpunkt der ganzen → Masse eines Körpers vorstellen kann. Er liegt meistens innerhalb, manchmal auch außerhalb eines Körpers, je nach seiner Form: Eine Kugel hat ihren Schwerpunkt genau in der Mitte, ein sichelförmiger Halbmond hat ihn etwas „vor der Nase".

Siedepunkt → Aggregatzustand

Spannung → elektrische Ladung

Strom → elektrische Ladung

Vakuum herrscht in einem Raum, wenn nur ganz wenige oder überhaupt keine → Moleküle mehr darin vorhanden sind. Im Weltraum herrscht teilweise Vakuum, auf der Erde gibt es kein Vakuum, das nicht künstlich, z. B. mit Vakuumpumpen, erzeugt worden ist.

Verdunstung → Aggregatzustand

Volumen die Größe, also die Ausdehnung oder der Rauminhalt eines Körpers, gemessen in Liter (l) oder Kubikmeter (m^3).

Register

Abtrieb 53
Achterbahn 69
Adhäsion 35, 37, 186
Aerodynamik 55
Aerosole 59
Aggregatzustand 85, 186
Akkomodation 139
Akkumulator 99
Altimeter 157
Aneroidbarometer 155
Angel 14
angeschnittener Ball 55
Anomalie des Wassers 13, 87, 153, 186
Antarktis 11
Antischall 150
Arktis 11
Asche 116
Aßmann'sches Psychrometer 161
Asthmaspray 59
Atemgerät 131
atmen 131
Atmosphäre 33, 89
Aufladefeuerlöscher 129
Auftrieb 53, 91, 186
Aufwind 177
Augenlinse 139
Auto 79, 123
Autokatalysator 117
Autobatterie 99
Autoreifen 181

Backdraft 123
backen 83
Backpulver 82, 92, 128
Balance 48
Bärlapp 125
Barometer 154, 155, 156
Base 83, 165, 186
Batterie 98, 99, 100, 103
Bäume 65
Bewegungsenergie 79
Bildhören 150
Bindfaden 12, 14
Biokatalysator 117
Biometrie 174
Bionik 45
Blende 137
Blitz 41
Blitzlichtpulver 125
Blumen 64
Blut 23, 131, 179
Blutdruck 155
Blutplättchen 23
Blutwäsche 179
Brandklassen 129
Brennpunkt 113
Brennspiritus 112
Brot 83, 90
Brücke 44
Bucherhaltung 173
Büroklammer 26

chemische Reaktion 82, 83, 117, 186
Coriolis-Kraft 67
Cyanidin 165

Daktyloskopie 174
Damentinte 173
Dampf 21, 85, 93, 159
Dampfdruck 21
Dampfdruckkochtopf 21
Dampfmaschine 79, 85
Darm 171
Dialyse 179
Dichte 87, 105, 186
Diesel 121
Dieselkraftstoff 121
Dieselmotor 121
Diffusion 109, 179, 186
Docht 119
Dopplereffekt 151
Dosenbarometer 155
Dreibein 43
Dreiwegekatalysator 117
Druck 13, 21, 35, 39, 51, 57, 59, 73, 83, 87, 88, 89, 91, 93, 127, 129, 169, 179, 186
Duschvorhang 36
Düse 53, 59, 75

Echo 140
Eden-Projekt 81
Ei 20, 22, 24, 42, 96, 103, 104, 142, 166
Ei des Kolumbus 42
Eierschale 97
Eigelb 23
Eiklar 23
Eis 10, 13, 15, 86
Eisberge 10
Eisgalgen 17
Eismaschine 16
Eiswürfel 11, 12, 14, 16
Eiweiß 23, 95
elastischer Stoß 183
Elefanten 150
elektrische Entladung 41
elektrische Ladung 41, 101, 186
elektrische Spannung 99, 135
elektrischer Strom 99
elektrisches Feld 41, 135
Elektrode 99, 186
Elektrolyt 99, 101, 103, 186
elektromagnetische Wellen 151
Elektron 99, 186
Elektroskalpell 23
Emser Pastillen 114, 115
Enigma 175
Enzyme 117
Erdanziehung 69, 187
Erdatmosphäre 33, 89
eustachische Röhre 157
Ewald, Reinhold 73

Fahrradreifen 181
Fallturm 69
Falten 45
Fehlsichtigkeit 139
Feuchtthermometer 161
Feuerlöscher 128, 129, 130
Feuerlöschmittel 129
Feuerspucker 125
Fingerabdruck 174
Fische 91
Flash-over 123
Fledermäuse 150
Flettner-Rotor 57
Fliehkraft 67, 77
Flugzeug 46, 52, 147
Flüssigkeiten 165
Flüssigkeitsspiegel 63
Flüssigkeitsthermometer 153
Fotosynthese 127
Freibordmarke 105

Galläpfel 173
galvanisches Element 99, 101
Gauß, Carl Friedrich 113
Gefriergreifer 87
Gefrierpunkt 15, 153, 186
Gefühl 132
gefühlte Temperatur 133
Gegenlärm 150
Geheimtinte 172
Geräusche 148
Geräuschemacher 149
Gerinnung 23
Geruchssinn 145, 179
gesättigte Lösung 107, 186
Geschmacksknospen 145
Geschmackssinn 145
Gewicht 11, 115, 186
Gewichtskraft 53, 186
Gewitter 147
Glasfaser 143
Gleichgewicht 49
Gleitlager 39
Gletscher 11, 13
Glühbirne 169
Glühkerze 121
Goethe, Johann Wolfgang von 155
Goethe-Barometer 155
Gravitation 69, 187

Grenzfläche 143
Guericke, Otto von 33
Gummihaut 181

Haare 158
Haarhygrometer 159
Handtuch 30
Hall 141
Hefe 83
Heizöl 121
Heizung 72
Hektopascal 155, 186
Helikopter 46
Hexenmehl 125
Hitze-Index 133
Hoch 155, 157
Hochdruckgebiet 155, 156
Höhenmesser 155, 157
Holzvergaser 123
Hovercraft 51
Hubschrauber 46
Huhn 24
hydrodynamisches Paradoxon 51, 53
Hygrometer 159

Impuls 73, 75, 183
Indianer 175
Indikator 165
industrielle Revolution 85
Infraschall 150, 187
Irisblende 137

Jahresuhr 79
Jo-Jo 79
Joystick 134
Jurte 171

kalibrieren 153, 159
Kalk 97
Kältemischung 17
Kapillaren 37, 65, 186
Kapillarität 37, 186
Kapillarkräfte 65
karamellisieren 173
kartesischer Taucher 91
Käse 95
Kasein 94
Katalysator 117, 186
Katalyse 117, 186
Katzenauge 137
Kerze 72, 120, 126, 130
Kerzenflamme 118, 121, 127
Kettenreaktion 113
Klarinette 51
kleben 50
Klebstoff 35
Klima 13
Klimakatastrophe 10
Knautschzone 183
kochen 18, 20, 22, 23, 89
Kochtopf 18
Kohäsion 27, 35, 37, 186
Kohlehydrate 127
Kohlendioxid 83, 93, 95, 97, 103, 107, 115, 117, 119, 127, 129, 131, 179
Kohlenmonoxid 117, 131
Kohlenstoff 115, 119, 127, 143
Kohlenwasserstoffe 117
Kolumbus, Christoph 43
Kontaktlinsen 37
konkav 139
Konvektion 72
konvex 139
Kormoran 29
Kraftrückkopplung 134
Kryptografie 174
Kugel 27, 81, 139
Kugellager 39
Kugelschreiber 48
Kühlturm 19
Kühlwasser 19
Kunsthorn 95
künstliche Nase 134
Kunststoff 95
Kurzsichtigkeit 139

Lab 95
Ladung, elektrische 41, 101, 186
Laufzeit 141
Leere 167
Licht 140, 142, 151
Lichtgeschwindigkeit 141
Lichtjahr 141
Lichtmaschine 99
Liebig, Justus von 83
Linse 139
Loch 136
Lochblende 137
löschen 112
Lösung 107, 186
Lösungsmittel 107, 186
Luftballon 40, 50, 52, 74, 76, 82, 84, 156, 176, 178, 180
Luftballonball 181
Luftballonlaterne 181
Luftballonhaut 181
Luftdruck 21, 33, 35, 37, 51, 63, 89, 125, 155, 157, 167, 187
Luftfeuchtigkeit 133, 158, 161
Luftkissenboot 51
luftleerer Raum 169
Luftströmung 51, 53, 54, 57, 75, 177
Lufttemperatur 161
Luftwiderstand 57, 73, 177
Lunge 179
Lupe 136, 138

Mach 147
Mach, Ernst 147
Magdeburger Halbkugeln 33
Magensäure 97
Magnus-Effekt 55, 57
Marshmallows 115
Maßband 112
Masse 11, 115, 187
Meeresspiegel 10
Meerwasser 15, 105, 106, 108
Mehrkugelpendel 183
Membran 179, 187
Messer 12
Meteorologie 163
Mikroskop 139
Mikrowelle 84
Milch 94
Millimeter Quecksilbersäule 155, 186
Mittelpunkt 49, 187
Molekül 23, 27, 31, 81, 85, 95, 101, 107, 179, 187
Molke 95
Mount Everest 21
Münchner Olympiastadion 81
Müsli 185

Nachhall 141
Nase 134, 145
Natriumhydrogencarbonat 83, 115
Natron 83
Navajo-Indianer 175
Nervensystem, vegetatives 69
Newton, Isaac 183
Newton'sches Mehrkugelpendel 183
Nichts 169
Niederschlag 163
Nordpol 11
Nordsee 15, 109
Normalnull 33
Nullpunkt, absoluter 111

Oberflächenspannung 27, 29, 31, 37, 63, 81, 139, 187
Objektiv 133
Ohrscheibe 24
Ohrtrompete 157
Öl 28
Ölpest 29
Olympiastadion 81
optische Linse 139
Osmose 179
Ostsee 15, 109
oszillieren 109
oxidieren 173, 187

Papier 18, 44, 159
Paradoxon 51, 53
Paraffinöl 125
Patina 103
Pegel 163
pH-Wert 165, 187
Phenolphtalein 173
Pingpongprinzip 109
Plastik 94
Pole 99
Postkarte 170
Postpaket 185
Propellerboot 75
Proteine 23, 95
Psychrometer 161
Puddingpulver 148
Pupille 137

Quecksilbersäule 155

Rad 39
Radar 151
Radiowellen 151
Rakete 72, 74, 127
Raumstation 76
rechnen 112
Regenmesser 162
Reibung 39, 187

Reibungselektrizität 41
Reifen 181
Reifenventil 167
Reis 38, 40
relative Luftfeuchtigkeit 161
Riechzellen 145
Rohrpost 167
Rote-Augen-Effekt 137
Rotkohlsaft 164
Rotor 46
Rückstoß 75
Ruß 142

Salz 14, 16, 42, 83, 102, 104, 106, 108, 115, 186
Salzsäure 97
Salzstreuer 30
Salzwasser 15, 104, 105, 106, 107, 108, 186
Sammellinse 139
Sand 149
Satellit 141
Sauerstoff 113, 119, 123, 125, 127, 131, 179, 187
Saugnapf 89
Säure 95, 97, 165, 173, 187
saurer Regen 97
Schall 143, 146, 150, 187
Schallgeschwindigkeit 146
Schallwellen 151, 187
Schärfentiefe 137
Schaum 81
Scherengitter 171
Schiffsschraube 75
Schlittschuhlaufen 13
schnarchen 51
Schnee 148
Schnellkochtopf 21
Schub 73
schütteln 185
schwarzer Tee 165
schwebende Kugel 177
Schwefeldioxid 103
Schwefelsäure 173
Schwefelwasserstoff 103
Schwerelosigkeit 68, 72, 77, 187
Schwerkraft 69, 73, 77, 187
Schwerpunkt 49, 187
Schwimmblase 91
schwimmen 26
Schwindel 69
Schwingung 109
Schwungrad 79, 85
Seeds in space 71
Segel 35
Sehschärfe 137
Seifenblasen 80
Semagramm 173
Sieb 28, 30
Siedepunkt 21, 153, 187
Silber 102
Silbersulfid 103
Sinne 134
Sodbrennen 97
Spannung, elektrische 99, 135, 187
Speiseeis 16
Sporttaucher 91
Spray 58, 59
Sprinkleranlage 113
Spülmittel 26, 93
Stärke 149
Startbonbon 157
Staubexplosion 125
Staubsauger 167
Stecknadelloch 136
Steganografie 174
Stethoskop 143
Stichflamme 124
Stickoxide 117
Stimmbänder 51
Stoß 183
Stövchen 18
Streichholz 72
Streichholzschachtel 18
Streulinse 139
Strom, elektrischer 16, 21, 23, 99, 101, 103, 135, 153, 187
Stromlinienform 57
Strudel 66
Sturmtief 155
subjektiv 133
Südpol 11
Suggestion 179
Summenformel 113
Süßwasser 11, 105, 106, 108
Synästhesie 135

Tafeleisberge 11
Tapirrüsselfisch 135
Tarierweste 91
Tauben 134
Taucher 91
Telefonleitung 142
Temperatur, gefühlte 133
Tenside 31, 81
Thermik 177
Thermometer 152, 160
Thermoskanne 169
Thrombozyten 23
Tief 155, 157
Tiefdruckgebiet 67, 155, 156
Tintenfraß 173
Tischtennisball 176
Titanic 11
Todeskarussell 77
Tornado 66
Torricelli, Evangelista 155, 169
Totalreflexion 143
Totes Meer 105
Trampolinspringen 69, 73
Treibsand 185
Trillerpfeife 54
Trinkhalm 33, 37, 58
Trockenthermometer 161
Trommelfell 157
Tropfen 27, 35, 138, 187
Turbine 21

U-Boot 91
Überdruck 53, 55, 83, 167, 179
Ultraschall 150, 187
unelastischer Stoß 183
ungesättigte Lösung 107
Unterdruck 51, 53, 55, 59, 89, 125, 167, 169, 177

Vakuum 37, 151, 169, 187
vegetatives Nervensystem 69
Ventilkugel 167
Verbrennungsgase 73, 75
Verdunstung 19, 187
Verdunstungskälte 19, 161
Verschlüsselung 174
Vogeltränke 62
Volt 99
Volta, Alessandro 99, 101
Volta'sche Säule 99
Volumen 11, 27, 81, 115, 187
Vorrat 63

Wabenmuster 45
Wabentrommel 45
Wachs 119
Wahrnehmung 133
Waldsterben 97
Wärme 17, 19, 109
Wärmestrahlung 72
waschen 31, 106
Waschmaschine 45, 61
Waschmittel 31, 117
Wasser 13, 18, 20, 26, 28, 33, 34, 36, 65, 87, 106, 127, 152, 153, 154, 187
Wasserbarometer 154
Wasserbombe 113
Wasserdampf 21, 85, 93, 159
Wasserfilm 37
Wasserläufer 27
Wassermolekül 31, 187
Wasseroberfläche 27, 35
Wasserpegel 155
Wasserstoff 65, 119, 187
Wasserthermometer 152
Wasserzeichen 174
Watt, James 85
Weitsichtigkeit 139
Wellblech 45
Wellpappe 45
Weltraum 68, 70, 73, 89, 127, 141, 151, 186
Weltraumklo 72
Wetterglas 155
Widerhall 141
Windkanal 57
Windschatten 56
Winterdienst 15
Wirbel 66
Wirbelsturm 66
Wirkungsgrad 21, 85
Würfel 112

Zahnfüllung 101
Zentrifugalkraft 67, 77
Zeppelin 47, 91
Zerstäuber 58, 59
Ziliarmuskel 139
Zitteraal 135
Zollstock 171
Zucker 116
Zündpunkt 123
Zündschnur 122
Zündtemperatur 19, 121
Zunge 101
Zungen-Batterie 100
zweiarmiger Hebel 159

Bildquellenverzeichnis

ADAC, München 15, 183
aisa, Archivo iconográfico, Barcelona 105
Bibliographisches Institut & F. A. Brockhaus, Mannheim 11, 27, 46, 150, 151
Big Dutchman Int., Vechta-Calveslage 63
Centro di Cultura Scientifica Alessandro Volta, Como, Italien 99
Corbis, London und Düsseldorf 147, 171
DaimlerChrysler Konzernarchiv, Stuttgart 57
Dänisches Fremdenverkehrsamt, Hamburg/J. Winther 109
Dranitsch, J., Dialyse Online/Aachen 179
Farbglashütte Lauscha, Lauscha 155
Forschungszentrum Jülich, Zentralabteilung Technologie/Jochem Gätgens 165
Frost, Eberhard/Hamburg 51
GLORIA GmbH, Wadersloh 129
Hecker, Joachim/Hagen 33, 173
Historisches Archiv Krupp, Essen 57
Institut für Lebensmittel, Quakenbrück 149
Istituto Geografico de Agostini, Novara, Italien 131
MEV Verlag, Augsburg 24, 25, 46, 47, 70, 71, 110, 111, 134, 135, 150, 151, 174, 175
NASA/JPL/RPIF/DLR 70, 77
Nisi, Peter/Hildesheim 87
Petersen, Kristina/Nizza 145
picture-alliance/Picture Press/P. Leutsch, Frankfurt am Main 81
picture-alliance/akg-images, Frankfurt am Main 77, 79, 123
picture-alliance/ASA, Frankfurt am Main 79
picture-alliance/Bildfunk, Frankfurt am Main 17, 129, 133
picture-alliance/dpa, Frankfurt am Main 13, 23, 24, 29, 31, 33, 35, 37, 39, 41, 45, 49, 51, 53, 55, 59, 61, 65, 67, 69, 73, 75, 83, 85, 87, 95, 97, 99, 103, 107, 111, 113, 117, 119, 121, 125, 127, 134, 141, 143, 157, 161, 163, 167, 169, 174, 181
picture-alliance/Godong, Frankfurt am Main 71
picture-alliance/kpa photo archive, Frankfurt am Main 137, 177, 183, 185
picture-alliance/Helga Lade Fotoagentur, Frankfurt am Main 93
picture-alliance/OKAPIA, Frankfurt am Main 11, 19, 43, 89, 91, 139
picture-alliance/Stockfood, Frankfurt am Main 101, 115
Siemens-Pressebild, Siemens AG, München 21
Universität Hohenheim FG Nutztierethologie und Kleintierzucht 97
Westdeutscher Rundfunk/Melanie Grande, Köln 149
Westdeutscher Rundfunk/Annika Fusswinkel, Köln 5
WMF, Geislingen 153
The Yorck Project, Berlin 43
Zentrum für Bucherhaltung, Leipzig 159, 173
ZF Friedrichshafen 47
Zimmermann, M./Eschborn 27

Dank

Mein Dank für die Unterstützung bei diesem Buch geht an meine Frau Lisa Moorwessel für ihre Geduld, ihr Verständnis und die großzügige Entlastung; unsere Tochter Karla Maria, die ihren Papa des Öfteren entbehren musste; Andreas Wieck für die vielen inspirierenden Anregungen schon vor dem Buch; Matthias Wegener, Tobias Gehle und Susanne Greiff vom WDR für ihr Engagement bei einer ungewöhnlichen Sendung; Thomas Meinke für die hilfreiche Beratung in nichtnaturwissenschaftlichen Dingen.

Joachim Hecker

Der Kinder Brockhaus in drei Bänden

Der Lexikonklassiker für Kinder ab 7 Jahren gibt zuverlässig umfassende Antworten auf alles, was Kinder wissen wollen. Kalle Clever und Maja begleiten den Leser durch das Lexikon, stellen witzige Fragen, geben Nachschlagehilfen, Tipps und Anregungen. Faszinierende Experimente regen zum Mitmachen und aktiven Lernen an.
Jeder Besitzer des Kinder Brockhaus ist automatisch Mitglied im Clever-Club und kann den Clever-Club-Auskunftsdienst mit Fragen löchern!

672 Seiten. Gebunden, in Kassette.
Für Kinder von 7 bis 12 Jahren.
ISBN 3-7653-1804-3

Für Schlauköpfe!

Der Kinder Brockhaus Themenbände

Die Kinder Brockhaus Themenlexika bieten spannende Informationen zu den drei Lieblingsthemen Tiere, Technik und Pferde. Interessante Lexikonartikel, farbenprächtige Fotos, doppelseitige Panoramabilder zur Einleitung der einzelnen Kapitel, anschauliche Illustrationen sowie zahlreiche Quiz- und Infoboxen garantieren stundenlangen Schmökerspaß und lassen keine Fragen offen.

Je Band:
260 bzw. 300 Seiten. Gebunden.
Für Kinder ab 8 Jahren.

ISBN Pferde 3-7653-3081-7
ISBN Technik 3-7653-2291-1
ISBN Tiere 3-7653-3011-6